"十二五"普通高等教育本科国家级规划教材

天津大学"十四五"规划教材

Principles and Applications of Transducers

传感器原理及应用

（第6版）

● 王化祥　崔自强　编著

U0218381

天津大学出版社

内 容 提 要

本书作为"十二五"普通高等教育本科国家级规划教材，对其内容在第 5 版基础上进行了相应调整。除了介绍一些现在仍广泛应用的传统传感器之外，还介绍了目前正在发展的一些新型传感技术，内容较为全面、系统。

全书共 13 章，可分为三部分内容：第 1 和第 2 章主要介绍了传感器的基本概念以及传感器静、动态特性分析及有关性能指标；第 3～11 章重点介绍了各类传感器变换原理、特性分析、预处理电路及其应用；第 12 章重点介绍了智能传感器体系结构及功能实现、微机电系统、网络传感器及多传感器信息融合技术；第 13 章对传感器的标定方法作了相应介绍。第 6 版对有关章节进行了相应的修改和补充，并在封四附有二维码，内有第 2～12 章的典型例题，以便师生参考。

本书适合自动化、测控技术与仪器以及电气工程与自动化等本科专业的教师根据教学课时选用相应内容组织教学，也可为相关领域工程技术人员提供参考。

图书在版编目(CIP)数据

传感器原理及应用 / 王化祥，崔自强编著. -- 6 版（修订本）. -- 天津：天津大学出版社，2024.5（2025.1 重印）
"十二五"普通高等教育本科国家级规划教材
ISBN 978-7-5618-7717-3

Ⅰ. ①传… Ⅱ. ①王… ②崔… Ⅲ. ①传感器—高等学校—教材 Ⅳ. ①TP212

中国国家版本馆 CIP 数据核字(2024)第 087275 号

CHUANGANQI YUANLI JI YINGYONG (DI 6 BAN)

出版发行	天津大学出版社
地　　址	天津市卫津路 92 号天津大学内（邮编：300072）
电　　话	发行部：022-27403647
网　　址	www.tjupress.com.cn
印　　刷	天津泰宇印务有限公司
经　　销	全国各地新华书店
开　　本	787mm×1092mm　1/16
印　　张	18.25
字　　数	456 千
版　　次	1988 年 9 月第 1 版　1999 年 2 月第 2 版
	2007 年 2 月第 3 版　2014 年 9 月第 4 版
	2021 年 7 月第 5 版　2024 年 5 月第 6 版
印　　次	2025 年 1 月第 2 次
定　　价	53.00 元

第 6 版前言

教育兴则国家兴,教育强则国家强。教材承载着社会价值和科技价值,是人类智慧积累和知识传承的重要媒介,是实现教育目标的重要手段。用心打造培根铸魂、启智增慧的精品教材是教育工作者义不容辞的责任。

21 世纪的社会是信息社会。信息社会的特征是人类社会活动和生产活动的信息化。现代信息科学的三大支柱包括信息采集——传感技术,信息传递——通信技术,信号处理——计算机技术。传感技术既是现代信息系统的源头,又是信息社会赖以生存和发展的基础。如果没有先进的传感技术,通信技术和计算机技术也就成了无源之水,无本之木。因此,研究和发展传感技术是生产过程自动化和信息时代的必然需求。

现代传感器正向多维化、多功能化、微型化、集成化、智能化及网络化方向发展,尤其是微机电系统 MEMS(micro-electro mechanical system)的出现,将传感器带进了微型化、集成化和智能化时代。微电子机械加工技术 MEMT(micro-electro mechanical technology)将网络芯片与智能传感器集成,并将通信协议固化到智能传感器的 ROM 中,催生了网络传感器的面世。网络传感器继承了智能传感器的全部功能,并且能够和计算机网络进行通信,因而在现场总线控制系统 FCS(fieldbus control system)中得到了广泛应用,成为 FCS 中现场级数字化传感器。同时,传感器系统在各领域中的广泛应用,促进了信息融合技术的发展,提高了信息获取的准确性、容错能力及鲁棒性。

由于传感器在现代信息技术中有着举足轻重的地位,因此理工科专业学生学习并掌握现代传感技术知识是非常必要的。作者编写的《传感器原理及应用》自 1988 年正式出版以来,受到全国各地广大师生及科技人员的广泛欢迎,经过了多次再版和修订,2024 年为第 6 版。本书作为"十二五"普通高等教育本科国家级规划教材以及天津大学"十四五"规划教材,作者对其内容不断进行调整和更新。除了介绍一些现在仍广泛应用的传统传感器之外,还介绍了目前正在发展的一些新型传感技术,内容较为全面、系统,有利于自动化、测控技术与仪器以及电气工程与自动化等专业本科生根据教学课时选用相应内容组织教学,也可为相关领域工程技术人员提供参考。

全书共 13 章,可分为三部分内容:第 1 和第 2 章主要介绍了传感器的基本概念以及传感器静、动态特性分析及有关性能指标;第 3~11 章重点介绍了各类传感器变换原理、特性分析、预处理电路及其应用;第 12 章重点介绍了智能传感器体系结构及功能实现、微机电系统、网络传感器及多传感器信息融合技术;第 13 章对传感器的标定方法作了相应介绍。再版修订时对一些院校的使用反馈情况进行了分析,删改了一些烦琐的理论及其推导过程,同时增加了近几年本专业领域的最新研究及发展内容。

再版时又一次对全书内容进行了审核,并对有关传感器内容进行了相应的完善及补充,使全书内容更为充实。

2006 年,本书入选普通高等教育"十一五"国家级规划教材;2008 年,本教材被教育部评为普通高等教育"十一五"国家级精品教材,同年荣获第八届全国高校出版社优秀畅销书一等奖;2012 年,本书入选"十二五"普通高等教育本科国家级规划教材;2023 年,本书入选天津大学"十四五"规划教材,得到天津大学 2022—2023 年本科教材建设项目重点资助。为适合少学时院校使用,2008 年出版了《传感器原理及应用》(少学时)一书,同时该书也入选了第二批普通高等教育"十一五"国家级规划教材;2017 年,修订出版了《传感器原理及应用》(少学时)的第 2 版。

2023 年 5 月出版了研究生创新人才培养示范教材《现代传感技术》;同年 6 月将原《传感器原理及应用》中的习题及例题加以完善补充,出版了《〈传感器原理及应用〉例题与习题》(第 2 版)。这样,传感器的相关课程包括 32 学时(少学时)本科课程,48 学时本科课程,研究生课程,以及例题、习题及习题解答和电子教案等,形成了一整套的教学资源解决方案。

第 6 版在封四附有二维码,内有第 2~12 章的典型例题,以电子资源的形式丰富了教材内容,以便师生参考。

作者在编写过程中参阅了一些国内外公开发表的有关专著及论文,在此一并表示诚挚的谢意。

传感器技术涉及学科众多,作者水平有限,书中疏漏不妥之处在所难免,恳请广大读者批评指正。

本书配套有电子教案,符合"传感器原理及应用"课程的一些共性,又能为教师个性化的教学需要提供参考。需要时,请以电子邮件联系:zhaosm999@sohu.com。

作者

2024 年 1 月于天津大学

目　　录

第 1 章 绪 论

1.1 传感器的作用

随着现代测量、控制和自动化技术的发展,传感器技术越来越受到人们的重视。特别是近年来,由于科学技术、经济发展及生态平衡的需要,传感器在各个领域中的作用日益显著。在工业生产自动化、能源、交通、灾害预测、安全防卫、环境保护、医疗卫生等方面所开发的各种传感器,不仅能代替人的感官功能,而且在检测人的感官所不能感受的参数方面发挥了重要的作用。在工业生产中,传感器充当了人的"耳目"。例如,冶金工业中连续铸造生产过程中的钢包液位检测、高炉铁水硫磷含量分析等方面需要多种多样的传感器为操作人员提供可靠的数据。此外,用于工厂自动化柔性制造系统(flexible manufacture system,FMS)中的机械手或机器人可实现高精度在线实时测量,从而保证了产品的产量和质量。在微型计算机广为普及的今天,如果没有各种类型的传感器提供可靠、准确的信息,计算机控制就难以实现。因此,传感器技术的应用研究受到世界各国的普遍重视。

1.2 传感器及传感技术

传感器(transducer 或 sensor)是将各种非电量(包括物理量、化学量、生物量等)按一定规律转换成便于处理和传输的另一种物理量(一般为电量)的装置。

过去人们习惯于把传感器仅作为测量工程的一部分加以研究,但是 20 世纪 60 年代以来,随着材料科学的发展和固体物理效应的不断发现,传感技术已形成了一个新型科学技术领域,建立了一个完整的独立科学体系——传感器工程学。

传感技术是利用各种功能材料实现信息检测的一门应用技术,它是检测(传感)原理、材料科学、工艺加工等三个要素的最佳结合。

检测(传感)原理指传感器工作时所依据的物理效应、化学反应和生物反应等机理,各种功能材料则是传感技术发展的物质基础,从某种意义上讲,传感器就是能感知外界各种被测信号的功能材料。传感技术的研究和开发,不仅要求原理正确,选材合适,而且要求有先进的、高精度的加工装配技术。除此之外,传感技术还包括有助于更好地把传感元件用于各个领域的所谓传感器软件技术,如传感器的选择、标定以及接口技术等。总之,随着科学技术的发展,传感技术的研究和开发范围正在不断扩大。

1.3 传感器的组成

传感器一般由敏感元件、转换元件、信号调理与转换电路三部分组成,有时还需要辅助电源,用方框图表示,如图 1-3-1 所示。

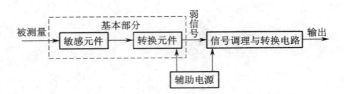

图 1-3-1　传感器的组成方框图

（1）敏感元件（预变换器）

从非电量到电量的变换过程中，并非所有的非电量均能利用现有手段直接变换为电量，往往是将被测非电量预先变换为另一种易于变换成电量的非电量，然后再变换为电量。能够完成预变换的器件称为敏感元件，又称为预变换器。如在传感器中各种类型的弹性元件常被称为敏感元件，并统称弹性敏感元件。

（2）转换元件

将感受到的非电量直接转换为电量的器件称为转换元件，如压电晶体、热电偶等。

需要指出的是，有的传感器包括敏感元件和转换元件，如热敏电阻、光电器件等；而另外一些传感器，其敏感元件和转换元件可合二为一，如固态压阻式压力传感器等。

（3）信号调理与转换电路

信号调理与转换电路将转换元件输出的电信号放大并转变成易于处理、显示和记录的信号。信号调理与转换电路的类型视传感器的类型而定，通常采用的有电桥电路、高阻抗输入电路和振荡器电路等。

（4）辅助电源

电源的作用是为传感器提供能源。需要外部电源的传感器称为无源传感器，不需要外部电源的传感器称为有源传感器。如电阻式、电感式和电容式传感器是无源传感器，工作时需要外部电源供电；而压电式传感器、热电偶为有源传感器，工作时不需要外部电源供电。

1.4　传感器的分类

传感器的种类很多，目前尚没有统一的分类方法，常采用的分类方法有如下几种。

（1）按输入量分类

当输入量分别为温度、压力、位移、速度、加速度、湿度等非电量时，则相应的传感器称为温度传感器、压力传感器、位移传感器、速度传感器、加速度传感器、湿度传感器等。这种分类方法便于使用者根据测量对象选择所需要的传感器。

（2）按测量原理分类

现有传感器的测量原理主要是基于电磁原理和固体物理效应。如根据变电阻的原理，相应地有电位器式、应变式传感器；根据变磁阻的原理，相应地有电感式、差动变压器式、电涡流式传感器；根据半导体有关理论，相应地有半导体力敏、热敏、光敏、气敏等固态传感器。

（3）按结构型和物性型分类

所谓结构型传感器，主要是通过机械结构的几何形状或尺寸的变化，将外界被测参数转换成相应的电阻、电感、电容等物理量的变化，从而检测出被测信号。这种传感器目前应用得最为普遍。物性型传感器则是利用某些材料本身物理性质的变化而实现测量的，它是以半导体、电介质、铁电体等为敏感材料的固态器件。

1.5 传感器的发展趋势

近年来,由于半导体技术已进入超大规模集成化阶段,各种制造工艺和材料性能的研究达到了相当高的水平,为传感器的发展创造了极为有利的条件。从发展前景看,它具有以下几个特点。

(1)传感器的固态化

物性型传感器亦称固态传感器,目前发展很快。它包括半导体、电介质和强磁性体三类,其中半导体传感器的发展最引人注目。它不仅灵敏度高,响应速度快,小型轻量,而且便于实现传感器的集成化和多功能化。如目前最先进的固态传感器,在一块芯片上可同时集成差压、静压、温度三个传感器,使差压传感器具有温度和压力补偿功能。

(2)传感器的集成化和多功能化

随着传感器应用领域的不断扩大,借助于半导体的蒸镀技术、扩散技术、光刻技术、精密细微加工及组装技术等,传感器从单个元件、单一功能向集成化和多功能化方向发展。所谓集成化,就是利用半导体技术将敏感元件、信息处理或转换单元以及电源等部分制作在同一块芯片上,如集成压力传感器、集成温度传感器、集成磁敏传感器等。多功能化则意味着传感器具有多种参数的检测功能,如半导体温湿敏传感器、多功能气敏传感器等。

(3)传感器的图像化

目前,传感器不仅用于某一点物理量的测量,而且可进行二维和三维空间的测量。现已研制成功的二维图像传感器,有 MOS(即金属—氧化物—半导体)型、CCD(即电荷耦合器件)型、CID(即电荷注入器件)型全固态式摄像器件等。

(4)传感器的智能化

智能传感器是一种带有微型计算机、兼有检测和信息处理功能的传感器。它通常将信号检测、驱动回路和信号处理回路等外围电路全部集成在一块基片上,具有自诊断、远距离通信、自动调整零点和量程等功能,使传感器向智能化方向迈进。

(5)传感器的网络化

微电子技术、计算技术和无线通信技术等的进步,推动了低功耗多功能传感器的快速发展,使其在微小体积内能够集成信息采集、数据处理和无线通信等多种功能。无线传感器网络(wireless sensor network,WSN)就是由部署在监测区域内的大量廉价微型传感器节点通过无线通信方式形成的一个多跳自组织网络系统,其目的是以协作方式感知、采集和处理网络覆盖区域中感知对象的信息,并发送给观察者。传感器、感知对象和观察者构成了传感器网络的三个要素。如果说互联网(Internet)构成了逻辑上的信息世界,改变了人与人之间的沟通方式,那么无线传感器网络的作用就是将逻辑上的信息世界与客观上的物理世界融合在一起,改变了人类与自然界的交互方式。人们可以通过传感网络直接感知客观世界,从而极大地扩展了现有网络的功能和提高了人类认识世界的能力。

第 2 章　传感器的一般特性

传感器的输入量可分为静态量和动态量两类：静态量指稳定状态的信号或变化极其缓慢的信号（准静态），动态量通常指周期信号、瞬变信号或随机信号。无论对动态量还是对静态量，传感器的输出电量都应当不失真地复现输入量的变化，这主要取决于传感器的静态特性和动态特性。

2.1　传感器的静态特性

在被测量的各个值处于稳定状态时，传感器的输出量和输入量之间的关系称为静态特性。

通常要求传感器在静态状态下的输出—输入关系保持线性。实际上，其输出量和输入量之间的关系（不考虑迟滞及蠕变效应）可由下列方程式确定：

$$Y = a_0 + a_1 X + a_2 X^2 + \cdots + a_n X^n \tag{2-1-1}$$

式中　Y——输出量；

　　　X——输入量；

　　　a_0——零位输出；

　　　a_1——传感器的灵敏度，常用 K 表示；

　　　$a_2, a_3, \cdots, a_n$——非线性项待定常数。

由(2-1-1)式可见，如果 $a_0 = 0$，表示静态特性曲线通过原点。此时静态特性由线性项（$a_1 X$）和非线性项（$a_2 X^2, \cdots, a_n X^n$）叠加而成，一般可分为以下四种典型情况。

①理想线性[见图 2-1-1(a)]，即

$$Y = a_1 X \tag{2-1-2}$$

②具有 X 奇次项的非线性[见图 2-1-1(b)]，即

$$Y = a_1 X + a_3 X^3 + a_5 X^5 + \cdots \tag{2-1-3}$$

③具有 X 偶次项的非线性[见图 2-1-1(c)]，即

$$Y = a_1 X + a_2 X^2 + a_4 X^4 + \cdots \tag{2-1-4}$$

④具有 X 奇、偶次项的非线性[见图 2-1-1(d)]，即

$$Y = a_1 X + a_2 X^2 + a_3 X^3 + a_4 X^4 + \cdots \tag{2-1-5}$$

由此可见，除图 2-1-1(a)为理想线性关系外，其余均为非线性关系。其中具有 X 奇次项的曲线[见图 2-1-1(b)]，在原点附近一定范围内基本上具有线性特性。

在实际应用中，若非线性项的方次不高，则在输入量变化不大的范围内，可用切线或割线代替实际的静态特性曲线的某一段，使传感器的静态特性接近线性，这种处理方法称为传感器静态特性的线性化。在设计传感器时，应将测量范围选取在静态特性曲线最接近直线的一小段，此时原点可能不在零点。以图 2-1-1(d)为例，如取 ab 段，则原点在 c 点。传感器静态特性的非线性，使其输出量不能成比例地反映被测量的变化情况，而且对动态特性也有一定影响。

传感器的静态特性是在静态标准条件下测定的。在标准工作状态下，利用一定精度等

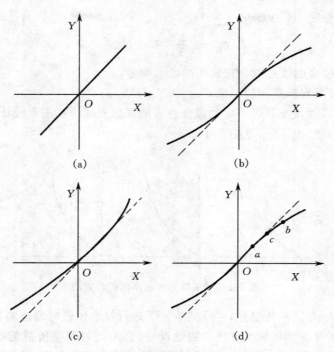

图 2-1-1　传感器的四种典型静态特性
（a）理想线性　（b）具有 X 奇次项的非线性
（c）具有 X 偶次项的非线性　（d）具有 X 奇、偶次项的非线性

级的校准设备，对传感器进行往复循环测试，即可得到输出—输入数据。将这些数据列成表格，再画出各被测量值（正行程和反行程）对应输出平均值的连线，即为传感器的静态校准曲线。

反映传感器静态特性的指标主要有以下几项。

（1）线性度（非线性误差）

在规定条件下，传感器校准曲线与拟合直线间最大偏差与满量程（F·S）输出值的百分比称为线性度（见图 2-1-2）。

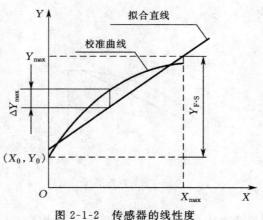

图 2-1-2　传感器的线性度

用 δ_L 代表线性度,则

$$\delta_L = \pm \frac{\Delta Y_{max}}{Y_{F \cdot S}} \times 100\% \tag{2-1-6}$$

式中　ΔY_{max}——校准曲线与拟合直线间的最大偏差;

　　　$Y_{F \cdot S}$——传感器满量程输出值,$Y_{F \cdot S} = Y_{max} - Y_0$。

由此可知,非线性误差是以一定的拟合直线或理想直线为基准直线计算的。因而,基准直线不同,所得线性度也不同,见图 2-1-3。

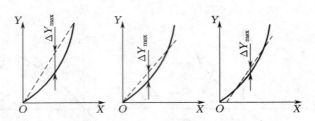

图 2-1-3　基准直线的不同拟合方法

应当指出的是,对同一传感器,在相同条件下进行校准试验时得出的非线性误差不会完全一样。因而不能笼统地说线性度或非线性误差,必须同时说明所依据的基准直线。目前国内外关于拟合基准直线的计算方法不尽相同,下面介绍两种常用的拟合基准直线方法。

1)端基法

把传感器校准数据的零点输出平均值 a_0 和满量程输出平均值 b_0 连成的直线 $a_0 b_0$ 作为传感器特性的拟合直线(见图 2-1-4)。其方程式为

$$Y = a_0 + KX \tag{2-1-7}$$

式中　Y——输出量;

　　　X——输入量;

　　　a_0——直线 $a_0 b_0$ 在 Y 轴上的截距;

　　　K——直线 $a_0 b_0$ 的斜率。

由此得到端基法拟合直线方程,按(2-1-6)式可算出端基线性度。这种拟合方法简单直观,但是未考虑所有校准点数据的分布,拟合精度较低,一般用在特性曲线非线性度较小的情况。

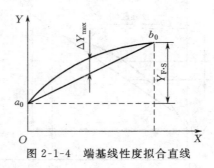

图 2-1-4　端基线性度拟合直线

2)最小二乘法

用最小二乘法原则拟合直线,可使拟合精度提高。其计算方法如下。

令拟合直线方程为 $Y=a_0+KX$。假定实际校准点有 n 个，在 n 个校准数据中，任一个校准数据 Y_i 与拟合直线上对应的理想值 a_0+KX_i 间线差为

$$\Delta_i=Y_i-(a_0+KX_i) \tag{2-1-8}$$

最小二乘法拟合直线的原则即为使 $\sum\limits_{i=1}^{n}\Delta_i^2$ 最小，亦即使 $\sum\limits_{i=1}^{n}\Delta_i^2$ 对 K 和 a_0 的一阶偏导数等于零，从而求出 K 和 a_0 的表达式：

$$\frac{\partial}{\partial K}\sum_{i=1}^{n}\Delta_i^2=2\sum_{i=1}^{n}(Y_i-KX_i-a_0)(-X_i)=0$$

$$\frac{\partial}{\partial a_0}\sum_{i=1}^{n}\Delta_i^2=2\sum_{i=1}^{n}(Y_i-KX_i-a_0)(-1)=0$$

联立求解以上二式，可求出 K 和 a_0，即

$$K=\frac{n\sum\limits_{i=1}^{n}X_iY_i-\sum\limits_{i=1}^{n}X_i\sum\limits_{i=1}^{n}Y_i}{n\sum\limits_{i=1}^{n}X_i^2-(\sum\limits_{i=1}^{n}X_i)^2} \tag{2-1-9}$$

$$a_0=\frac{\sum\limits_{i=1}^{n}X_i^2\sum\limits_{i=1}^{n}Y_i-\sum\limits_{i=1}^{n}X_i\sum\limits_{i=1}^{n}X_iY_i}{n\sum\limits_{i=1}^{n}X_i^2-(\sum\limits_{i=1}^{n}X_i)^2} \tag{2-1-10}$$

式中 n——校准点数。

由此得到最佳拟合直线方程，由(2-1-6)式可算得最小二乘法线性度。

通常采用差动测量方法减小传感器的非线性误差。例如，某位移传感器的特性方程式为

$$Y_1=a_0+a_1X+a_2X^2+a_3X^3+a_4X^4+\cdots$$

另有一个与之完全相同的位移传感器，但是它感受相反方向的位移，则其特性方程式为

$$Y_2=a_0-a_1X+a_2X^2-a_3X^3+a_4X^4-\cdots$$

在差动输出情况下，传感器的特性方程式可写成

$$\Delta Y=Y_1-Y_2=2(a_1X+a_3X^3+a_5X^5+\cdots) \tag{2-1-11}$$

可见采用此方法后，不仅消除了 X 偶次项而使非线性误差大为减小，使灵敏度提高一倍，而且消除了零点偏移。因此差动式传感器得到了广泛应用。

(2)灵敏度

传感器的灵敏度指到达稳定工作状态时输出变化量与引起此变化的输入变化量之比。由图 2-1-5(a)可知，线性传感器校准曲线的斜率即为静态灵敏度 K。其计算方法为

$$K=\frac{输出变化量}{输入变化量}=\frac{\Delta Y}{\Delta X} \tag{2-1-12}$$

非线性传感器的灵敏度用 $\mathrm{d}Y/\mathrm{d}X$ 表示，如图 2-1-5(b)所示，其数值等于所对应的最小二乘法拟合直线的斜率。

(3)精度

说明精度的指标有三个：精密度、正确度和精确度。

1)精密度 δ

它说明测量结果的分散性，即由同一测量者用同一传感器和测量仪器在相当短的时间内对某一稳定的对象(被测量)连续重复测量多次(等精度测量)，其测量结果的分散程度。δ 越小，说明测量越精密(对应随机误差)。

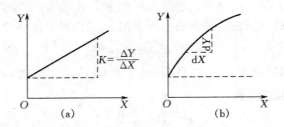

图 2-1-5 传感器灵敏度的定义

(a) 线性传感器 (b) 非线性传感器

2)正确度 ε

它说明测量结果偏离真值的程度,指所测值与真值的符合程度(对应系统误差)。

3)精确度 τ

它含有精密度与正确度两者之和的意思,反映了测量的综合优良程度。在最简单的场合下可取两者的代数和,即 $\tau=\delta+\varepsilon$。通常精确度以测量误差的相对值表示。

在工程应用中,为了简单表示测量结果的可靠程度,引入一个精确度等级的概念,用 A 表示。传感器和测量仪表的精确度等级 A 按一系列标准百分数值(0.1%,0.5%,2%,5%…)进行分挡。这个数值是传感器和测量仪表在规定条件下,其允许的最大绝对误差值相对于其测量范围的百分数。它可以用下式表示:

$$A=\frac{\Delta A}{Y_{F \cdot s}}\times100\% \qquad (2\text{-}1\text{-}13)$$

式中 A——传感器的精度等级;

ΔA——测量范围内允许的最大绝对误差;

$Y_{F \cdot s}$——满量程输出值。

传感器设计和出厂检验时,其精度等级代表的误差指传感器测量的最大允许误差。

(4)最小检测量和分辨力

最小检测量是指传感器能确切反映被测量的最低极限量。最小检测量越小,表示传感器检测微量的能力越高。

由于传感器的最小检测量易受噪声的影响,所以一般用相当于噪声电平若干倍的被测量作为最小检测量,用公式表示为

$$M=\frac{CN}{K} \qquad (2\text{-}1\text{-}14)$$

式中 M——最小检测量;

C——系数(一般取 1～5);

N——噪声电平;

K——传感器的灵敏度。

例如,电容式压力传感器的噪声电平 N 为 0.2 mV,灵敏度 K 为 5 mV/mmH$_2$O(1 mmH$_2$O =9.8 Pa),若取 $C=2$,则根据(2-1-14)式计算得最小检测量 M 为 0.08 mmH$_2$O。

数字式传感器一般用分辨力(即输出数字指示值最后一位数字所代表的输入量)表示。

(5)迟滞

迟滞是指在相同工作条件下作全测量范围校准时,在同一次校准中对应同一输入量的

正行程和反行程的输出值间的最大偏差(见图 2-1-6)。其数值用最大偏差或最大偏差的一半与满量程输出值的百分比表示,即

$$\delta_H = \pm\frac{\Delta H_{\max}}{Y_{\text{F·S}}}\times100\%$$ (2-1-15)

或

$$\delta_H = \pm\frac{\Delta H_{\max}}{2Y_{\text{F·S}}}\times100\%$$ (2-1-16)

式中　δ_H——传感器的迟滞;

　　　$\Delta H_{\max}$——输出值在正、反行程间的最大偏差。

迟滞现象反映了传感器机械结构和制造工艺上的缺陷,如轴承摩擦、间隙、螺钉松动、元件腐蚀或碎裂、积塞灰尘等。

(6)重复性

重复性是指在同一工作条件下,输入量按同一方向在全测量范围内连续变动多次所得特性曲线的不一致性(见图 2-1-7)。在数值上用各测量值正、反行程标准偏差最大值的 2 倍或 3 倍与满量程 $Y_{\text{F·S}}$ 的百分比表示,即

$$\delta_k = \pm\frac{(2\sim3)\sigma}{Y_{\text{F·S}}}\times100\%$$ (2-1-17)

式中　δ_k——重复性;

　　　σ——标准偏差。

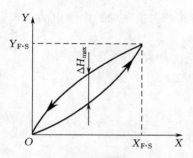

图 2-1-6　传感器的迟滞特性

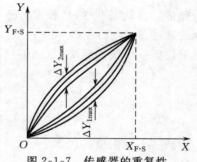

图 2-1-7　传感器的重复性

当用贝塞尔公式计算标准偏差 σ 时,则有

$$\sigma = \sqrt{\frac{\sum_{i=1}^{n}(Y_i-\overline{Y})^2}{n-1}}$$ (2-1-18)

式中　Y_i——测量值;

　　　$\overline{Y}$——测量值的算术平均值;

　　　n——测量次数。

重复性反映的是测量结果偶然误差的大小,而不是测量值与真值之间的差别。有时虽然重复性很好,但测量值可能远离真值。

(7)零漂

传感器无输入(或维持某一输入值不变)时,每隔一段时间进行读数,其输出值偏离零值(或原指示值)的现象即为零点漂移,简称"零漂"。它可以用下式表示:

$$零漂 = \frac{\Delta Y_0}{Y_{\text{F·S}}}\times100\%$$ (2-1-19)

式中　ΔY_0——最大零点偏差(或相应偏差);

　　　$Y_{F \cdot S}$——满量程输出值。

(8)温漂

温漂表示温度变化时,传感器输出值的偏离程度。一般以温度变化 1 ℃ 输出最大偏差与满量程输出值的百分比表示,即

$$温漂 = \frac{\Delta Y_{max}}{Y_{F \cdot S} \Delta T} \times 100\% \tag{2-1-20}$$

式中　ΔY_{max}——输出最大偏差;

　　　$Y_{F \cdot S}$——满量程输出值;

　　　ΔT——温度变化范围。

2.2　传感器的动态特性

动态特性是指传感器对随时间变化的输入量的响应特性。传感器所检测的非电量信号大多数是时间的函数。为了使传感器输出信号和输入信号随时间的变化曲线一致或相近,一般要求传感器不仅具有良好的静态特性,而且具有良好的动态特性。传感器的动态特性是传感器的输出值能够真实地再现变化的输入量的能力的反映。

2.2.1　动态特性的一般数学模型

研究传感器动态特性时,根据传感器的运动规律,其动态输入和动态输出的关系可用微分方程式描述。

对于任何一个线性系统,可用下列常系数线性微分方程表示:

$$a_n \frac{d^n Y(t)}{dt^n} + a_{n-1} \frac{d^{n-1} Y(t)}{dt^{n-1}} + \cdots + a_1 \frac{dY(t)}{dt} + a_0 Y(t)$$

$$= b_m \frac{d^m X(t)}{dt^m} + b_{m-1} \frac{d^{m-1} X(t)}{dt^{m-1}} + \cdots + b_1 \frac{dX(t)}{dt} + b_0 X(t) \tag{2-2-1}$$

式中　$Y(t)$——输出量;

　　　$X(t)$——输入量;

　　　t——时间;

　　　$a_0, a_1, \cdots, a_n$ 及 $b_0, b_1, \cdots, b_m$——常数。

如果用算子 D 表示 d/dt,(2-2-1)式可以写成

$$(a_n D^n + a_{n-1} D^{n-1} + \cdots + a_1 D + a_0) Y(t) = (b_m D^m + b_{m-1} D^{m-1} + \cdots + b_1 D + b_0) X(t)$$

$$\tag{2-2-2}$$

利用拉氏变换,由(2-2-1)式可得到 $Y(S)$ 和 $X(S)$ 的方程式:

$$(a_n S^n + a_{n-1} S^{n-1} + \cdots + a_1 S + a_0) Y(S) = (b_m S^m + b_{m-1} S^{m-1} + \cdots + b_1 S + b_0) X(S)$$

$$\tag{2-2-3}$$

只要对(2-2-1)式的微分方程求解,便可得到动态响应及动态性能指标。

绝大多数传感器输出与输入的关系均可用零阶、一阶或二阶微分方程描述。据此可以将传感器分为零阶传感器、一阶传感器和二阶传感器。

(1)零阶传感器的数学模型

对照(2-2-1)式,零阶传感器的微分方程系数只有 a_0、b_0,于是微分方程为

$$a_0 Y(t) = b_0 X(t) \tag{2-2-4}$$

或

$$Y(t) = \frac{b_0}{a_0} X(t) = K X(t)$$

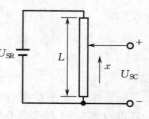

图 2-2-1　线性电位器

式中　K——静态灵敏度。

例如,图 2-2-1 所示线性电位器即为一个零阶传感器。

设电位器的阻值沿长度 L 呈线性分布,则输出电压和电刷位移之间的关系为

$$U_{SC} = \frac{U_{SR}}{L} x = K x \tag{2-2-5}$$

式中　U_{SC}——输出电压;

　　　　U_{SR}——输入电压;

　　　　x——电刷位移。

由(2-2-5)式可知,输出电压 U_{SC} 与电刷位移 x 成正比,它对任何频率的输入均无时间滞后。实际上,由于存在寄生电容和电感,高频时会引起少量失真,从而影响传感器的动态性能。

(2)一阶传感器的数学模型

对照(2-2-1)式,一阶传感器的微分方程系数除 a_0、a_1、b_0 外,其他系数均为零,因此可写成

$$a_1 \frac{\mathrm{d}Y(t)}{\mathrm{d}t} + a_0 Y(t) = b_0 X(t) \tag{2-2-6}$$

用算子 D 表示,则可写成

$$(\tau D + 1) Y(t) = K X(t)$$

式中　τ——时间常数,$\tau = \dfrac{a_1}{a_0}$;

　　　　K——静态灵敏度,$K = \dfrac{b_0}{a_0}$。

如果传感器中含有单个储能元件,则在微分方程中出现 Y 的一阶导数,便可用一阶微分方程式表示。

如图 2-2-2(a)所示,使用不带保护套管的热电偶插入恒温水浴中进行温度测量。

设　m_1——热电偶质量;

　　　c_1——热电偶比热容;

　　　T_1——热接点温度;

　　　T_0——被测介质温度;

　　　R_1——介质与热电偶之间的热阻。

根据能量守恒定律可列出如下方程组:

$$\left. \begin{array}{l} m_1 c_1 \dfrac{\mathrm{d}T_1}{\mathrm{d}t} = q_{01} \\[2mm] q_{01} = \dfrac{T_0 - T_1}{R_1} \end{array} \right\} \tag{2-2-7}$$

式中　q_{01}——介质传给热电偶的热量(忽略热电偶本身热量损耗)。

将(2-2-7)式整理后得

$$R_1 m_1 c_1 \frac{\mathrm{d}T_1}{\mathrm{d}t} + T_1 = T_0$$

令 $\tau_1 = R_1 m_1 c_1$，τ_1 称为时间常数，则上式可写成

$$\tau_1 \frac{\mathrm{d}T_1}{\mathrm{d}t} + T_1 = T_0 \tag{2-2-8}$$

（2-2-8）式是一阶线性微分方程，如果已知 T_0 的变化规律，求出微分方程（2-2-8）式的解，就可以得到热电偶对介质温度的时间响应。

（3）二阶传感器的数学模型

对照（2-2-1）式，二阶传感器的微分方程系数除 a_2、a_1、a_0 和 b_0 外，其他系数均为零，因此可写成

$$a_2 \frac{\mathrm{d}^2 Y(t)}{\mathrm{d}t^2} + a_1 \frac{\mathrm{d}Y(t)}{\mathrm{d}t} + a_0 Y(t) = b_0 X(t) \tag{2-2-9}$$

用算子 D 表示，则可写成

$$\left(\frac{\mathrm{D}^2}{\omega_0^2} + \frac{2\xi}{\omega_0}\mathrm{D} + 1 \right) Y(t) = KX(t)$$

式中　ω_0——无阻尼系统固有频率，$\omega_0 = \sqrt{\dfrac{a_0}{a_2}}$；

　　　ξ——阻尼比，$\xi = \dfrac{a_1}{2\sqrt{a_0 a_2}}$；

　　　K——静态灵敏度，$K = \dfrac{b_0}{a_0}$。

上述三个量 ω_0、ξ、K 为二阶传感器动态特性的特征量。

图 2-2-2(b)所示为带保护套管的热电偶插入恒温水浴中的测温系统。

设　T_0——介质温度；

　　T_1——热接点温度；

　　T_2——保护套管温度；

　　$m_1 c_1$——热电偶热容量；

　　$m_2 c_2$——套管热容量；

　　R_1——套管与热电偶之间的热阻；

　　R_2——被测介质与套管之间的热阻。

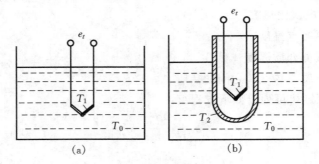

图 2-2-2　测温传感器
（a）一阶测温传感器　（b）二阶测温传感器

根据热力学能量守恒定律列出方程

$$m_2 c_2 \frac{\mathrm{d}T_2}{\mathrm{d}t} = q_{02} - q_{01}$$
$$q_{02} = \frac{T_0 - T_2}{R_2} \qquad\qquad (2\text{-}2\text{-}10)$$
$$q_{01} = \frac{T_2 - T_1}{R_1}$$

式中 q_{02}——介质传给套管的热量；

  q_{01}——套管传给热电偶的热量。

由于 $R_1 \gg R_2$，所以 q_{01} 可以忽略。(2-2-10)式经整理后得

$$R_2 m_2 c_2 \frac{\mathrm{d}T_2}{\mathrm{d}t} + T_2 = T_0$$

令 $\tau_2 = R_2 m_2 c_2$，则得

$$\tau_2 \frac{\mathrm{d}T_2}{\mathrm{d}t} + T_2 = T_0 \qquad\qquad (2\text{-}2\text{-}11)$$

同理，令 $\tau_1 = R_1 m_1 c_1$，则得

$$\tau_1 \frac{\mathrm{d}T_1}{\mathrm{d}t} + T_1 = T_2 \qquad\qquad (2\text{-}2\text{-}12)$$

联立(2-2-11)式和(2-2-12)式，消去中间变量 T_2，便得到此测量系统的微分方程式

$$\tau_1 \tau_2 \frac{\mathrm{d}^2 T_1}{\mathrm{d}t^2} + (\tau_1 + \tau_2) \frac{\mathrm{d}T_1}{\mathrm{d}t} + T_1 = T_0 \qquad\qquad (2\text{-}2\text{-}13)$$

令 $\omega_0 = \dfrac{1}{\sqrt{\tau_1 \tau_2}}$，$\xi = \dfrac{\tau_1 + \tau_2}{2\sqrt{\tau_1 \tau_2}}$，将 ω_0 和 ξ 代入(2-2-13)式，则得

$$\frac{1}{\omega_0^2} \frac{\mathrm{d}^2 T_1}{\mathrm{d}t^2} + \frac{2\xi}{\omega_0} \frac{\mathrm{d}T_1}{\mathrm{d}t} + T_1 = T_0 \qquad\qquad (2\text{-}2\text{-}14)$$

由(2-2-14)式可知带保护套管的热电偶为一个典型的二阶传感器。

2.2.2　传感器的动态响应及其动态特性指标

传感器的动态响应为传感器对输入的动态信号(周期信号、瞬变信号、随机信号)所产生的输出，即上述微分方程(2-2-1)式的解。传感器的动态响应与输入类型有关。对系统进行响应测试时，常采用正弦和阶跃两种输入信号。这是因为任何周期函数均可用傅里叶级数分解为各次谐波分量，并将其近似地表示为这些正弦量之和。而阶跃信号则是最基本的瞬变信号。通常给传感器输入一个阶跃信号，并给定初始条件，然后求出传感器微分方程的特解，以此作为传感器动态特性指标的表示方法。

下面分析传感器在阶跃输入下的响应情况。

单位阶跃输入 $\begin{cases} X = 0 & t < 0 \\ X = 1 & t \geqslant 0 \end{cases}$

(1)零阶传感器的响应

如图 2-2-3 所示，阶跃响应和输入成正比。

(2)一阶传感器的响应

$$Y(t) = 1 - \mathrm{e}^{-t/\tau} \qquad\qquad (2\text{-}2\text{-}15)$$

(2-2-15)式所对应的曲线如图 2-2-4 所示，由图可知，随着时间的推移，$Y(t)$ 越来越接近 1。当 $t = \tau$ 时，$Y(t) = 0.63$，由图可知，时间常数 τ 是决定一阶传感器响应速度的重要参数。

（3）二阶传感器的响应

按阻尼比 ξ 不同,阶跃响应可分为以下三种情况。

①欠阻尼 $\xi<1$:

$$Y(t)=-\frac{e^{-\xi\omega_0 t}}{\sqrt{1-\xi^2}}K\sin(\sqrt{1-\xi^2}\,\omega_0 t+\psi)+K \qquad (2\text{-}2\text{-}16)$$

式中 $\psi=\arcsin\sqrt{1-\xi^2}$。

②过阻尼 $\xi>1$:

$$Y(t)=-\frac{\xi+\sqrt{\xi^2-1}}{2\sqrt{\xi^2-1}}Ke^{(-\xi+\sqrt{\xi^2-1})\omega_0 t}+\frac{\xi-\sqrt{\xi^2-1}}{2\sqrt{\xi^2-1}}Ke^{(-\xi-\sqrt{\xi^2-1})\omega_0 t}+K$$

$$(2\text{-}2\text{-}17)$$

③临界阻尼 $\xi=1$:

$$Y(t)=-(1+\omega_0 t)Ke^{-\omega_0 t}+K \qquad (2\text{-}2\text{-}18)$$

以上三种阶跃响应曲线示于图 2-2-5 中。由图可知,只有 $\xi<1$ 时,阶跃响应才出现过冲(即超过稳态值)现象。(2-2-16)式表明欠阻尼情况下的振荡频率 $\omega_d=\omega_0\sqrt{1-\xi^2}$,$\omega_d$ 为存在阻尼时的固有频率。在实际应用中,为了兼顾快的上升速度和小的过冲量,阻尼比 ξ 一般取 0.7 左右。

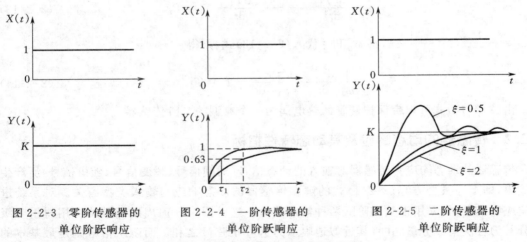

图 2-2-3　零阶传感器的　　图 2-2-4　一阶传感器的　　图 2-2-5　二阶传感器的
　　　　单位阶跃响应　　　　　　　单位阶跃响应　　　　　　　单位阶跃响应

二阶传感器阶跃响应的典型特性指标可由图 2-2-6 表示。

上升时间 t_r:指输出由稳态值的 10% 变化到稳态值的 90% 所用的时间。二阶传感器系统中 t_r 随 ξ 的增大而增大,当 $\xi=0.7$ 时,$t_r=2/\omega_0$。

稳定时间 t_s:指系统从阶跃输入开始到系统稳定在稳态值的给定百分比时所需的最短时间。对稳态值给定百分比为 $\pm5\%$ 的二阶传感器系统,在 $\xi=0.7$ 时,t_s 值最小($t_s=3/\omega_0$)。

t_r 和 t_s 都是反映系统响应速度的参数。

峰值时间 t_p:指阶跃响应曲线达到第一个峰值所需的时间。

超调量 σ:通常用过渡过程中超过稳态值的最大值 ΔA(过冲)与稳态值之比的百分数表示。它与 ξ 有关,ξ 愈大,σ 愈小,其关系可用下式表示

$$\xi=\frac{1}{\sqrt{\left(\dfrac{\pi}{\ln\sigma}\right)^2+1}} \qquad (2\text{-}2\text{-}19)$$

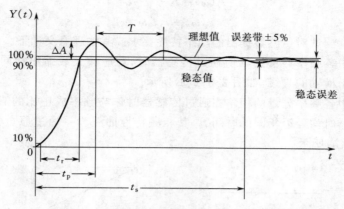

图 2-2-6　二阶传感器表示动态特性指标的阶跃响应曲线

通常二阶传感器的动态参数用实验方法测定,即输入阶跃信号,记录传感器的响应曲线,由此测出过冲量 ΔA。利用(2-2-19)式可算出传感器阻尼比 ξ,测出衰减振荡周期 T,即可由 $T_0 = T\sqrt{1-\xi^2}$ 算出传感器的固有周期或固有频率。上升时间 t_r、稳定时间 t_s 及峰值时间 t_p 均可在响应曲线上求得。

由上可知,频域分析和时域分析均可用以描述传感器的动态特性。实际上,它们之间有一定的内在联系。实践和理论分析表明,传感器的频率上限 f_n 和上升时间 t_r 的乘积是一个常数,即 $f_n t_r = 0.35 \sim 0.45$。当超调量 $\sigma < 5\%$ 时,$f_n t_r$ 用 0.35 计算比较准确;当 $\sigma > 5\%$ 时,$f_n t_r$ 用 0.45 计算比较合适。

2.3　不失真测试的条件

要实现不失真测试,还需要传感器的幅频特性 $A(\omega)$ 和相频特性 $\psi(\omega)$ 满足一定要求,如图 2-3-1 所示,装置的输出 $Y(t)$ 和它对应的输入 $X(t)$ 相比,在时间轴上所占宽度相等,对应的高度成正比,只是滞后了一个位置 t_0。这样就可认为输出信号波形没有失真,或者说实现了不失真的测试。其数学表达式为

$$Y(t) = KX(t - t_0) \qquad (2\text{-}3\text{-}1)$$

式中　K、t_0——常数。

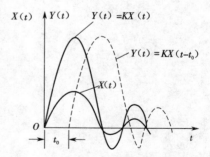

图 2-3-1　不失真测试的时域波形

此式说明装置的输出信号波形与输入信号波形精确地一致,只是幅值放大了 K 倍,时间上延迟了 t_0 而已。

基于时移性质对(2-3-1)式作傅氏变换得

$$Y(\omega) = K e^{-jt_0\omega} X(\omega)$$

若考虑 $t < 0$ 时,$X(t) = 0$,$Y(t) = 0$,则有

$$G(j\omega) = A(\omega) e^{j\psi(\omega)} = \frac{Y(\omega)}{X(\omega)} = K e^{-jt_0\omega} \qquad (2\text{-}3\text{-}2)$$

(2-3-2)式是传感器实现不失真测试的频率响应。

可见,若要求传感器输出波形不失真,则其幅频和相频特性应分别满足如下两式。

$$A(\omega)=K=常数 \tag{2-3-3}$$

$$\psi(\omega)=-t_0\omega \tag{2-3-4}$$

这就是实现不失真测试对传感器提出的动态特性要求。其物理意义如下。

①输入信号中各频率分量的幅值通过传感器时,均应放大或缩小相同倍数 K,即幅频特性曲线是平行于横轴的直线,如图 2-3-2(a)所示。

②输入信号中各频率分量的相角在通过传感器时作与频率成正比的滞后移动,即各频率分量通过传感器时均延迟相同的时间 t_0,其相频特性曲线为一通过原点并具有负斜率的斜线,如图 2-3-2(b)所示。

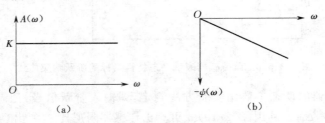

图 2-3-2　不失真测试的频率响应

（a）幅频特性　（b）相频特性

在以上不失真测试条件中,对幅频特性的要求较容易理解,因为,只要装置对输入信号中的各频率分量均按相同比例放大或缩小,保持信号中各分量的幅值比例不变,这样的分量叠加所组成的输出信号波形才能与输入信号的波形一致。

第 3 章　应变式传感器

应变式传感器已成为目前非电量电测技术中非常重要的检测手段,广泛地应用于工程测量和科学实验中。它具有以下几个特点。

①精度高,测量范围广。对测力传感器而言,量程从零点几牛至几百千牛,精度可达 $0.05\%\text{F}\cdot\text{S}$;对测压传感器而言,量程从几十帕至 10^{11} Pa,精度为 $0.1\%\text{F}\cdot\text{S}$。应变测量范围一般可由数 $\mu\varepsilon$(微应变)至数千 $\mu\varepsilon$($1\ \mu\varepsilon$ 相当于长度为 1 m 的试件在变形为 $1\ \mu\text{m}$ 时的相对变形量,即 $1\ \mu\varepsilon=1\times10^{-6}\ \varepsilon$)。

②频率响应特性较好。一般电阻应变式传感器的响应时间为 10^{-7} s,半导体应变式传感器可达 10^{-11} s,若能在弹性元件设计上采取措施,则应变式传感器可测几十甚至上百千赫兹的动态过程。

③结构简单,尺寸小,质量轻。应变式传感器的应变片粘贴在被测试件上对其工作状态和应力分布的影响很小,同时应变式传感器的使用、维修方便。

④可在高(低)温、高速、高压、强烈振动、强磁场及核辐射和化学腐蚀等恶劣条件下正常工作。

⑤易于实现小型化、固态化。随着大规模集成电路工艺的发展,目前已实现测量电路甚至 A/D 转换器与传感器的一体化。传感器可直接接入计算机进行数据处理。

⑥价格低廉,品种多样,选择面广。

但是应变式传感器也存在一定缺点:应变式传感器在大应变状态中具有较明显的非线性,其中半导体应变式传感器的非线性更为严重;应变式传感器的输出信号微弱,故它的抗干扰能力较差,因此信号线需要采取屏蔽措施;应变式传感器测出的只是一点的或应变栅范围内的平均应变,不能显示应力场中应力梯度的变化等。

尽管应变式传感器存在上述缺点,但可采取一定补偿措施,因此它仍不失为非电量电测技术中应用最广和最有效的敏感元件。

3.1　金属应变片式传感器

金属应变片式传感器的核心元件是金属应变片,它可将试件上的应变变化转换成电阻变化。

应用时将应变片用黏结剂牢固地粘贴在被测试件表面上。当试件受力变形时,应变片的敏感栅也随之变形,引起应变片电阻变化,通过测量电路将其转换为电压或电流信号输出。

3.1.1　金属丝式应变片

(1)应变效应

设有一根长度为 l、截面积为 S、电阻率为 ρ 的金属丝,其电阻 R 为

$$R = \rho \frac{l}{S} \tag{3-1-1}$$

对(3-1-1)式两边取对数,得

$$\ln R = \ln \rho + \ln l - \ln S$$

对等式两边微分,则得

$$\frac{\mathrm{d}R}{R} = \frac{\mathrm{d}\rho}{\rho} + \frac{\mathrm{d}l}{l} - \frac{\mathrm{d}S}{S} \tag{3-1-2}$$

式中 $\dfrac{\mathrm{d}R}{R}$ ——电阻的相对变化;

$\dfrac{\mathrm{d}\rho}{\rho}$ ——电阻率的相对变化;

$\dfrac{\mathrm{d}l}{l}$ ——金属丝长度的相对变化,用 ε 表示(ε 称为金属丝长度方向的应变或轴向应变);

$\dfrac{\mathrm{d}S}{S}$ ——截面积的相对变化(因为 $S = \pi r^2$, r 为金属丝的半径,则 $\mathrm{d}S = 2\pi r \mathrm{d}r$, $\dfrac{\mathrm{d}S}{S} = 2\dfrac{\mathrm{d}r}{r}$, $\dfrac{\mathrm{d}r}{r}$ 为金属丝半径的相对变化,即径向应变 ε_r)。

由材料力学相关知识可知,在弹性范围内金属丝沿长度方向伸长时,径向(横向)尺寸缩小,反之亦然,即轴向应变 ε 与径向应变 ε_r 存在下列关系:

$$\varepsilon_r = -\mu \varepsilon \tag{3-1-3}$$

式中 μ ——金属材料的泊松比。

根据实验研究结果,金属材料电阻率相对变化与其体积相对变化之间有下列关系:

$$\frac{\mathrm{d}\rho}{\rho} = C \frac{\mathrm{d}V}{V} \tag{3-1-4}$$

式中 C ——金属材料的某个常数,例如,对于康铜(一种铜镍合金)丝, $C \approx 1$;

V ——体积。

体积相对变化 $\dfrac{\mathrm{d}V}{V}$ 与应变 ε 、 ε_r 之间有下列关系:

$$V = Sl$$

$$\frac{\mathrm{d}V}{V} = \frac{\mathrm{d}S}{S} + \frac{\mathrm{d}l}{l} = 2\varepsilon_r + \varepsilon = -2\mu\varepsilon + \varepsilon = (1 - 2\mu)\varepsilon$$

由此得

$$\frac{\mathrm{d}\rho}{\rho} = C \frac{\mathrm{d}V}{V} = C(1 - 2\mu)\varepsilon$$

将上述各关系式一并代入(3-1-2)式,得

$$\frac{\mathrm{d}R}{R} = C(1 - 2\mu)\varepsilon + \varepsilon + 2\mu\varepsilon = [(1 + 2\mu) + C(1 - 2\mu)]\varepsilon = K_s \varepsilon \tag{3-1-5}$$

式中 K_s 对于一种金属材料在一定应变范围内为一常数。将微分 $\mathrm{d}R$ 、 $\mathrm{d}l$ 改写成增量 ΔR 、 Δl ,可写成下式:

$$\frac{\Delta R}{R} = K_s \frac{\Delta l}{l} = K_s \varepsilon \tag{3-1-6}$$

即金属丝电阻的相对变化与金属丝的伸长或缩短之间存在比例关系。比例系数 K_s 称为金

属丝的应变灵敏系数,其物理意义为单位应变引起的电阻相对变化。由(3-1-5)式可知,K_S由两部分组成:前一部分仅由金属丝的几何尺寸变化引起,一般金属的 $\mu \approx 0.3$,因此 $1+2\mu \approx 1.6$;后一部分为电阻率随应变而引起的变化,它除与金属丝几何尺寸变化有关外,还与金属本身的特性有关。如康铜的 $C \approx 1$,$K_S \approx 2.0$,其他金属或合金的 K_S 一般在 1.8~3.6 范围内。

(2)应变片的结构与材料

图 3-1-1 所示为电阻应变片构造示意图。由图可知,电阻应变片主要由敏感栅、基底、盖片和引线等组成。这些部分所选用的材料直接影响应变片的性能。因此,应根据使用条件和要求合理地加以选择。

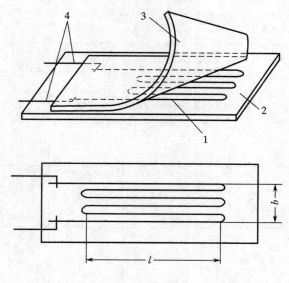

1—敏感栅 2—基底 3—盖片 4—引线

图 3-1-1 电阻应变片构造示意图

1)敏感栅

它是应变片最重要的组成部分,由某种金属细丝绕成栅形。一般用于制造应变片的金属细丝直径为 0.015~0.05 mm。电阻应变片的电阻值有 60 Ω、120 Ω、200 Ω 等各种规格,以 120 Ω 最为常用。敏感栅在纵轴方向的长度称为栅长,图中用 l 表示。在与应变片轴线垂直的方向上,敏感栅外侧之间的距离称为栅宽,图中用 b 表示。应变片栅长关系到所测应变的准确度,应变片测得的应变实际上是由应变片栅长和栅宽围成的长方形面积内的平均轴向应变量。栅长有 100 mm、200 mm 及 1 mm、0.5 mm、0.2 mm 等规格,分别适应不同的用途。

对敏感栅的材料有如下要求:

①有较大的应变灵敏系数,并在所测应变范围内保持不变;

②具有高而稳定的电阻率,以便于制造小栅长的应变片;

③电阻温度系数要小;

④抗氧化能力强,耐腐蚀性好;

⑤在工作温度范围内能保持足够的抗拉强度;

⑥加工性能良好,易于拉制成丝或轧成箔材;

⑦易于焊接,对引线材料的热电势小。

对于上述要求,需根据应变片的实际应用情况,合理地加以选择。

常用敏感栅材料的主要性能如表 3-1-1 所示。

表 3-1-1 常用敏感栅材料的主要性能

材料名称	主要成分	灵敏度系数 K_S	电阻率 $\rho/$ $(\times 10^{-6}\ \Omega \cdot m)$	电阻温度系数 $\alpha/$ $(\times 10^{-6}/℃)$	线膨胀系数 $\beta/$ $(\times 10^{-6}/℃)$	最高工作温度/℃
康铜	Cu(55)[①] Ni(45)	2.0	0.45～0.52	±20	15	250(静态) 400(动态)
镍铬合金	Ni(80) Cr(20)	2.1～2.3	1.0～1.1	110～130	14	450(静态) 800(动态)
卡玛合金 (6J-22)	Ni(74) Cr(20) Al(3) Fe(3)	2.4～2.6	1.24～1.42	±20	13.3	400(静态) 800(动态)
伊文合金 (6J-23)	Ni(75) Cr(20) Al(3) Cu(2)					
镍铬铁合金	Ni(36) Cr(8) Mo(0.5) Fe(55.5)	3.2	1.0	175	7.2	230(动态)
铁铬铝合金	Cr(25) Al(5) V(2.6) Fe(67.4)	2.6～2.8	1.3～1.5	±(30～40)	11	800(静态) 1 000(动态)
铂	Pt(纯)	4.6	0.1	3 000	8.9	
铂合金	Pt(80) Ir(20)	4.0	0.35	590	13	
铂钨	Pt(91.5) W(8.5)	3.2	0.74	192	9	800(静态)

注:①括号内数据表示成分的百分组成,该列下同。

2)基底和盖片

基底用于保持敏感栅、引线的几何形状和相对位置;盖片既可保持敏感栅和引线的形状和相对位置,也可保护敏感栅。最早的基底和盖片多用专门的薄纸制成。基底厚度一般为 0.02～0.04 mm,基底的全长称为基底长,其宽度称为基底宽。

3)黏结剂

黏结剂用于将敏感栅固定于基底上,并将盖片与基底粘贴在一起。使用金属应变片时,也需用黏结剂将应变片基底粘贴在构件表面某个方向和位置上,以便将构件受力后的表面应变传递给应变计的基底和敏感栅。

常用的黏结剂分为有机和无机两大类:有机黏结剂用于低温、常温和中温环境,常用的有聚丙烯酸酯、酚醛树脂、有机硅树脂及聚酰亚胺等;无机黏结剂用于高温环境,常用的有磷酸盐、硅酸盐、硼酸盐等。

4)引线

它是从应变片的敏感栅中引出的细金属线,常用直径为 0.1~0.15 mm 的镀锡铜线,或扁带形的其他金属材料制成。对引线材料的性能要求为:电阻率低、电阻温度系数小、抗氧化性能好、易于焊接。大多数敏感栅材料均可制作引线。

(3)主要特性

1)灵敏度系数

金属应变丝的电阻相对变化与它所感受的应变之间具有线性关系,用灵敏度系数 K_S 表示。当金属丝做成应变片后,其电阻—应变特性与金属单丝情况不同。因此,须用实验方法对应变片的电阻—应变特性重新测定。

实验表明,金属应变片的电阻相对变化 $\dfrac{\Delta R}{R}$ 与应变 ε 在很宽的范围内均为线性关系。即

$$\frac{\Delta R}{R} = K\varepsilon$$

$$K = \frac{\Delta R}{R} \bigg/ \varepsilon \tag{3-1-7}$$

K 为金属应变片的灵敏度系数。应该指出的是:K 是在试件受一维应力作用,应变片的轴向与主应力方向一致,且试件材料是在泊松比为 0.285 的钢材的条件下测得的。

测量结果说明,应变片的灵敏度系数 K 恒小于线材的灵敏度系数 K_S。究其原因,除胶层传递变形失真外,横向效应也是一个不可忽视的因素。

2)横向效应

金属应变片由于敏感栅的两端为半圆弧形的横栅,测量应变时,构件的轴向应变 ε 使敏感栅电阻发生变化,其横向应变 ε_r 也将使敏感栅半圆弧部分的电阻发生变化(除了 ε 起作用外),应变片的这种既受轴向应变影响又受横向应变影响而引起电阻变化的现象称为横向效应。

图 3-1-2 表示丝绕式应变片敏感栅半圆弧部分的形状。

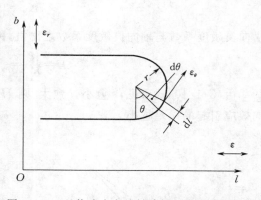

图 3-1-2　丝绕式应变片敏感栅的半圆弧形部分

若敏感栅有 n 根纵栅,每根长为 l,半径为 r,在轴向应变 ε 作用下,全部纵栅的变形视为 ΔL_1,则

$$\Delta L_1 = nl\varepsilon$$

半圆弧横栅同时受到 ε 和 ε_r 的作用,在任一微分小段长度 $\mathrm{d}l = r\mathrm{d}\theta$ 上的应变 ε_θ 可由材料力学公式求得,即

$$\varepsilon_\theta = \frac{1}{2}(\varepsilon + \varepsilon_r) + \frac{1}{2}(\varepsilon - \varepsilon_r)\cos 2\theta \tag{3-1-8}$$

每个圆弧形横栅的变形量为

$$\Delta l = \int_0^{\pi r} \varepsilon_\theta \mathrm{d}l = \int_0^{\pi} \varepsilon_\theta r \mathrm{d}\theta = \frac{\pi r}{2}(\varepsilon + \varepsilon_r)$$

纵栅为 n 根的应变片共有 $n-1$ 个半圆弧横栅,全部横栅的变形量为

$$\Delta L_2 = \frac{(n-1)\pi r}{2}(\varepsilon + \varepsilon_r)$$

应变片敏感栅的总变形量为

$$\Delta L = \Delta L_1 + \Delta L_2 = \frac{2nl+(n-1)\pi r}{2}\varepsilon + \frac{(n-1)\pi r}{2}\varepsilon_r$$

敏感栅栅丝的总长为 L，敏感栅的灵敏度系数为 K_S，则电阻相对变化为

$$\frac{\Delta R}{R} = K_S \frac{\Delta L}{L} = \frac{2nl+(n-1)\pi r}{2L}K_S\varepsilon + \frac{(n-1)\pi r}{2L}K_S\varepsilon_r$$

令

$$K_x = \frac{2nl+(n-1)\pi r}{2L}K_S$$

$$K_y = \frac{(n-1)\pi r}{2L}K_S$$

则

$$\frac{\Delta R}{R} = K_x\varepsilon + K_y\varepsilon_r \qquad (3\text{-}1\text{-}9)$$

(3-1-9)式说明，敏感栅电阻的相对变化分别是 ε 和 ε_r 作用的结果。当 $\varepsilon_r = 0$ 时，可得轴向灵敏度系数

$$K_x = \left(\frac{\Delta R}{R}\right)_x \Big/ \varepsilon$$

同样，当 $\varepsilon = 0$ 时，可得横向灵敏度系数

$$K_y = \left(\frac{\Delta R}{R}\right)_y \Big/ \varepsilon_r$$

横向灵敏度系数与轴向灵敏度系数之比值，称为横向效应系数 H。

$$H = \frac{K_y}{K_x} = \frac{(n-1)\pi r}{2nl+(n-1)\pi r} \qquad (3\text{-}1\text{-}10)$$

由(3-1-10)式可见，r 愈小，l 愈大，则 H 愈小，即敏感栅越窄、基长越长的应变片，其横向效应引起的误差越小。

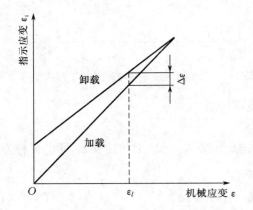

图 3-1-3　应变片的机械滞后

3)机械滞后

应变片粘贴在被测试件上，当温度恒定时，其指示应变与试件表面机械应变的比值应当不变，即加载或卸载过程中的灵敏度系数应一致，否则会带来灵敏度系数的误差。然而实验表明，在增大或减小机械应变的过程中，对同一机械应变 ε，应变片的指示应变值不同。如图 3-1-3 所示，其差值($\Delta\varepsilon$)即为机械滞后。

应变片在承受机械应变后，其内部会产生残余变形，使敏感栅电阻发生少量的不可逆变化，这是产生机械滞后的主要原因。在制造或粘贴应变片时，如果敏感栅受到不适当的变形或者黏结剂固化不充分，均会造成较大的机械滞后。

机械滞后的大小还与应变片所承受的应变量有关，加载时的机械应变越大，卸载时的滞

后也越大。所以,通常在实验之前将试件预先加载、卸载若干次,以减小因机械滞后所产生的实验误差。

4)零点漂移和蠕变

对于粘贴好的应变片,当温度恒定时,即使被测试件未承受应力,应变片的指示应变也会随时间增加而逐渐变化,这一变化就是应变片的零点漂移。产生零点漂移的主要原因是:敏感栅通以工作电流后产生温度效应;应变片的内应力逐渐变化;黏结剂固化不充分。

当应变片承受恒定的机械应变量时,应变片的指示应变却随时间而变化,这种特性称为蠕变。蠕变产生的原因是胶层之间发生"滑动",使力传到敏感栅的应变量逐渐减小。

5)应变极限

理想情况下,应变片电阻的相对变化与所承受的轴向应变成正比,即灵敏度系数为常数,但这种情况只能在一定的应变范围内才能保持,当试件表面的应变超过某一数值时,它们之间的比例关系不再成立。

在图 3-1-4 中,纵坐标是应变片的指示应变,横坐标为试件表面的真实应变。真实应变是由于工作温度变化或承受机械载荷,在被测试件内产生的应力(包括机械应力和热应力)引起的表面应变。当应变量不大时,应变片的指示应变随试件表面的真实应变的增加而线性增加,如图 3-1-4 中曲线 1 所示。当试件表面的真实应变不断增加时,曲线 1 由直线逐渐弯曲,产生非线性误差,用相对误差 δ 表示为

$$\delta = \frac{|\varepsilon_z - \varepsilon_i|}{\varepsilon_z} \times 100\% \qquad (3\text{-}1\text{-}11)$$

在图 3-1-4 中,规定的相对误差用两条点画线表示,当曲线 1 与其中的一条相交时,对应该点的真实应变即为应变极限。

在多数情况下,影响应变极限的主要因素是黏结剂和基底材料传递变形的性能及应变片的安装质量。制造与安装应变片时,应选用抗剪强度较高的黏结剂和基底材料。基底和黏结剂的厚度不宜过大,并应经过适当的固化处理,才能获得较高的应变极限。

6)动态特性

当被测应变随时间变化的频率很高时,需考虑应变片对构件应变的影响。由于应变片基底和粘贴胶层很薄,构件的应变波传到应变片的时间很短(估计约 $0.2\ \mu s$),故只需考虑应变沿应变片栅长方向传播时应变片的动态响应。

设一频率为 f 的正弦应变波在构件中以速度 v 沿应变片栅长方向传播,在某一瞬时 t,应变量沿构件分布如图 3-1-5 所示。

设应变波波长为 λ,则有 $\lambda = \dfrac{v}{f}$。应变片栅长为 l,瞬时 t 时应变波沿构件分布为

$$\varepsilon(x) = \varepsilon_0 \sin \frac{2\pi}{\lambda} x \qquad (3\text{-}1\text{-}12)$$

应变片中点的应变为 $\varepsilon_t = \varepsilon_0 \sin \dfrac{2\pi}{\lambda} x_t$,$x_t$ 为 t 瞬时应变片中点的坐标。由应变片测得的应变为栅长 l 范围内的平均应变 ε_m,其数值等于 l 范围内应变波曲线下的面积除以 l,即

$$\varepsilon_m = \frac{1}{l} \int_{x_t - \frac{l}{2}}^{x_t + \frac{l}{2}} \varepsilon_0 \sin \frac{2\pi}{\lambda} x\, \mathrm{d}x = \varepsilon_0 \sin \frac{2\pi}{\lambda} x_t \frac{\sin \frac{\pi l}{\lambda}}{\frac{\pi l}{\lambda}}$$

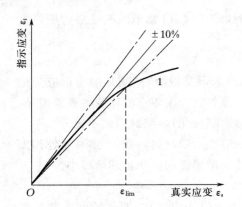

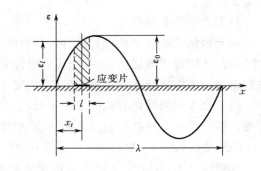

图 3-1-4　应变片的应变极限　　　　　图 3-1-5　应变片对应变波的动态响应

则平均应变 ε_m 与中点应变 ε_t 的相对误差为

$$\delta = \frac{\varepsilon_t - \varepsilon_m}{\varepsilon_t} = 1 - \frac{\varepsilon_m}{\varepsilon_t} = 1 - \frac{\sin\frac{\pi l}{\lambda}}{\frac{\pi l}{\lambda}} \qquad (3\text{-}1\text{-}13)$$

由上式可见,相对误差 δ 的大小只取决于 $\frac{l}{\lambda}$ 值。表 3-1-2 给出了 $\frac{l}{\lambda}$ 为 $\frac{1}{10}$ 和 $\frac{1}{20}$ 时 δ 的数值。

表 3-1-2　误差 δ 的计算结果

$\frac{l}{\lambda}$	$\delta/\%$
$\frac{1}{10}$	1.62
$\frac{1}{20}$	0.52

由表 3-1-2 可知,应变片栅长与正弦应变波的波长之比越小,相对误差 δ 越小。当选用应变片栅长为应变波长的 $\frac{1}{20} \sim \frac{1}{10}$ 时,δ 将小于 2%。

因为

$$\lambda = \frac{v}{f} \qquad (3\text{-}1\text{-}14)$$

式中　v——应变波在试件中的传播速度;

　　　f——应变片的可测频率。

取 $\frac{l}{\lambda} = \frac{1}{10}$,则

$$f = 0.1\frac{v}{l} \qquad (3\text{-}1\text{-}15)$$

若已知应变波在某材料内的传播速度 v,由上式可计算出栅长为 l 的应变片粘贴在某种材料上的可测动态应变最高频率。

（4）温度误差及其补偿

1）温度误差

用于测量应变的金属应变片，希望其阻值仅随应变变化，而不受其他因素的影响。实际上应变片的阻值受环境温度（包括被测试件的温度）影响很大。因环境温度改变而引起电阻变化的两个主要因素：其一是应变片的电阻丝具有一定的温度系数；其二是电阻丝材料与测试材料的线膨胀系数不同。

设环境引起的构件温度变化为 $\Delta t(^\circ C)$ 时，粘贴在试件表面的应变片敏感栅材料的电阻温度系数为 α_t，则应变片产生的电阻相对变化为

$$\left(\frac{\Delta R}{R}\right)_1 = \alpha_t \Delta t \qquad\qquad (3\text{-}1\text{-}16)$$

同时，由于敏感栅材料和被测构件材料两者线膨胀系数不同，当 Δt 存在时，引起应变片的附加应变，其值为

$$\varepsilon_{2t} = (\beta_e - \beta_g)\Delta t \qquad\qquad (3\text{-}1\text{-}17)$$

式中　β_e——试件材料的线膨胀系数；

　　　β_g——敏感栅材料的线膨胀系数。

相应的电阻相对变化为

$$\left(\frac{\Delta R}{R}\right)_2 = K(\beta_e - \beta_g)\Delta t$$

因此，由温度变化形成的总电阻相对变化为

$$\left(\frac{\Delta R}{R}\right)_t = \left(\frac{\Delta R}{R}\right)_1 + \left(\frac{\Delta R}{R}\right)_2 = \alpha_t \Delta t + K(\beta_e - \beta_g)\Delta t \qquad (3\text{-}1\text{-}18)$$

相应的虚假应变 ε_t 为

$$\varepsilon_t = \left(\frac{\Delta R}{R}\right)_t \bigg/ K = \frac{\alpha_t}{K}\Delta t + (\beta_e - \beta_g)\Delta t$$

上式为应变片粘贴在试件表面上，在试件不受外力作用下，温度变化 Δt 时应变片的温度效应。以应变形式体现，称之为热输出。（3-1-18）式表明，应变片热输出的大小不仅与应变计敏感栅材料的性能（α_t、β_g）有关，而且与被测试件材料的线膨胀系数（β_e）有关。

2）温度补偿方法

单丝自补偿应变片：由（3-1-18）式可以看出，若使应变片在温度变化 Δt 时的热输出值为零，必须使

$$\alpha_t + K(\beta_e - \beta_g) = 0$$

即

$$\alpha_t = K(\beta_g - \beta_e) \qquad\qquad (3\text{-}1\text{-}19)$$

无论被测试件由哪一种材料制成，其线膨胀系数 β_e 均为确定值，可以在有关的材料手册中查到。选择应变片时，若应变片的敏感栅用单一的合金丝制成，且其电阻温度系数 α_t 和线膨胀系数 β_g 满足（3-1-19）式的条件，即可实现温度自补偿。具有这种敏感栅的应变片称为单丝自补偿应变片。

单丝自补偿应变片的优点是结构简单，制造和使用比较方便，但它必须在由具有一定线膨胀系数的材料制成的试件上使用，否则不能达到温度自补偿的目的。

双丝组合式自补偿应变片：这种温度自补偿应变片由两种具有不同电阻温度系数（一种

为正值,一种为负值)的材料串联组成敏感栅,在一定的温度范围内在一定材料的试件上实现温度自补偿,如图 3-1-6 所示。

这种应变片的自补偿条件是粘贴在某种试件上的两段敏感栅,随温度变化而产生的电阻增量大小相等,符号相反,即

$$(\Delta R_a)_t = -(\Delta R_b)_t$$

所以,两段敏感栅的电阻大小可按下式选择:

$$\frac{R_a}{R_b} = -\frac{(\Delta R_b/R_b)_t}{(\Delta R_a/R_a)_t} = -\frac{\alpha_b + K_b(\beta_e - \beta_b)}{\alpha_a + K_a(\beta_e - \beta_a)}$$

该补偿方法的优点是:制造时,可以调节两段敏感栅的丝长,以实现对某种材料的试件在一定温度范围内获得较好的温度补偿。补偿效果可达±0.45 $\mu\varepsilon/°C$。

桥路补偿法:如图 3-1-7 所示,电桥输出电压与桥臂参数的关系为

$$U_{SC} = A(R_1 R_4 - R_2 R_3) \tag{3-1-20}$$

式中 A——由桥臂电阻和电源电压决定的常数。

由上式可知,当 R_3、R_4 为常数时,R_1 和 R_2 对输出电压的作用方向相反。利用这个基本特性可实现对温度的补偿,并且补偿效果较好,这是最常用的补偿方法之一。

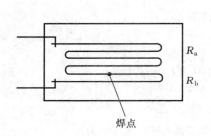

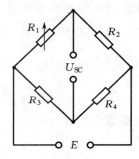

图 3-1-6 双丝组合式自补偿应变片   图 3-1-7 桥路补偿法

测量应变时,使用两个应变片,一片贴在被测试件的表面上,如图3-1-8中 R_1 所示,称为工作应变片;另一片贴在与被测试件材料相同的补偿块上,如图中 R_2 所示,称为补偿应变片。在工作过程中补偿块不承受应变,仅随温度发生变形。

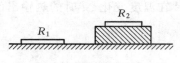

图 3-1-8 应变片粘贴示意图

当被测试件不承受应变时,R_1 和 R_2 处于同一温度场,调整电桥参数,可使电桥输出电压为零,即

$$U_{SC} = A(R_1 R_4 - R_2 R_3) = 0$$

上式中可以选择 $R_1 = R_2 = R$ 及 $R_3 = R_4 = R'$。

当温度升高或降低时,若 $\Delta R_{1t} = \Delta R_{2t}$,即两个应变片的热输出相等,由(3-1-20)式可知电桥的输出电压为零,即

$$\begin{aligned}
U_{SC} &= A[(R_1 + \Delta R_{1t})R_4 - (R_2 + \Delta R_{2t})R_3] \\
&= A[(R + \Delta R_{1t})R' - (R + \Delta R_{2t})R'] \\
&= A(RR' + \Delta R_{1t}R' - RR' - \Delta R_{2t}R') \\
&= AR'(\Delta R_{1t} - \Delta R_{2t}) = 0
\end{aligned}$$

若此时有应变作用,只会引起电阻 R_1 发生变化,R_2 不承受应变。故由(3-1-20)式可得输出电压为

$$U_{SC} = A[(R_1 + \Delta R_{1t} + R_1 K\varepsilon)R_4 - (R_2 + \Delta R_{2t})R_3] = AR'RK\varepsilon$$

由上式可知,电桥输出电压只与应变 ε 有关,而与温度无关。最后应当指出的是,为达到完全补偿,需满足下列三个条件:

①R_1 和 R_2 须为同一批号的产品,即它们的电阻温度系数 α、线膨胀系数 β 及应变灵敏度系数 K 均相同,两应变片的初始电阻值也要求相同;

②用于粘贴补偿片的构件和粘贴工作片的试件两者材料必须相同,即要求两者线膨胀系数相等;

③两应变片处于同一温度环境中。

此方法简单易行,能在较大温度范围内进行补偿。缺点是上面三个条件不易满足,尤其是条件③。在某些测试条件下,温度场梯度较大,R_1 和 R_2 很难处于相同温度点。

根据被测试件承受应变的情况,可以不另加专门的补偿块,而将补偿片贴在被测试件上,这样既能起到温度补偿作用,又能提高输出的灵敏度,如图 3-1-9 所示的贴法。其中(a)图为受弯曲应力的构件,应变片 R_1 和 R_2 的变形方向相反,上面受拉,下面受压,应变绝对值相等,符号相反,将它们接入电桥的相邻臂后,可使输出电压增加一倍。当温度变化时,应变片 R_1 和 R_2 的阻值变化的符号相同,大小相等,电桥不产生输出,达到了补偿的目的。(b)图是受单向应力的构件,将工作应变片 R_1 的轴线顺着应变方向,补偿应变片 R_2 的轴线和应变方向垂直,R_1 和 R_2 接入电桥相邻臂,此时电桥的输出为

$$U_{SC} = AR_1 R_2 K(1+\mu)\varepsilon$$

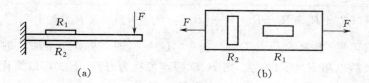

图 3-1-9　温度补偿方法
(a)构件受弯曲应力　(b)构件受单向应力

3.1.2　金属箔式应变片

金属箔式应变片的工作原理和金属丝式应变片基本相同。它的电阻敏感元件不是金属丝栅,而是通过光刻、腐蚀等工序制成的金属箔栅(见图 3-1-10)。金属箔的厚度一般为 $0.003 \sim 0.010$ mm,它的基片和盖片多为胶质膜,基片厚度一般为 $0.03 \sim 0.05$ mm。

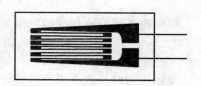

图 3-1-10　金属箔式应变片示意图

金属箔式应变片和金属丝式应变片相比较,有如下特点。

①金属箔栅很薄,因而它所感受的应力状态与试件表面的应力状态更为接近。当箔材和丝材具有同样的截面积时,箔材与黏结层的接触面积比丝材大,能更好地和试件共同工作。此外,箔栅的端部较宽,横向效应较小,因而提高了应变测量的精度。

②箔材表面积大,散热条件好,故允许通过较大电流,因而可以输出较大信号,提高了测量灵敏度。

③箔栅的尺寸准确、均匀,且能制成任意形状,特别是为制造应变花和小标距应变片提

供了条件,从而扩大了应变片的使用范围。

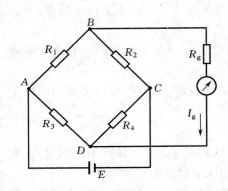

图 3-1-11 直流电桥电路

④便于成批生产。

箔式应变片的缺点是:生产工序较为复杂,因引出线的焊点采用锡焊,所以不适于高温环境下的测量。此外,价格相对较高。

3.1.3 测量电路

电阻应变片的测量电路多采用交流电桥(配交流放大器),其原理和直流电桥相似。直流电桥比较简单,因此首先分析直流电桥,其电路如图 3-1-11 所示。

由图可知:当电源 E 为电势源,其内阻为零时,根据等效发电机原理可求出检流计中流过的电流 I_g 与电桥各参数之间的关系为

$$I_g = \frac{E(R_1 R_4 - R_2 R_3)}{R_g(R_1+R_2)(R_3+R_4)+R_1 R_2(R_3+R_4)+R_3 R_4(R_1+R_2)} \quad (3\text{-}1\text{-}21)$$

式中 R_g——负载电阻。

因而其输出电压为

$$U_g = I_g R_g$$

$$= \frac{E(R_1 R_4 - R_2 R_3)}{(R_1+R_2)(R_3+R_4)+\dfrac{1}{R_g}[R_1 R_2(R_3+R_4)+R_3 R_4(R_1+R_2)]} \quad (3\text{-}1\text{-}22)$$

由以上两式可见,当 $R_1 R_4 = R_2 R_3$ 时,$I_g = 0$,$U_g = 0$,即电桥处于平衡状态。

若电桥的负载电阻 R_g 为无穷大,则 B、D 两点可视为开路,上式可以简化为

$$U_g = E\frac{R_1 R_4 - R_2 R_3}{(R_1+R_2)(R_3+R_4)} \quad (3\text{-}1\text{-}23)$$

设 R_1 为应变片的阻值,工作时 R_1 有一增量 ΔR,当为拉伸应变时,ΔR 为正;当为压缩应变时,ΔR 为负。在上式中以 $R_1 + \Delta R$ 代替 R_1,则

$$U_g = E\frac{(R_1 + \Delta R)R_4 - R_2 R_3}{(R_1+\Delta R+R_2)(R_3+R_4)} \quad (3\text{-}1\text{-}24)$$

设电桥各臂均有相应的电阻增量 ΔR_1、ΔR_2、ΔR_3、ΔR_4,则由(3-1-24)式得

$$U_g = E\frac{(R_1+\Delta R_1)(R_4+\Delta R_4)-(R_2+\Delta R_2)(R_3+\Delta R_3)}{(R_1+\Delta R_1+R_2+\Delta R_2)(R_3+\Delta R_3+R_4+\Delta R_4)} \quad (3\text{-}1\text{-}25)$$

实际使用时一般多采用等臂电桥或对称电桥,下面分别进行介绍。

(1)等臂电桥

若电桥桥臂均相等,即 $R_1 = R_2 = R_3 = R_4 = R$,则称该电桥为等臂电桥。此时(3-1-25)式可写成

$$U_g = E\frac{R(\Delta R_1 - \Delta R_2 - \Delta R_3 + \Delta R_4)+\Delta R_1 \Delta R_4 - \Delta R_2 \Delta R_3}{(2R+\Delta R_1+\Delta R_2)(2R+\Delta R_3+\Delta R_4)} \quad (3\text{-}1\text{-}26)$$

一般,$\Delta R_i (i=1,2,3,4)$ 很小,即 $R \gg \Delta R_i$,略去上式中的高阶微量,并利用(3-1-7)式得到

$$U_g = \frac{E}{4}\left(\frac{\Delta R_1}{R}-\frac{\Delta R_2}{R}-\frac{\Delta R_3}{R}+\frac{\Delta R_4}{R}\right)$$

$$= \frac{EK}{4}(\varepsilon_1 - \varepsilon_2 - \varepsilon_3 + \varepsilon_4) \tag{3-1-27}$$

上式表明等臂电桥具有如下几个特点。

①当 $\Delta R_i \ll R$ 时，输出电压与应变呈线性关系。

②若相邻两桥臂的应变极性一致，即同为拉应变或压应变，则输出电压为两者之差；若相邻两桥臂的极性不同，即一为拉应变，另一为压应变，则输出电压为两者之和。

③若相对两桥臂的应变极性一致，则输出电压为两者之和；若相对桥臂的应变极性相反，则输出电压为两者之差。

利用上述特点可以进行温度补偿和提高测量的灵敏度。

当仅桥臂 AB 单臂工作时，输出电压为

$$U_g = \frac{E}{4} \times \frac{\Delta R}{R} = \frac{E}{4} K\varepsilon \tag{3-1-28}$$

由(3-1-27)式和(3-1-28)式可知，当假定 $R \gg \Delta R$ 时，输出电压 U_g 与应变 ε 呈线性关系。当上述假定不成立时，按线性关系刻度的仪表用以测量此种情况下的应变，必然带来非线性误差。

当考虑单臂工作时，即 AB 桥臂变化 ΔR，则由(3-1-24)式得到

$$U_g = \frac{E\Delta R}{4R + 2\Delta R} = \frac{E}{4} \frac{\Delta R}{R}\left(1 + \frac{1}{2}\frac{\Delta R}{R}\right)^{-1}$$

$$= \frac{E}{4} K\varepsilon \left(1 + \frac{1}{2}K\varepsilon\right)^{-1} \tag{3-1-29}$$

由上式展开级数，得

$$U_g = \frac{E}{4} K\varepsilon \left[1 - \frac{1}{2}K\varepsilon + \frac{1}{4}(K\varepsilon)^2 - \frac{1}{8}(K\varepsilon)^3 + \cdots\right] \tag{3-1-30}$$

则电桥的相对非线性误差为

$$\delta = \frac{\dfrac{E}{4}K\varepsilon - \dfrac{E}{4}K\varepsilon\left[1 - \dfrac{1}{2}K\varepsilon + \dfrac{1}{4}(K\varepsilon)^2 - \dfrac{1}{8}(K\varepsilon)^3 + \cdots\right]}{\dfrac{E}{4}K\varepsilon}$$

$$= \frac{1}{2}K\varepsilon - \frac{1}{4}(K\varepsilon)^2 + \frac{1}{8}(K\varepsilon)^3 - \cdots \tag{3-1-31}$$

由上式可知，$K\varepsilon$ 愈大，δ 愈大。通常 $K\varepsilon \ll 1$，上式可近似地写为

$$\delta \approx \frac{1}{2}K\varepsilon \tag{3-1-32}$$

设 $K = 2$，要求非线性误差 $\delta < 1\%$，试求允许测量的最大应变值 ε_{max}。由上式得到

$$\frac{1}{2}K\varepsilon_{max} < 0.01$$

$$\varepsilon_{max} < \frac{2 \times 0.01}{K} = \frac{2 \times 0.01}{2} = 0.01 = 10\ 000\ \mu\varepsilon$$

上式表明，如果被测应变大于 $10\ 000\ \mu\varepsilon$，采用等臂电桥时的非线性误差大于 1%。

（2）第一对称电桥

若电桥桥臂两两相等，即 $R_1 = R_2 = R$，$R_3 = R_4 = R'$，则称该电桥为第一对称电桥，如图 3-1-12 所示，实质上它是半等臂电桥。设 R_1 有一增量 ΔR，由(3-1-23)式得到输出电压为

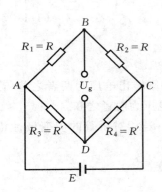

图 3-1-12　第一对称电桥

$$U_g = E \frac{(R+\Delta R)R' - RR'}{(2R+\Delta R)(2R')}$$

$$= E \frac{\Delta R}{4R + 2\Delta R}$$

$$= \frac{E}{4} \frac{\Delta R}{R} \left(1 + \frac{1}{2} \frac{\Delta R}{R}\right)^{-1} \qquad (3-1-33)$$

上式表明：第一对称电桥的输出电压与等臂电桥相同，其非线性误差可由(3-1-32)式计算。若 $R \gg \Delta R$，(3-1-33)式仍可简化为(3-1-28)式，这时输出电压与应变成正比。

(3)第二对称电桥

半等臂电桥的另一种形式为 $R_1 = R_3 = R, R_2 = R_4 = R'$，称为第二对称电桥，如图 3-1-13 所示。若 R_1 有一增量 ΔR，由(3-1-23)式得到

$$U_g = E \frac{(R+\Delta R)R' - RR'}{(R+\Delta R+R')(R+R')}$$

化简后得到

$$U_g = E \frac{\Delta R}{R} \times \frac{1}{k+2+\frac{1}{k}} \times \frac{1}{1+\frac{k}{1+k}\frac{\Delta R}{R}} \qquad (3-1-34)$$

式中 $k = \dfrac{R}{R'}$。

由上式可见：

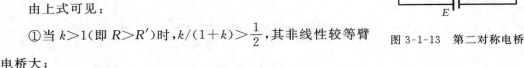

图 3-1-13　第二对称电桥

①当 $k > 1$（即 $R > R'$）时，$k/(1+k) > \dfrac{1}{2}$，其非线性较等臂电桥大；

②当 $k < 1$（即 $R < R'$）时，其非线性较等臂电桥小；

③当 $k \ll 1$ 时，其非线性可得到很好改善；

④当 $k = 1$ 时，其为等臂电桥。

若 $R \gg \Delta R$，忽略(3-1-34)式分母中 $\left(\dfrac{k}{1+k}\dfrac{\Delta R}{R}\right)$ 项，得到

$$U_g = \frac{E}{k+2+\frac{1}{k}} \frac{\Delta R}{R} = \frac{E}{k+2+\frac{1}{k}} K\varepsilon \qquad (3-1-35)$$

上式表明：在一定的应变范围内，第二对称电桥的输出电压与应变呈线性关系，但比等臂电桥的输出电压小，是它的 $4 / \left(k+2+\dfrac{1}{k}\right)$。

通常的静、动态电阻应变仪的测量电路有交流供桥载波放大和直流供桥直流放大两种形式，分别对应交流载波放大器和直流放大器。交流载波放大器具有灵敏度高、稳定性好、外界干扰和电源影响小及造价低等优点，但存在工作频率上限较低、长导线时分布电容影响大等缺点。而直流放大器则相反，虽然工作频带宽，能解决分布电容问题，但它需配用精密稳定电源供桥，造价较高。近年来随着电子技术的发展，在数字应变仪、超动态应变仪中已逐渐采用直流放大形式的测量电路。

3.1.4 应变式传感器

　　金属应变片,除了用于测定试件应力、应变外,还被制造成多种应变式传感器,用来测定力、扭矩、加速度、压力等其他物理量。

　　应变式传感器包括两个部分:一是弹性敏感元件,它将被测物理量(如力、扭矩、加速度、压力等)转换为弹性体的应变值;二是应变片,它作为转换元件将应变转换为电阻的变化。

　　(1)圆柱式力传感器

　　圆柱式力传感器的弹性元件分为实心和空心两种,如图 3-1-14 所示。

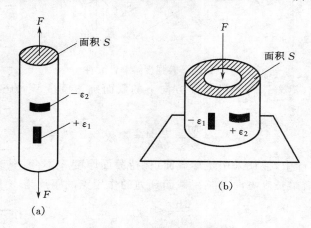

图 3-1-14 圆柱式力传感器

(a) 实心　(b) 空心

　　在轴向布置一个或几个应变片,在圆周方向布置同样数目的应变片,后者取符号相反的横向应变,从而构成了差动对。由于应变片沿圆周方向分布,所以非轴向载荷分量被补偿,在与轴线成任意夹角 α 的方向,其应变为

$$\varepsilon_\alpha = \frac{\varepsilon_1}{2}\big[(1-\mu)+(1+\mu)\cos 2\alpha\big] \qquad (3\text{-}1\text{-}36)$$

式中　ε_1——沿轴向的应变;

　　　　μ——弹性元件的泊松比。

　　轴向应变片感受的应变为:当 $\alpha = 0$ 时,

$$\varepsilon_\alpha = \varepsilon_1 = \frac{F}{SE} \qquad (3\text{-}1\text{-}37)$$

　　圆周方向应变片感受的应变为:当 $\alpha = 90°$ 时,

$$\varepsilon_\alpha = \varepsilon_2 = -\mu\varepsilon_1 = -\mu\frac{F}{SE} \qquad (3\text{-}1\text{-}38)$$

式中　F——载荷;

　　　　S——弹性元件截面积;

　　　　E——弹性元件的杨氏模量。

　　(2)梁式力传感器

　　等强度梁弹性元件是一种特殊形式的悬臂梁,见图 3-1-15。

　　梁的固定端宽度为 b_0,自由端宽度为 b,梁长为 L,梁厚为 h。这种弹性元件的特点是,其截面沿梁长方向按一定规律变化,当集中力 F 作用在自由端时,距作用力任何距离的截

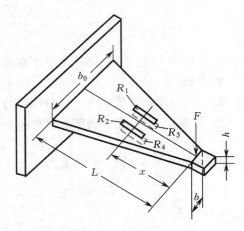

图 3-1-15 等强度梁弹性元件

面上应力相等。因此,沿着这种梁的长度方向上的截面抗弯模量 W 的变化与弯矩 M 的变化成正比,即

$$\sigma = \frac{M}{W} = \frac{6FL}{bh^2} = 常数 \tag{3-1-39}$$

在等强度梁的设计中,往往采用矩形截面,保持截面厚度 h 不变,只改变梁的宽度 b,如图 3-1-15 所示。设沿梁长度方向上某一截面到力的作用点的距离为 x,则

$$\frac{6Fx}{b_x h^2} \leqslant [\sigma]$$

即

$$b_x \geqslant \frac{6Fx}{h^2 [\sigma]} \tag{3-1-40}$$

式中　b_x——与 x 值对应的梁宽;

　　　$[\sigma]$——材料允许应力。

在设计等强度梁弹性元件时,需确定最大载荷 F,假设厚度为 h,长度为 L,按照所选定材料的许用应力 $[\sigma]$,即可求得等强度梁的固定端宽度 b_0 以及沿梁长方向宽度的变化值。

等强度梁各点的应变值为

$$\varepsilon = \frac{6Fx}{b_x h^2 E} \tag{3-1-41}$$

(3)应变式压力传感器

测量气体或液体压力的薄板式传感器,如图 3-1-16 所示。当气体或液体压力作用在薄板承压面上时,薄板变形,粘贴在另一面的电阻应变片随之变形,并改变阻值。这时测量电路中电桥平衡被破坏,产生输出电压。

圆形薄板的固定,可以采用嵌固形式,如图 3-1-16(a)所示,也可以与传感器外壳做成一体形式,如图 3-1-16(b)所示。

当均布压力作用于薄板时,圆板上各点径向应力和切向应力可用以下两式表示:

$$\sigma_r = \frac{3p}{8h^2} [(1+\mu)r^2 - (3+\mu)x^2] \tag{3-1-42}$$

$$\sigma_t = \frac{3p}{8h^2} [(1+\mu)r^2 - (1+3\mu)x^2] \tag{3-1-43}$$

圆板内任一点的应变值计算式为

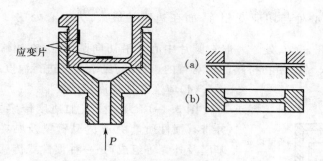

图 3-1-16　应变式压力传感器示意图
（a）嵌固形式　（b）一体形式

$$\varepsilon_r = \frac{3p}{8h^2 E}(1-\mu^2)(r^2 - 3x^2) \qquad (3\text{-}1\text{-}44)$$

$$\varepsilon_t = \frac{3p}{8h^2 E}(1-\mu^2)(r^2 - x^2) \qquad (3\text{-}1\text{-}45)$$

式中　　σ_r、σ_t——径向和切向应力；

ε_r、ε_t——径向和切向应变；

r、h——圆板的半径和厚度；

μ——圆板材料的泊松系数；

x——与圆心的径向距离。

圆板表面应变分布如图 3-1-17 所示。由上列各式可以得出以下结论。

①由（3-1-42）、（3-1-43）两式可知，圆板边缘处的应力为

$$\sigma_r = -\frac{3p}{4h^2}r^2$$

$$\sigma_t = -\frac{3p}{4h^2}r^2\mu$$

因此，周边处的径向应力最大。设计薄板时，此处的应力不应超过允许应力。

②由应变分布图可知：

$x=0$ 时，在膜片中心位置处的应变为

$$\varepsilon_r = \varepsilon_t = \frac{3p}{8h^2}\frac{1-\mu^2}{E}r^2 \qquad (3\text{-}1\text{-}46)$$

$x=r$ 时，在膜片边缘处的应变为

$$\varepsilon_t = 0$$

$$\varepsilon_r = -\frac{3p}{4h^2}\frac{1-\mu^2}{E}r^2 \qquad (3\text{-}1\text{-}47)$$

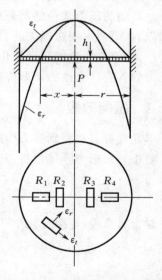

图 3-1-17　圆板表面应变分布

此值比中心处应变大 1 倍。

$x=\dfrac{r}{\sqrt{3}}$ 时，$\varepsilon_r = 0$。

由应力分布规律可找出贴片方法：由于切应变均为正，且中间最大；径向应变沿圆周分

布,有正有负,在中心处与切应变相等,而在边缘处最大,为中心处的 2 倍,在 $x=\frac{r}{\sqrt{3}}$ 处为零,故贴片时应避开 $\varepsilon_r=0$ 处。一般在圆片中心处沿切向贴两片,在边缘处沿径向贴两片。应变片 R_1、R_4 和 R_2、R_3 接在桥路的相对臂内,以提高灵敏度并进行温度补偿。

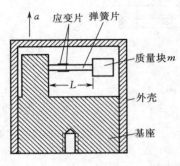

图 3-1-18 应变式加速度传感器
示意图

(4)应变式加速度传感器

图 3-1-18 为应变式加速度传感器。它由端部固定并带有惯性质量块 m 的悬臂梁及贴在梁根部的应变片、基座及外壳等组成,是一种惯性式传感器。

测量时,根据所测振动体加速度的方向,把传感器固定在被测部位。当被测点的加速度沿图中箭头 a 所示方向时,悬臂梁自由端受惯性力 $F=ma$ 的作用,质量块沿与箭头 a 相反的方向相对于基座运动,使梁发生弯曲变形,应变片电阻发生变化,产生输出信号,输出信号大小与加速度成正比。

3.2 压阻式传感器

利用硅的压阻效应和微电子技术制成的压阻式传感器,是发展非常迅速的一种新的物性型传感器,具有灵敏度高、动态响应好、精度高、易于微型化和集成化等特点,已获得广泛应用。早期的压阻式传感器是利用半导体应变片制成的粘贴型压阻式传感器。19 世纪 70 年代以后,研制出周边固支的力敏电阻与硅膜片一体化的扩散型压阻式传感器。它易于批量生产,能够方便地实现微型化、集成化和智能化。因而它成为当时受到人们普遍重视并重点开发的具有代表性的新型传感器。

3.2.1 压阻效应

单晶硅材料在受到应力作用后,其电阻率发生明显变化,这种现象被称为压阻效应。

对于一条形半导体材料,其电阻相对变化量由(3-1-2)式不难得出:

$$\frac{\mathrm{d}R}{R}=\frac{\mathrm{d}\rho}{\rho}+(1+2\mu)\varepsilon \tag{3-2-1}$$

对金属来说,电阻变化率 $\frac{\mathrm{d}\rho}{\rho}$ 较小,有时可忽略不计。因此,主要起作用的是应变效应,

即
$$\frac{\mathrm{d}R}{R}\approx(1+2\mu)\varepsilon$$

而半导体材料若以 $\mathrm{d}\rho/\rho=\pi\sigma(\sigma$ 表示应力$)=\pi E\varepsilon$ 代入(3-2-1)式,则有

$$\frac{\mathrm{d}R}{R}=\pi\sigma+(1+2\mu)\varepsilon=(\pi E+1+2\mu)\varepsilon \tag{3-2-2}$$

由于 πE 一般比$(1+2\mu)$大几十倍甚至上百倍,因此引起半导体材料电阻相对变化的主要因素是压阻效应,所以(3-2-2)式也可以近似写成

$$\frac{\mathrm{d}R}{R}=\pi E\varepsilon \tag{3-2-3}$$

式中 π——压阻系数;

E——弹性模量；

ε——应变。

上式表明压阻式传感器的工作原理是基于压阻效应。

扩散硅压阻式传感器的基片是半导体单晶硅。单晶硅是各向异性材料,取向不同,其特性不一样。而取向是用晶向(即晶面的法线方向)表示的。

3.2.2 晶向、晶面的表示方法

结晶体是具有多面体形态的固体,由分子、原子或离子有规则排列而成。这种多面体的表面由称为晶面的许多平面围合而成。晶面与晶面相交的直线称为晶棱,晶棱的交点称为晶体的顶点。为了说明晶格点阵的配置和确定晶面的位置,通常引进一组对称轴线,称为晶轴,用 X、Y、Z 表示。硅为立方晶体结构,就取立方晶体的三个相邻边为 X、Y、Z。在晶轴 X、Y、Z 上取与所有晶轴相交的某一晶面为单位晶面,如图 3-2-1 所示。此晶面与坐标轴上的截距为 OA、OB、OC。已知某晶面在 X、Y、Z 轴上的截距为 OA_x、OB_y、OC_z,它们与单位晶面在坐标轴截距的比可写成

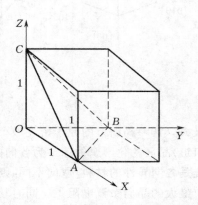

图 3-2-1 晶体晶面的截距表示

$$\frac{OA_x}{OA} : \frac{OB_y}{OB} : \frac{OC_z}{OC} = p : q : r \tag{3-2-4}$$

式中 p、q、r——没有公约数(1 除外)的简单整数。为了方便,取其倒数得

$$\frac{OA}{OA_x} : \frac{OB}{OB_y} : \frac{OC}{OC_z} = \frac{1}{p} : \frac{1}{q} : \frac{1}{r} = h : k : l \tag{3-2-5}$$

式中 h、k、l——没有公约数(1 除外)的简单整数。

依据上述关系式,可以看出截距 OA_x、OB_y、OC_z 的晶面,能用三个简单整数 h、k、l 表示。h、k、l 称为密勒指数。根据有关的规定,晶面符号为 (hkl),晶面全集符号为 $\{hkl\}$,晶向符号为 $[hkl]$,晶向全集符号为 $\langle hkl \rangle$。晶面所截的线段,对于 X 轴,在 O 点之前为正,O 点之后为负;对于 Y 轴,在 O 点右边为正,O 点左边为负;对于 Z 轴,在 O 点之上为正,O 点之下为负。

依据上述规定的晶体符号的表示方法,可用来分析立方晶体中的晶面、晶向。在立方晶体中,所有的原子可以看成是分布在与上下晶面相平行的一簇晶面上,也可以看作是分布在与两侧晶面相平行的一簇晶面上。要区分这不同的晶面,需采用密勒指数对晶面进行标记。晶面若在 X、Y、Z 轴上截取单位截距时,密勒指数就是 1、1、1。故晶面、晶向、晶面全集及晶向全集分别表示为 (111)、$[111]$、$\{111\}$、$\langle 111 \rangle$。若晶面与任一晶轴平行,则晶面符号中相对于此轴的指数等于零,因此与 X 轴相交而平行于其余两轴的晶面用 (100) 表示,其晶向为 $[100]$；与 Y 轴相交而平行于其余两轴的晶面为 (010),其晶向为 $[010]$；与 Z 轴相交而平行于 X、Y 轴的晶面为 (001),晶向为 $[001]$。同理,与 X、Y 轴相交而平行于 Z 轴的晶面为 (110),其晶向为 $[110]$；其余类推。硅立方晶体内几种不同晶向及符号表示如图 3-2-2 所示。

对于同一单晶,不同晶面上原子的分布不同。例如硅单晶中,(111) 晶面上的原子密度

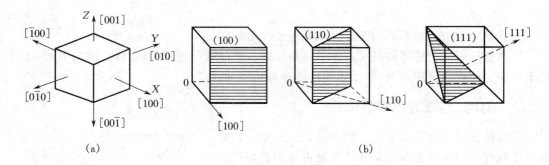

图 3-2-2 单晶硅内几种不同晶向与晶面

(a)晶向　(b)晶面

最大,(100)晶面上的原子密度最小。各晶面上的原子密度不同,所表现出的性质也不同,如(111)晶面的化学腐蚀速率为各向同性,而(100)晶面上的化学腐蚀速率为各向异性。单晶硅是各向异性的材料,取向不同,则压阻效应也不同。硅压阻传感器的芯片,应选择压阻效应最大的晶向布置电阻条。同时利用硅晶体各向异性、腐蚀速率不同的特性,采用腐蚀工艺制造硅杯形的压阻芯片。在压阻传感器的设计中,有时要判断两晶向是否垂直,可将两晶向作为两向量表示。$\boldsymbol{A}[h,k,l]$ 与 $\boldsymbol{B}[h_1,k_1,l_1]$ 两向量点乘时,若 $\boldsymbol{A} \perp \boldsymbol{B}$,必有

$$h \cdot h_1 + k \cdot k_1 + l \cdot l_1 = 0$$

可根据上式判断两晶向垂直与否。有时需要求出与两晶向均垂直的第三晶向,可根据两向量的叉乘求出,即满足 $\boldsymbol{A} \times \boldsymbol{B} = \boldsymbol{C}$ 式的向量 $\boldsymbol{C}$ 必然与向量 $\boldsymbol{A}$ 及向量 $\boldsymbol{B}$ 均垂直。

3.2.3　压阻系数

(1)压阻系数的定义

由前述可知,半导体电阻的相对变化近似等于电阻率的相对变化,而电阻率的相对变化与应力成正比,两者的比例系数就是压阻系数。即

$$\pi = \frac{\mathrm{d}\rho/\rho}{\sigma} = \frac{\mathrm{d}\rho/\rho}{E\varepsilon} \tag{3-2-6}$$

单晶硅的压阻系数矩阵为

$$\begin{bmatrix} \pi_{11} & \pi_{12} & \pi_{12} & 0 & 0 & 0 \\ \pi_{12} & \pi_{11} & \pi_{12} & 0 & 0 & 0 \\ \pi_{12} & \pi_{12} & \pi_{11} & 0 & 0 & 0 \\ 0 & 0 & 0 & \pi_{44} & 0 & 0 \\ 0 & 0 & 0 & 0 & \pi_{44} & 0 \\ 0 & 0 & 0 & 0 & 0 & \pi_{44} \end{bmatrix}$$

多向应力作用在单晶硅上,由于压阻效应,硅晶体的电阻率发生变化,从而引起电阻的变化。在正交坐标系中,当坐标轴与晶轴一致时,电阻的相对变化 $\mathrm{d}R/R$ 与应力的关系如下式所示。

$$\frac{\mathrm{d}R}{R} = \pi_l \sigma_l + \pi_t \sigma_t + \pi_s \sigma_s \tag{3-2-7}$$

式中　σ_l——纵向应力;

σ_t——横向应力;

σ_s——垂直应力,即与 σ_l、σ_t 垂直的方向上的应力;

π_l、π_t、π_s——与 σ_l、σ_t、σ_s 相对应的压阻系数;

π_l——应力作用方向与通过压阻元件的电流方向一致时的压阻系数;

π_t——应力作用方向与通过压阻元件的电流方向垂直时的压阻系数。

当坐标轴与晶轴方向有偏离时,再考虑到 $\pi_s\sigma_s$,一般扩散深度为数微米,垂直应力较小,可以忽略。因此电阻的相对变化量可由下式计算:

$$\frac{\mathrm{d}R}{R}=\pi_l\sigma_l+\pi_t\sigma_t \tag{3-2-8}$$

式中 π_l、π_t 可由纵向压阻系数 π_{11}、横向压阻系数 π_{12}、剪切压阻系数 π_{44} 的代数式计算得到,即

$$\pi_l=\pi_{11}-2(\pi_{11}-\pi_{12}-\pi_{44})(l_1^2m_1^2+l_1^2n_1^2+m_1^2n_1^2) \tag{3-2-9}$$

$$\pi_t=\pi_{12}+(\pi_{11}-\pi_{12}-\pi_{44})(l_1^2l_2^2+m_1^2m_2^2+n_1^2n_2^2) \tag{3-2-10}$$

式中　l_1、m_1、n_1——压阻元件纵向应力相对于立方晶轴的方向余弦;

l_2、m_2、n_2——压阻元件横向应力相对于立方晶轴的方向余弦;

π_{11}、π_{12}、π_{44}——单晶硅独立的三个压阻系数,通过实测获得,在室温下,其数值见表 3-2-1。

表 3-2-1　π_{11}、π_{12}、π_{44} 的数值

晶　　体	导电类型	电阻率/($\Omega \cdot m$)	π_{11}/($\times 10^{-11}$ m^2/N)	π_{12}/($\times 10^{-11}$ m^2/N)	π_{44}/($\times 10^{-11}$ m^2/N)
Si	P	7.8	+6.6	−1.1	+138.1
Si	N	11.7	−102.2	+53.4	−13.6

从上表可以看出,对于 P 型硅,π_{44} 远大于 π_{11} 和 π_{12},因而计算时只取 π_{44};对于 N 型硅,π_{44} 较小,π_{11} 最大,$\pi_{12} \approx -\frac{1}{2}\pi_{11}$,因而计算时只取 π_{11} 和 π_{12}。

例:试计算(110)晶面内[1$\bar{1}$0]晶向的纵向压阻系数和横向压阻系数。

解:(110)晶面内[1$\bar{1}$0]晶向的横向为[001]。设[1$\bar{1}$0]与[001]晶向的方向余弦分别为 l_1、m_1、n_1 与 l_2、m_2、n_2,则

$$l_1=\frac{1}{\sqrt{1^2+(-1)^2}}=\frac{1}{\sqrt{2}}$$

$$m_1=\frac{-1}{\sqrt{1^2+(-1)^2}}=-\frac{1}{\sqrt{2}}$$

$$n_1=0, l_2=0, m_2=0, n_2=1$$

故

$$\pi_l=\pi_{11}-2(\pi_{11}-\pi_{12}-\pi_{44})\times\frac{1}{2}\times\frac{1}{2}=\frac{1}{2}(\pi_{11}+\pi_{12}+\pi_{44})$$

$$\pi_t=\pi_{12}+(\pi_{11}-\pi_{12}-\pi_{44})\times0=\pi_{12}$$

对于 P 型硅,则有

$$\pi_l\approx\frac{1}{2}\pi_{44}$$

$$\pi_t\approx0$$

对于 N 型硅,则有

$$\pi_l\approx\frac{1}{4}\pi_{11}$$

$$\pi_t \approx -\frac{1}{2}\pi_{11}$$

（2）影响压阻系数的因素

影响压阻系数的因素主要是扩散电阻的表面杂质浓度和温度。表面杂质浓度 N_S 增大时，压阻系数随之减小。压阻系数与扩散电阻表面杂质浓度 N_S 的关系如图 3-2-3 所示。

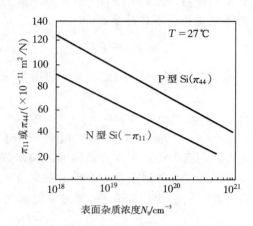

图 3-2-3　压阻系数与表面杂质浓度 N_S 的关系

表面杂质浓度较低时，随温度升高，压阻系数下降得较快；表面杂质浓度较高时，温度升高，压阻系数下降得较慢，如图 3-2-4 所示。为了减小温度的影响，扩散电阻的表面杂质浓度高些较好，但表面杂质浓度高时，压阻系数会降低。N 型硅的电阻率不能太低，否则，扩散 P 型硅与衬底 N 型硅之间 PN 结的击穿电压就会降低，导致绝缘电阻降低。因此，采用多大的表面杂质浓度进行扩散为宜，需全面考虑。

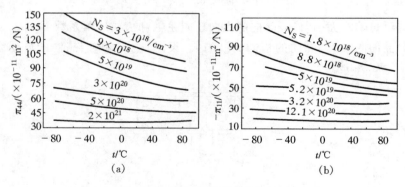

图 3-2-4　压阻系数与温度的关系
(a)$\pi_{44}-t$ 关系　(b)$\pi_{11}-t$ 关系

3.2.4　固态压阻器件

（1）固态压阻器件的结构原理

利用固体扩散技术，将 P 型杂质扩散到一片 N 型硅底层上，形成一层极薄的导电 P 型层，装上引线接点后，即形成扩散型半导体应变片。若在圆形硅膜片上扩散出 4 个 P 型电阻，构成惠斯通电桥的 4 个臂，这样的敏感器件通常称为固态压阻器件，如图 3-2-5 所示。

当硅单晶在任意晶向受到纵向和横向应力作用时，如图 3-2-6(a) 所示，其阻值的相对变

化为

$$\frac{\Delta R}{R} = \pi_l \sigma_l + \pi_t \sigma_t \qquad (3-2-11)$$

式中　σ_l——纵向应力；

　　　σ_t——横向应力；

　　　π_l——纵向压阻系数；

　　　π_t——横向压阻系数。

在硅膜片上，根据 P 型电阻的扩散方向不同可分为径向电阻和切向电阻，如图 3-2-6(b) 所示。扩散电阻的长边平行于膜片半径时为径向电阻 R_r；垂直于膜片半径时为切向电阻 R_t。当圆形硅膜片半径比 P 型电阻的几何尺寸大得多时，其电阻相对变化可分别表示如下，即

$$\left(\frac{\Delta R}{R}\right)_r = \pi_l \sigma_r + \pi_t \sigma_t \qquad (3-2-12)$$

$$\left(\frac{\Delta R}{R}\right)_t = \pi_l \sigma_t + \pi_t \sigma_r \qquad (3-2-13)$$

式中　σ_r——径向应力；

　　　σ_t——切向应力。

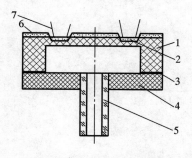

1—N-Si 膜片　2—P-Si 导电层
3—黏结剂　4—硅底座　5—引压管
6—SiO₂ 保护膜　7—引线
图 3-2-5　固态压阻器件

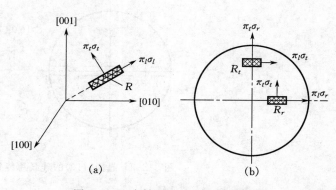

(a)　　　　　　(b)

图 3-2-6　力敏电阻受力情况示意图

以上各式中的 π_l 及 π_t 为任意纵向和横向的压阻系数，可用 (3-2-9) 和 (3-2-10) 式求出。

若圆形硅膜片周边固定，在均布压力 p 作用下，当膜片位移远小于膜片厚度时，其膜片的应力分布重写 (3-1-42)、(3-1-43) 两式，即

$$\sigma_r = \frac{3p}{8h^2}\left[(1+\mu)r^2 - (3+\mu)x^2\right] \qquad (3-2-14)$$

$$\sigma_t = \frac{3p}{8h^2}\left[(1+\mu)r^2 - (1+3\mu)x^2\right] \qquad (3-2-15)$$

式中　r、x、h——膜片的有效半径、计算点半径、厚度 (m)；

　　　μ——泊松系数，硅取 $\mu = 0.35$；

　　　p——压力 (Pa)。

根据上面两式作出曲线，可得圆形平膜片上各点的应力分布图（见图 3-2-7）。

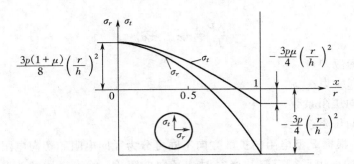

图 3-2-7　圆形平膜片上各点的应力分布

当 $x=0.635r$ 时，$\sigma_r=0$；

当 $x<0.635r$ 时，$\sigma_r>0$，即为拉应力；

当 $x>0.635r$ 时，$\sigma_r<0$，即为压应力。

当 $x=0.812r$ 时，$\sigma_t=0$，仅有 σ_r 存在，且 $\sigma_r<0$，即为压应力。

结合图 3-2-8 讨论在压力作用下电阻相对变化的情况。在法线为[1$\bar{1}$0]晶向的 N 型硅膜片上，沿[110]晶向，在 $0.635r$ 半径的内外各扩散两个 P 型硅电阻。由于[110]晶向的横向为[001]，根据其晶向，应用(3-2-9)、(3-2-10)两式可计算出 π_l 及 π_t：

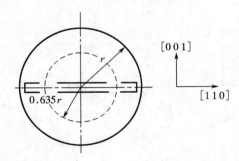

图 3-2-8　晶面(1$\bar{1}$0)的硅膜片传感元件

$$\pi_l=\frac{\pi_{44}}{2},\pi_t=0$$

故每个电阻的相对变化量为

$$\frac{\Delta R}{R}=\pi_l\sigma_r=\frac{1}{2}\pi_{44}\sigma_r$$

由于在半径为 $0.635r$ 的圆内部 σ_r 为正值，在半径为 $0.635r$ 的圆外部 σ_r 为负值，内、外电阻值的变化率应为

$$\left(\frac{\Delta R}{R}\right)_i=\frac{1}{2}\pi_{44}\bar{\sigma}_{ri}$$

$$\left(\frac{\Delta R}{R}\right)_o=-\frac{1}{2}\pi_{44}\bar{\sigma}_{ro}$$

式中　$\bar{\sigma}_{ri}$、$\bar{\sigma}_{ro}$——内、外电阻所受径向应力的平均值；

$\left(\dfrac{\Delta R}{R}\right)_i$、$\left(\dfrac{\Delta R}{R}\right)_o$——内外电阻的相对变化。

设计时，适当安排电阻的位置，可以使得 $\bar{\sigma}_{ri}=-\bar{\sigma}_{ro}$，于是有

$$\left(\frac{\Delta R}{R}\right)_i = -\left(\frac{\Delta R}{R}\right)_o$$

即可组成差动电桥。

（2）测量桥路及温度补偿

为了减小温度影响,压阻器件一般采用恒流源供电,如图 3-2-9 所示。

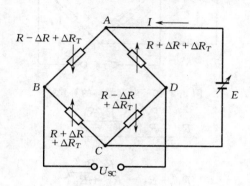

图 3-2-9　恒流源供电

假设电桥中两个支路的电阻相等,即 $R_{ABC}=R_{ADC}=2(R+\Delta R_T)$,故有

$$I_{ABC}=I_{ADC}=\frac{1}{2}I$$

因此电桥的输出为

$$U_{SC}=U_{BD}=\frac{1}{2}I(R+\Delta R+\Delta R_T)-\frac{1}{2}I(R-\Delta R+\Delta R_T)$$

整理后得

$$U_{SC}=I\Delta R \tag{3-2-16}$$

可见,电桥输出与电阻变化成正比(即与被测量成正比),与恒流源电流成正比(即与恒流源电流大小和精度有关),但与温度无关,因此不受温度的影响。

但是,压阻器件本身受到温度影响后,会产生零点温度漂移和灵敏度温度漂移,因此必须采取温度补偿措施。

1)零点温度补偿

零点温度漂移是由于 4 个扩散电阻的阻值及其温度系数不一致造成的。一般用串、并联电阻法进行补偿,如图 3-2-10 所示。其中,R_S 是串联电阻,主要起调零作用;R_P 是并联电阻,主要起补偿作用。

譬如,当温度升高时,R_2 的增加量比较大,使 D 点电位低于 B 点,B、D 两点的电位差即为零点温度漂移。要消除 B、D 两点的电位差,最简单的办法是在 R_2 上并联一个温度系数为负、阻值较大的电阻 R_P,用来约束 R_2 的变化。这样,当温度变化时,可减小 B、D 点之间的电位差,以达到补偿的目的。当然,如在 R_4 上并联一个温度系数为正、阻值较大的电阻 R_S 进行补偿,作用是一样的。

下面给出计算 R_S、R_P 的方法。

设 $R_1{}'$、$R_2{}'$、$R_3{}'$、$R_4{}'$ 与 $R_1{}''$、$R_2{}''$、$R_3{}''$、$R_4{}''$ 为 4 个桥臂电阻在低温和高温下的实测数值,$R_S{}'$、$R_P{}'$ 与 $R_S{}''$、$R_P{}''$ 分别为 R_S、R_P 在低温与高温下的欲求数值。根据低温与高温下 B、D 两点的电位应该相等的条件,得

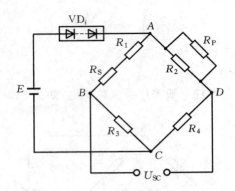

图 3-2-10　温度漂移的补偿

$$\frac{R_1'+R_S'}{R_3'}=\frac{\dfrac{R_2'R_P'}{R_2'+R_P'}}{R_4'} \tag{3-2-17}$$

$$\frac{R_1''+R_S''}{R_3''}=\frac{\dfrac{R_2''R_P''}{R_2''+R_P''}}{R_4''} \tag{3-2-18}$$

设 R_S、R_P 的温度系数 α、β 已知,则得

$$R_S''=R_S'(1+\alpha\Delta T) \tag{3-2-19}$$

$$R_P''=R_P'(1+\beta\Delta T) \tag{3-2-20}$$

根据以上 4 式可以计算出 R_S'、R_P'、R_S''、R_P''。实际上只需将(3-2-19)、(3-2-20)二式代入(3-2-17)、(3-2-18)式中,计算出 R_S'、R_P',再由 R_S'、R_P' 计算出常温下 R_S、R_P 的数值。

计算出 R_S、R_P 后,选择该温度系数的电阻接入桥路,便可起到温度补偿的作用。

2)灵敏度温度补偿

灵敏度温度漂移是由于压阻系数随温度变化而引起的。温度升高时,压阻系数变小;温度降低时,压阻系数变大,说明传感器的灵敏度系数为负值。

补偿灵敏度温度漂移可以采用在电源回路中串联二极管的方法。温度升高时,灵敏度降低,这时如果提高电桥的电源电压,使电桥的输出适当增大,便可以达到补偿的目的。反之,温度降低时,灵敏度升高,如果降低电源电压,使电桥的输出适当减小,同样可达到补偿的目的。因为二极管 PN 结的温度特性为负值,温度每升高 1℃,正向压降减小 1.9~2.4 mV。将适当数量的二极管串联在电桥的电源回路中,见图 3-2-10。电源采用恒压源,当温度升高时,二极管的正向压降减小,于是电桥的桥压增加,使其输出增大。只要计算出所需二极管的个数,将其串入电桥电源回路,便可以达到补偿的目的。

根据电桥的输出,应有

$$\Delta U_{SC}=\Delta E\,\frac{\Delta R}{R}$$

若传感器低温时满量程输出为 U_{SC}',高温时满量程输出为 U_{SC}'',则 $\Delta U_{SC}=U_{SC}'-U_{SC}''$,因此

$$U_{SC}'-U_{SC}''=\Delta E\,\frac{\Delta R}{R}$$

而 $\Delta R/R$ 可根据常温下传感器的电源电压与满量程输出计算,从而可求出 ΔU_{SC}。此值便是为补偿灵敏度随温度下降,桥压需要提高的数值 ΔE。

当 n 只二极管串联时,可得

$$n\theta\Delta T=\Delta E$$

式中　θ——二极管 PN 结正向压降的温度系数，一般为 -2 mV/℃；

　　　n——串联二极管的个数；

　　　ΔT——温度的变化范围。

根据上式可计算出

$$n=\frac{\Delta E}{\theta\Delta T}$$

　　用这种方法进行补偿时，要考虑二极管正向压降的阈值，硅管为 0.7 V，锗管为 0.3 V。因此，要求恒压源提供的电压应有一定的提高。

　　图 3-2-11 是扩散硅差压变送器典型的测量电路。它由应变电桥、温度补偿网络、恒流源、输出放大及电压—电流转换单元等组成。

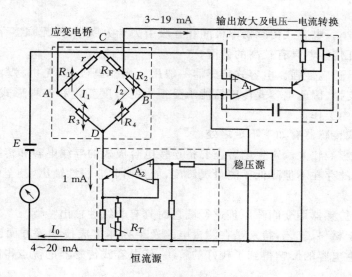

图 3-2-11　扩散硅差压变送器电路

　　电桥由电流值为 1 mA 的恒流源供电。硅杯未承受负荷时，因 $R_1=R_2=R_3=R_4$，$I_1=I_2=0.5$ mA，故 A、B 两点电位相等（$U_{AC}=U_{BC}$），电桥处于平衡状态，因此电流 $I_0=4$ mA。硅杯受压时，R_2 减小，R_4 增大，因 I_2 不变，导致 B 点电位升高。同理，R_1 增大，R_3 减小，引起 A 点电位下降，电桥失去平衡（其增量为 ΔU_{AB}）。A、B 间的电位差 ΔU_{AB} 是运算放大器 A_1 的输入信号，它的输出电压经过电压—电流变换器转换成相应的电流（$I_0+\Delta I_0$），这个增大了的回路电流流过反馈电阻 R_F，使反馈电压增加 $U_F+\Delta U_F$，于是导致 B 点电位下降，直至 $U_{AC}'=U_{BC}'$。扩散硅应变电桥在差压作用下达到了新的平衡状态，完成了"力平衡"过程。当差压为量程上限值时，$I_0=20$ mA，变送器的净输出电流 $I=20-4=16$ mA。

第 4 章　电容式传感器

电容式传感器是将被测参数变换成电容量的测量装置。它与电阻式、电感式传感器相比具有以下优点。

①测量范围大。金属应变丝由于应变极限的限制，其 $\Delta R/R$ 一般低于 1%，而半导体应变片可达 20%，电容式传感器相对变化量可大于 100%。

②灵敏度高。如用比率变压器电桥可测出电容值，其相对变化量可达 10^{-7}。

③动态响应时间短。由于电容式传感器可动部分质量很小，因此其固有频率很高，适用于动态信号的测量。

④机械损失小。电容式传感器电极间相互吸引力十分微小，又无摩擦存在，其自然热效应甚微，从而保证传感器具有较高的精度。

⑤结构简单，适应性强。电容式传感器一般用金属作电极，以无机材料（如玻璃、石英、陶瓷等）作绝缘支撑，因此电容式传感器能承受很大的温度变化和各种形式的强辐射作用，适合于恶劣环境中工作。

然而，电容式传感器有如下不足之处。

①寄生电容影响较大。寄生电容主要指连接电容极板的导线电容和传感器本身的泄漏电容。寄生电容的存在不但降低了测量灵敏度，而且引起非线性输出，甚至使传感器处于不稳定的工作状态。

②当电容式传感器用变间隙原理进行测量时具有非线性输出特性。

近年来，由于材料、工艺，特别是在测量电路及半导体集成技术等方面已达到了相当高的水平，因此寄生电容的影响得到了较好的解决，使电容式传感器的优点得以充分发挥。

4.1　电容式传感器的工作原理

用两块金属平板作电极可构成最简单的电容器。当忽略边缘效应时，其电容量为

$$C=\frac{\varepsilon S}{d}=\frac{\varepsilon_0 \varepsilon_r S}{d} \tag{4-1-1}$$

式中　C——电容量；

　　　S——极板间相互覆盖面积；

　　　d——两极板间距离；

　　　ε——两极板间介质的介电常数；

　　　ε_0——真空的介电常数，$\varepsilon_0=\dfrac{1}{4\pi\times 9\times 10^{11}}$ F/cm$=\dfrac{1}{3.6\pi}$ pF/cm；

　　　ε_r——介质的相对介电常数，$\varepsilon_r=\dfrac{\varepsilon}{\varepsilon_0}$，对于空气介质 $\varepsilon_r\approx 1$。

在(4-1-1)式中，若 S 的单位为 cm^2，d 的单位为 cm，C 的单位为 pF，则

$$C=\frac{\varepsilon_r S}{3.6\pi d}$$

由(4-1-1)式可见:在 ε、S、d 三个参数中,保持其中两个不变,改变另一个参数即可使电容量 C 改变。这就是电容式传感器的基本原理。因此,一般电容式传感器可以分成以下三种类型。

4.1.1　变面积(S)型

这种传感器的原理如图 4-1-1(a)、(b)所示。

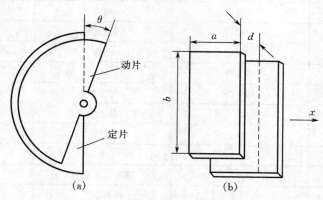

图 4-1-1　变 S 的电容式传感器示意图
(a)角位移式　(b)直线位移式

图 4-1-1(a)是角位移式电容式传感器示意图。当动片有一角位移 θ 时,两极板间覆盖面积 S 发生改变,因而改变了两极板间的电容量。

当 $\theta=0$ 时

$$C_0=\frac{\varepsilon_r S}{3.6\pi d}$$

当 $\theta\neq0$ 时

$$C_\theta=\frac{\varepsilon_r S(1-\theta/\pi)}{3.6\pi d}=C_0(1-\theta/\pi) \tag{4-1-2}$$

由(4-1-2)式可见,电容 C_θ 与角位移 θ 呈线性关系。

图 4-1-1(b)是直线位移式电容式传感器示意图。设两矩形极板间覆盖面积为 S,当其中一极板移动距离 x 时,则面积 S 发生变化,电容量也改变。

$$C_x=\frac{\varepsilon_r b(a-x)}{3.6\pi d}=C_0\left(1-\frac{x}{a}\right) \tag{4-1-3}$$

此传感器灵敏度系数 K 可由下式求得:

$$K=\frac{\mathrm{d}C_x}{\mathrm{d}x}=-\frac{C_0}{a} \tag{4-1-4}$$

由(4-1-4)式可知:增大初始电容 C_0 可以提高传感器的灵敏度。但 x 变化不能太大,否则边缘效应会使传感器特性产生非线性变化。

变面积型电容式传感器还可以做成其他多种形式。这种电容式传感器大多用来检测位移等参数。

4.1.2　变介质介电常数(ε)型

因为各种介质的介电常数不同(见表 4-1-1),若在两电极间充以空气以外的其他介质,使介电常数相应变化,电容量也随之改变。这种传感器常用于检测容器中液面高度、片状材料的厚度等。图 4-1-2 所示是一种电容液面计的原理。在被测介质中放入两个同心圆柱状极板 1 和 2。若容器中介质的介电常数为 ε_1,容器中介质上面气体的介电常数为 ε_2,当容器内液面变化时,两极板间电容量 C 就会发生变化。

表 4-1-1　相对介电常数

物质名称	相对介电常数 ε_r	物质名称	相对介电常数 ε_r
水	80	玻璃	3.7
丙三醇	47	硫黄	3.4
甲醇	37	沥青	2.7
乙二醇	35~40	苯	2.3
乙醇	20~25	松节油	3.2
白云石	8	聚四氟乙烯塑料	1.8~2.2
盐	6	液氮	2
醋酸纤维素	3.7~7.5	纸	2
瓷器	5~7	液态二氧化碳	1.59
米及谷类	3~5	液态空气	1.5
纤维素	3.9	空气及其他气体	1~1.2
砂	3~5	真空	1
砂糖	3	云母	6~8

设容器中介质是不导电液体(如果是导电液体,则电极需要绝缘),容器中液体介质浸没电极 1 和 2 的高度为 h_1,这时总的电容 C 等于气体介质间的电容量和液体介质间电容量之和。

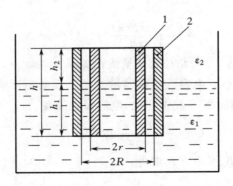

图 4-1-2　电容液面计原理

气体介质间的电容量为

$$C_1 = \frac{2\pi h_2 \varepsilon_2}{\ln(R/r)} = \frac{2\pi(h - h_1)\varepsilon_2}{\ln(R/r)}$$

液体介质间的电容量为

$$C_2 = \frac{2\pi h_1 \varepsilon_1}{\ln(R/r)}$$

式中　h——电极总长度,$h = h_1 + h_2$(cm);

R、r——两个同心圆电极半径(cm)。

因此,总电容量为

$$C = C_1 + C_2 = \frac{2\pi(h-h_1)\varepsilon_2}{\ln(R/r)} + \frac{2\pi h_1 \varepsilon_1}{\ln(R/r)} = \frac{2\pi h \varepsilon_2}{\ln(R/r)} + \frac{2\pi h_1(\varepsilon_1 - \varepsilon_2)}{\ln(R/r)} \tag{4-1-5}$$

令

$$A = \frac{2\pi h \varepsilon_2}{\ln(R/r)}, \quad K = \frac{2\pi(\varepsilon_1 - \varepsilon_2)}{\ln(R/r)}$$

则(4-1-5)式可以写成

$$C = A + K h_1 \tag{4-1-6}$$

(4-1-6)式表明传感器电容量 C 与液位高度 h_1 呈线性关系。

图 4-1-3 是另一种变介电常数(ε)的电容式传感器。极板间两种介质厚度分别是 d_0 和 d_1,则此传感器的电容量等于两个电容 C_0 和 C_1 相串联,即

$$C = \frac{C_0 C_1}{C_0 + C_1} = \frac{\dfrac{\varepsilon_0 S}{3.6\pi d_0} \cdot \dfrac{\varepsilon_1 S}{3.6\pi d_1}}{\dfrac{\varepsilon_0 S}{3.6\pi d_0} + \dfrac{\varepsilon_1 S}{3.6\pi d_1}} = \frac{S}{3.6\pi\left(\dfrac{d_1}{\varepsilon_1} + \dfrac{d_0}{\varepsilon_0}\right)} \tag{4-1-7}$$

由(4-1-7)式可知,如果介电常数 ε_0 或 ε_1 发生变化,则电容 C 随之而变。如果 ε_0 为空气介电常数,ε_1 为待测体的介电常数,当待测体厚度 d_1 不变时,此电容式传感器可作为介电常数测量仪;若待测体介电常数 ε_1 不变,可作为测厚仪使用。

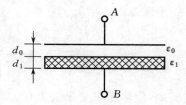

图 4-1-3　变 ε 的电容式传感器示意图

4.1.3　变极板间距(d)型

此类型电容式传感器如图 4-1-4 所示。图中极板 1 固定不动,极板 2 为可动电极(即动片),当动片随被测量变化而移动时,两极板间距 d_0 变化,从而使电容量产生变化。C 随 d 变化的函数关系为一双曲线,如图4-1-5所示。

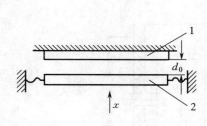

1—固定极板　2—动片

图 4-1-4　变 d 的电容式传感器示意图

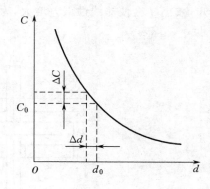

图 4-1-5　C—d 特性曲线

设动片 2 未动时极板间距为 d_0,初始电容量为 C_0,则

$$C_0 = \frac{S}{3.6\pi d_0}$$

当间距 d_0 减小 Δd 时,则电容量为

$$C_0+\Delta C=\frac{S}{3.6\pi(d_0-\Delta d)}=\frac{S}{3.6\pi d_0\left(1-\dfrac{\Delta d}{d_0}\right)}=C_0\frac{1}{1-\dfrac{\Delta d}{d_0}}$$

于是得

$$\frac{\Delta C}{C_0}=\frac{\dfrac{\Delta d}{d_0}}{1-\dfrac{\Delta d}{d_0}} \tag{4-1-8}$$

当 $\Delta d\ll d_0$ 时,(4-1-8)式可以展开为级数形式,即

$$\frac{\Delta C}{C_0}=\frac{\Delta d}{d_0}\left[1+\frac{\Delta d}{d_0}+\left(\frac{\Delta d}{d_0}\right)^2+\left(\frac{\Delta d}{d_0}\right)^3+\cdots\right] \tag{4-1-9}$$

若忽略(4-1-9)式中高次项,得

$$\frac{\Delta C}{C_0}\approx\frac{\Delta d}{d_0} \tag{4-1-10}$$

上式表明,在 $\dfrac{\Delta d}{d_0}\ll 1$ 条件下,电容的变化量 ΔC 与极板间距变化量 Δd 近似呈线性关系。一般取 $\Delta d/d_0=0.02\sim0.1$。显然,非线性误差与 $\Delta d/d_0$ 的大小有关,其表达式为

$$\delta=\frac{\left|\left(\dfrac{\Delta d}{d_0}\right)^2\right|}{\left|\left(\dfrac{\Delta d}{d_0}\right)\right|}=\left|\left(\frac{\Delta d}{d_0}\right)\right|\times100\% \tag{4-1-11}$$

例如,位移相对变化量为 0.1,则 $\delta=10\%$,可见这种结构的电容式传感器非线性误差较大,仅适用于微小位移的测量。

这种传感器的灵敏度

$$K=\frac{\Delta C}{\Delta d}=-\frac{\varepsilon_0\varepsilon_r S}{d^2} \tag{4-1-12}$$

此式表明灵敏度 K 是极板间隙 d 的函数,d 越小,灵敏度越高。但是由(4-1-11)式可知,减小 d 会使非线性误差增大,为此常采用差动式结构,如图 4-1-6 所示。

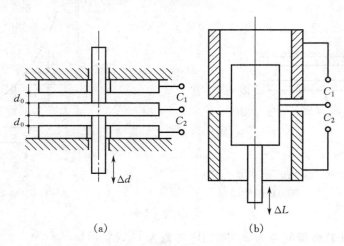

图 4-1-6 差动式电容式传感器示意图

(a)变 d 型 (b)变 S 型

以图 4-1-6(a)为例,设动片上移 Δd,则 C_1 增大,C_2 减小,如果 C_1 和 C_2 初始电容用 C_0 表示,则有

$$C_1 = C_0\left[1 + \frac{\Delta d}{d_0} + \left(\frac{\Delta d}{d_0}\right)^2 + \left(\frac{\Delta d}{d_0}\right)^3 + \cdots\right]$$

$$C_2 = C_0\left[1 - \frac{\Delta d}{d_0} + \left(\frac{\Delta d}{d_0}\right)^2 - \left(\frac{\Delta d}{d_0}\right)^3 + \cdots\right]$$

所以差动式电容式传感器输出为

$$\Delta C = C_1 - C_2 = C_0\left[2\left(\frac{\Delta d}{d_0}\right) + 2\left(\frac{\Delta d}{d_0}\right)^3 + \cdots\right] \tag{4-1-13}$$

忽略高次项,(4-1-13)式经整理得

$$\frac{\Delta C}{C_0} \approx 2\frac{\Delta d}{d_0} \tag{4-1-14}$$

其非线性误差为

$$\delta = \frac{\left|\left(\frac{\Delta d}{d_0}\right)^3\right|}{\left|\left(\frac{\Delta d}{d_0}\right)\right|} = \left(\frac{\Delta d}{d_0}\right)^2 \times 100\% \tag{4-1-15}$$

由此可见,差动式电容式传感器,不仅使灵敏度提高一倍,而且非线性误差可以减小一个数量级。

4.2　电容式传感器的测量电路

4.2.1　等效电路

电容式传感器可用图 4-2-1 的等效电路来表示。图中 C 为传感器电容,R_P 为并联电阻,它包括电极间直流电阻和气隙中介质损耗的等效电阻。串联电感 L 表示传感器各连线端间总电感。串联电阻 R_S 表示引线电阻、金属接线柱电阻及电容极板电阻之和。由图 4-2-1 可得到等效阻抗 Z_C,即

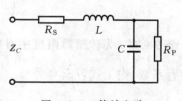

图 4-2-1　等效电路

$$Z_C = \left(R_S + \frac{R_P}{1 + \omega^2 R_P^2 C^2}\right) - j\left(\frac{\omega R_P^2 C}{1 + \omega^2 R_P^2 C^2} - \omega L\right) \tag{4-2-1}$$

式中 $\omega = 2\pi f$ 为激励电源角频率。

由于传感器并联电阻 R_P 很大,上式经简化后得等效电容为

$$C_E = \frac{C}{1 - \omega^2 LC} = \frac{C}{1 - (f/f_0)^2} \tag{4-2-2}$$

式中 $f_0 = \frac{1}{2\pi\sqrt{LC}}$ 为电路谐振频率。

当电源激励频率 f 低于电路谐振频率 f_0 时,等效电容增加到 C_E,由(4-2-2)式可计算 C_E 的值。在这种情况下,电容的实际相对变化量为

$$\frac{\Delta C_E}{C_E} = \frac{\Delta C/C}{1 - \omega^2 LC} \tag{4-2-3}$$

上式清楚地说明:电容式传感器的标定和测量必须在同样条件下进行,即线路中导线实际长度等条件在测试时和标定时应该一致。

4.2.2 测量电路

电容式传感器的电容值一般十分微小(几皮法至几十皮法),这样微小的电容不便于直接显示、记录,更不便于传输。为此,必须借助于测量电路检测出这一微小的电容变量,并将其转换为与其成正比的电压、电流或频率信号。由于测量电路种类很多,下面仅就目前常用的典型测量电路加以介绍。

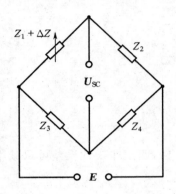

图 4-2-2　交流不平衡电桥

(1)交流不平衡电桥

交流不平衡电桥是电容式传感器最基本的一种测量电路,如图 4-2-2 所示。其中一个臂 Z_1 为电容式传感器阻抗,另三个臂 Z_2、Z_3、Z_4 为固定阻抗,E 为电源电压(设电源内阻为零),U_{SC} 为电桥输出电压。

下面讨论在输出端开路的情况下电桥的电压灵敏度。设电桥初始平衡条件为 $Z_1 Z_4 = Z_2 Z_3$,则 $U_{SC} = 0$。当被测参数变化时引起传感器阻抗变化为 ΔZ,于是桥路失去平衡。根据等效发电机原理,其输出电压为

$$U_{SC} = \left(\frac{Z_1 + \Delta Z}{Z_1 + \Delta Z + Z_2} - \frac{Z_3}{Z_3 + Z_4} \right) E \qquad (4-2-4)$$

将电桥平衡条件代入(4-2-4)式,经整理后得

$$U_{SC} = \frac{\dfrac{\Delta Z}{Z_1} \dfrac{Z_1}{Z_2}}{\left(1 + \dfrac{Z_1}{Z_2}\right)\left(1 + \dfrac{Z_3}{Z_4}\right)} E = \frac{\dfrac{\Delta Z}{Z_1} \dfrac{Z_1}{Z_2}}{\left(1 + \dfrac{Z_1}{Z_2}\right)^2} E$$

令 $\beta = \dfrac{\Delta Z}{Z_1}$,为传感器阻抗相对变化值;$A = \dfrac{Z_1}{Z_2}$,为桥臂比;$K = \dfrac{Z_1/Z_2}{(1 + Z_1/Z_2)^2} = \dfrac{A}{(1+A)^2}$,为桥臂系数,则上式可改写为

$$U_{SC} = \frac{\beta A}{(1+A)^2} E = \beta K E \qquad (4-2-5)$$

在(4-2-5)式中,右边三个因子一般均为复数量。对于电容式传感元件来说,β 可以认为是一实数,因为有如下关系:

$$\beta = \frac{\Delta Z}{Z_1} = \frac{\Delta C}{C_1} \approx \frac{\Delta d}{d_1}$$

桥臂比 A 用指数形式表示为

$$A = \frac{Z_1}{Z_2} = \frac{|Z_1| e^{j\phi_1}}{|Z_2| e^{j\phi_2}} = a e^{j\theta} \qquad (4-2-6)$$

式中 $a = \dfrac{|Z_1|}{|Z_2|}$,$\theta = \phi_1 - \phi_2$,其分别是 A 的模和相角。桥臂系数 K 是桥臂比 A 的函数,故也是复数,其表达式为

$$K = \frac{A}{(1+A)^2} = k e^{j\gamma} = f(a, \theta) \qquad (4-2-7)$$

k 和 γ 分别是桥臂系数的模和相角,将 $A=ae^{j\theta}$ 代入(4-2-7)式,可得

$$k=|K|=\frac{a}{1+2a\cos\theta+a^2}=f_1(a,\theta)\qquad(4\text{-}2\text{-}8)$$

$$\gamma=\arctan^{-1}\frac{(1-a^2)\sin\theta}{2a+(1+a^2)\cos\theta}=f_2(a,\theta)\qquad(4\text{-}2\text{-}9)$$

k 和 γ 均是 a、θ 的函数。由上式可知,在电源电压 E 和传感器阻抗相对变化量 β 一定的条件下,要使输出电压 U_{SC} 增大,必须设法提高桥臂系数 k。根据(4-2-8)式和(4-2-9)式,以 θ 角为参变量,可分别画出桥臂系数的模、相角与 a 的关系曲线,如图 4-2-3 所示。

图 4-2-3(a)中,因为每条 $k=f(a)$ 曲线 $f(a)=f(1/a)$,所以图中只给出 $a>1$ 的情况。由图 4-2-3(a)中可以看出,当 $a=1$ 时,k 为最大值 k_m,k_m 随 θ 而变。当 $\theta=0°$ 时,$k_m=0.25$;当 $\theta=\pm90°$ 时,$k_m=0.5$;当 $\theta=\pm180°$ 时,$k_m\to\infty$。这时电桥为谐振电桥,但桥臂元件必须是纯电感和纯电容,实际上不可能做到,因此 k_m 也不可能达到无限大。总之,在桥路电源电压 E 和传感元件阻抗相对变化量 β 一定时,欲使电桥电压灵敏度最高,应满足两桥臂初始阻抗的模相等,即 $|Z_1|=|Z_2|$,并使两桥臂阻抗辐角差 θ 尽量增大的条件。

从图 4-2-3(b)可知,对于不同的 θ 值,γ 随 a 变化。当 $a=1$ 时,$\gamma=0°$;$a\to\infty$ 时,γ 趋于最大值 γ_m,并且 γ_m 等于 θ。只有 $\theta=0°$ 时,γ 均为 $0°$。因此在一般情况下电桥输出电压 U_{SC} 与电源 E 之间有相移,即 $\gamma\neq0°$,只有当桥臂阻抗模相等 $|Z_1|=|Z_2|$ 或两桥臂阻抗比的辐角 $\theta=0°$ 时,无论 a 为何值,γ 均为 $0°$。即输出电压 U_{SC} 与电源 E 同相位。

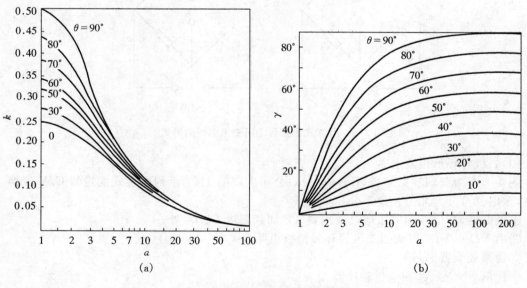

图 4-2-3　电桥的电压灵敏度曲线
(a)k—a 关系曲线　(b)γ—a 关系曲线

由以上分析可以求出常用各种电桥电压的灵敏度,从而粗略估计电桥输出电压的大小。

例如在图 4-2-4(a)、(b)中 $a=1$,$\theta=0°$。根据图 4-2-3 曲线可知 $k=0.25$,$\gamma=0°$,因此输出电压 $U_{SC}=0.25\beta E$。图 4-2-4(c)中,当 $R=\left|\dfrac{1}{\omega C}\right|$ 时,$a=1$,$\theta=90°$,根据图 4-2-3 曲线得到 $k=0.5$,$\gamma=0°$,因此输出电压 $U_{SC}=0.5\beta E$。图(c)电路与图(b)相比较虽然元件一样,但由

于接法不同,使灵敏度提高了一倍。图 4-2-4(c)和(d)线路形式相同,但是由于图(d)中采用了差动式电容式传感器,故输出电压 $U_{SC}=\beta E$,比图(c)的输出电压提高了一倍。

应该指出的是:上述各种电桥输出电压是在假设负载阻抗无限大(即输出端开路)时得到的,实际上负载阻抗的存在使输出电压偏小。同时因为电桥输出为交流信号,故不能判断输入传感器信号的极性,只有将电桥输出信号经交流放大后,再采用相敏检波电路和低通滤波器,才能得到反映输入信号极性的输出信号。

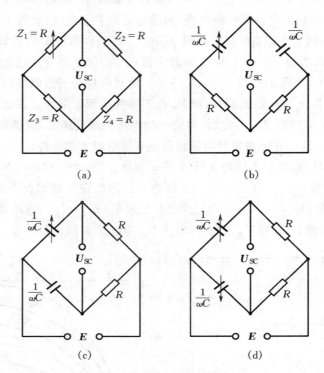

图 4-2-4 电容式传感器常用交流电桥的形式

(2)二极管环形检波电路

图 4-2-5 为美国罗斯蒙特(Rosemount)公司生产的 1151 系列电容式变送器 C/V 变换线路,该电器可分为几个主要部分:

①振荡器,产生激励电压通过变压器 TP 加到副边 L_1、L_2 处;

②由 $VD_1 \sim VD_4$ 组成的二极管环形检波电路;

③稳幅放大器 A_1;

④比例放大器 A_2 和电流转换器 Q_4;

⑤恒压恒流源 Q_2、Q_3。

设振荡器激励电压经变压器 TP 加在副边 L_1 和 L_2 的正弦电压为 e,在检测回路中电容 C_L 和 C_H 的阻抗一般大于回路其他阻抗,于是通过 C_L 和 C_H 的电流分别为

$$i_L=\omega C_L e, i_H=\omega C_H e$$

式中 ω——激励电压的角频率。

由于二极管的检波作用,当 e 为正半周时(图中所示⊕、⊖),二极管 VD_1、VD_4 导通,VD_2、VD_3 截止;当 e 为负半周时(图中所示+、-),二极管 VD_2、VD_3 导通,VD_1、VD_4 截止。于是检波回路电流在 AB 端产生的电压有效值为

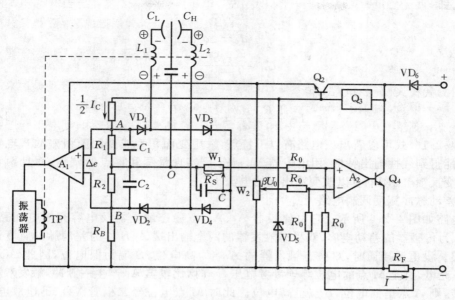

图 4-2-5　1151 系列电容式变送器 C/V 变换线路

$$U_{AB1} = -R(i_L + i_H)$$

在上式中 $R = R_1 = R_2$。另一方面恒流源电流 I_C 在 AB 端产生的电压降为

$$U_{AB2} = I_C R$$

因此加在 AB 端的总电压 $U_{AB} = U_{AB1} + U_{AB2}$，即稳幅放大器 A_1 的输入电压 Δe 为

$$\Delta e = I_C R - (i_L + i_H)R \tag{4-2-10}$$

稳幅放大器 A_1 的作用是使振荡器输出信号 e 的幅值保持稳定。若 e 增加，则 i_L 和 i_H 均随着增加，由（4-2-10）式可知，其稳幅放大器 A_1 输入电压 Δe 将减小，经 A_1 放大后则振荡器输出电压 e 相应减小；反之，当 e 减小，则 i_L 和 i_H 也减小，则 Δe 增加，经 A_1 放大后使振荡器输出电压 e 增大，这一稳幅过程直至 $\Delta e = 0$ 为止。由（4-2-10）式可得到振荡器稳幅条件为

$$I_C = i_L + i_H = \omega e(C_L + C_H)$$

于是

$$\omega e = \frac{I_C}{C_L + C_H} \tag{4-2-11}$$

此外，由于二极管检波作用，CO 两点间电压为 $U_{CO} = (i_L - i_H)R_S$，而 $i_L - i_H = \omega e(C_L - C_H)$，将（4-2-11）式代入此式得

$$i_L - i_H = \frac{C_L - C_H}{C_L + C_H}I_C \tag{4-2-12}$$

比例放大器 A_2 的输入电压有信号电压 $(i_L - i_H)R_S$、调零电压 βU_0、I_C 在同相端产生的固定电压 U_B 和反馈电压 IR_F。由于比例放大器 A_2 放大倍数很高，根据图 4-2-5 列出输入端平衡方程式为

$$(i_L - i_H)R_S + U_B - \beta U_0 - IR_F = 0 \tag{4-2-13}$$

式中　I——检测电路的输出电流。

将（4-2-12）式代入（4-2-13）式，经整理可得输出电流表达式

$$I = \frac{I_C R_S}{R_F} \frac{C_L - C_H}{C_L + C_H} + \frac{U_B}{R_F} - \beta \frac{U_0}{R_F} \tag{4-2-14}$$

设 C_L 和 C_H 为变间隙型差动式平板电容，当可动电极向 C_L 侧移动 Δd 时，则 C_L 增加，

C_H 减小，即

$$C_L = \frac{\varepsilon_0 S}{d_0 - \Delta d}$$
$$C_H = \frac{\varepsilon_0 S}{d_0 + \Delta d}$$
$$\tag{4-2-15}$$

将(4-2-15)式代入(4-2-14)式，得

$$I = \frac{I_C R_S}{R_F}\frac{\Delta d}{d_0} + \frac{U_B}{R_F} - \beta\frac{U_0}{R_F} \tag{4-2-16}$$

由(4-2-16)式可以看出该电路有以下特点：采用变面积型或变间隙型差动式电容式传感器，均能得到线性输出特性；用电位器 W_1、W_2 可实现量程和零点的调整，而且两者互不干扰；改变反馈电阻 R_F 可以改变输出起始电流 I_0。

（3）差动脉冲宽度调制电路

该电路如图 4-2-6 所示。它由比较器 A_1、A_2，双稳态触发器及电容充放电回路组成。C_1 和 C_2 为传感器的差动电容，双稳态触发器的两个输出端 A、B 作为差动脉冲宽度调制电路的输出。设电源接通时，双稳态触发器的 A 端为高电位，B 端为低电位，因此 A 点通过 R_1 对 C_1 充电，直至 M 点的电位等于参考电压 U_F 时，比较器 A_1 产生一脉冲，触发双稳态触发器翻转，则 A 点呈低电位，B 点呈高电位。此时 M 点电位经二极管 VD_1 迅速放电至零，同时 B 点的高电位经 R_2 向 C_2 充电，当 N 点电位等于 U_F 时，比较器 A_2 产生一脉冲，使触发器又翻转一次，则 A 点呈高电位，B 点呈低电位，重复上述过程。如此周而复始，在双稳态触发器的两输出端各自产生一宽度受 C_1、C_2 调制的方波脉冲。

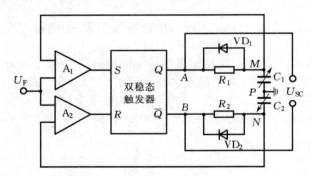

图 4-2-6　差动脉冲宽度调制电路

下面讨论此方波脉冲宽度与 C_1、C_2 的关系。当 $C_1 = C_2$ 时线路上各点电压波形如图 4-2-7(a)所示，A、B 两点间平均电压为零。当 $C_1 \neq C_2$ 时，如 $C_1 > C_2$ 则 C_1 和 C_2 充放电时间常数不同，电压波形如图 4-2-7(b)所示。A、B 两点间平均电压不再是零。输出直流电压 $\overline{U}_{SC}$ 由 A、B 两点间电压经低通滤波后获得，等于 A、B 两点间电压平均值 U_{AP} 和 U_{BP} 之差。

$$U_{AP} = \frac{T_1}{T_1 + T_2}U_1, U_{BP} = \frac{T_2}{T_1 + T_2}U_1$$

式中　U_1——触发器输出高电平。

$$\overline{U}_{SC} = U_{AP} - U_{BP} = U_1\frac{T_1 - T_2}{T_1 + T_2} \tag{4-2-17}$$

$$T_1 = R_1 C_1 \ln\frac{U_1}{U_1 - U_F} \tag{4-2-18}$$

$$T_2 = R_2 C_2 \ln\frac{U_1}{U_1 - U_F} \tag{4-2-19}$$

设充电电阻 $R_1 = R_2 = R$，则得

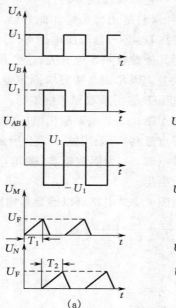
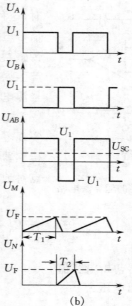

图 4-2-7　各点电压波形

(a)$C_1 = C_2$　　(b)$C_1 \neq C_2$，$C_1 > C_2$

$$\overline{U}_{SC} = \frac{C_1 - C_2}{C_1 + C_2} U_1 \tag{4-2-20}$$

由上式可知，差动电容的变化使充电时间不同，从而使双稳态触发器输出端的方波脉冲宽度不同。因此，A、B 两点间输出直流电压 $\overline{U}_{SC}$ 也不同，而且具有线性输出特性。此外调宽线路还具有如下特点：与二极管式线路相似，不需要附加解调器即可获得直流输出；输出信号一般为 100 kHz～1 MHz 的矩形波，所以直流输出只需经低通滤波器简单地引出。由于低通滤波器的作用，对输出波形纯度要求不高，只需要一电压稳定度较高的直流电源，这比其他测量线路中要求高稳定度的稳频、稳幅交流电源易于做到。

（4）运算法测量电路

图 4-2-8 为运算法测量电路。它由传感器电容 C_X 和固定电容 C_0 以及运算放大器 A 组成。其中 E 为信号源电压，U_{SC} 为输出电压。

由运算放大器反馈原理可知，当运算放大器输入阻抗很高，增益很大时，则认为运算放大器输入电流 $I = 0$，因此下式成立：

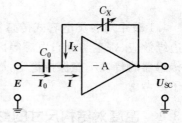

图 4-2-8　运算法测量电路

$$\frac{U_{SC}}{E} = -\frac{Z_X}{Z_0} = -\frac{C_0}{C_X} \tag{4-2-21}$$

将 $C_X = \dfrac{\varepsilon S}{d}$ 代入上式得

$$U_{SC} = -E \frac{C_0}{\varepsilon S} d \tag{4-2-22}$$

由（4-2-22）式可知，输出电压 U_{SC} 与动极片的位移 d 呈线性关系，这就从原理上解决了使用单个变间隙型电容式传感器输出特性的非线性问题。而（4-2-22）式是在假设运算放大器增益 $A \to \infty$ 和输入阻抗 $Z_i \to \infty$ 的条件下得出的结果。实际上运算法测量电路的输出，

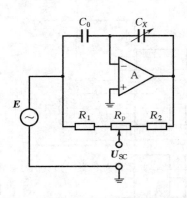

图 4-2-9 可实现调零的运算法电路

仍具有一定非线性误差,但是当增益和输入阻抗足够大时,这种误差是相当小的。此外(4-2-22)式表明,输出信号电压 U_{SC} 还与信号源电压 E、固定电容 C_0 及电容式传感器其他参数 ε、S 等有关,这些参数的波动将使输出产生误差。因此该电路要求固定电容 C_0 必须稳定,信号源电压 E 必须采取稳压措施。

由于图 4-2-8 电路输出电压的初始值不为零,为了实现零点迁移,可采用图 4-2-9 所示电路。图中 C_X 为传感器电容,C_0 为固定电容,输出电压 U_{SC} 从电位器动点对地引出。

由图 4-2-9 电路可以推导其输出电压,为

$$U_{SC} = -E\left(\frac{C_0}{C_X} - \frac{C_0}{C_{X0}}\right)\frac{1}{1 + \frac{C_0}{C_{X0}}} \qquad (4-2-23)$$

式中 C_{X0}——传感器初始电容值。

当 $C_{X0} = C_0$ 时,则输出电压为

$$U_{SC} = -\frac{1}{2}E\left(\frac{C_0}{C_X} - 1\right) \qquad (4-2-24)$$

如果将 $C_X = \dfrac{\varepsilon S}{d}$ 代入上式,得

$$U_{SC} = -\frac{1}{2}E\left(\frac{C_0 d}{\varepsilon S} - 1\right) \qquad (4-2-25)$$

顺便指出,上述两种运算放大器中固定电容 C_0 在电容式传感器 C_X 检测过程中还起到了参比测量的作用。因而当 C_0 和 C_{X0} 结构参数及材料完全相同时,其环境温度对测量的影响可以得到补偿。

4.3 电容式传感器的误差分析

4.1 节中对各类电容式传感器结构原理的分析均在理想条件下进行,没有考虑温度、电场边缘效应、寄生与分布电容等因素对传感器精度的影响。实际上这些因素的存在使电容式传感器的特性不能保持稳定,严重时甚至无法工作,因此在设计和应用电容式传感器时必须予以考虑。

4.3.1 温度对结构尺寸的影响

电容式传感器受环境温度的影响必然引起测量误差。温度误差主要是由于构成传感器的材料不同,因此有不同的线膨胀系数。当环境温度变化时,传感器各零件的几何形状、尺寸发生变化,从而引起电容量变化,如下式所示:

$$C = C_0 + \Delta C_P + \Delta C_t$$

式中 C_0——传感器的初始电容量;

ΔC_P——在被测信号作用下电容量的增量;

ΔC_t——由于环境温度变化而产生的附加电容增量,$\Delta C_t = f(t)$。

上式中,ΔC_t 决定了传感器温度误差的大小。在设计电容式传感器时,正确选择各零件

的尺寸,可以减小温度造成的测量误差。以图
4-3-1 所示电容测压传感器为例,对温度误差进
行分析。

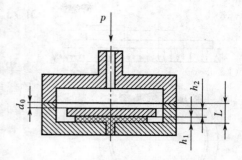

设初始温度为 t_0 时,电容式传感器工作极片
与固定极片的间隙为

$$d_0 = L - h_1 - h_2 \qquad (4-3-1)$$

式中 L、h_1、h_2——初始温度时的总间隙、绝缘
材料的厚度和固定极片的厚度。

图 4-3-1 电容测压传感器

因为传感器各零件的材料不同,具有不同的
线膨胀系数,所以当温度变化 Δt 后间隙为

$$d_t = L(1 + \alpha_L \Delta t) - h_1(1 + \alpha_{h_1} \Delta t) - h_2(1 + \alpha_{h_2} \Delta t) \qquad (4-3-2)$$

式中 α_L、α_{h_1}、α_{h_2}——传感器各零件所用材料的线膨胀系数。

由于温度变化而引起的电容量相对误差为

$$\delta_t = \frac{C_t - C_{t_0}}{C_{t_0}} = \frac{d_0 - d_t}{d_t} \qquad (4-3-3)$$

式中 C_{t_0}——传感器在温度为 t_0 时的电容量;

C_t——传感器在温度为 t 时的电容量。

将(4-3-1)式和(4-3-2)式代入(4-3-3)式整理后得

$$\delta_t = -\frac{(L\alpha_L - h_1 \alpha_{h_1} - h_2 \alpha_{h_2})\Delta t}{d_0 + (L\alpha_L - h_1 \alpha_{h_1} - h_2 \alpha_{h_2})\Delta t} \qquad (4-3-4)$$

为了消除温度误差,必须使 $\delta_t = 0$,则(4-3-4)式的分子为零可实现温度补偿,即

$$h_1 \alpha_{h_1} + h_2 \alpha_{h_2} - L\alpha_L = 0 \qquad (4-3-5)$$

由于设计传感器时 L 尺寸的灵活性很大,故可用 $L = h_1 + h_2 + d_0$ 代入(4-3-5)式,得

$$h_1 \alpha_{h_1} + h_2 \alpha_{h_2} - (h_1 + h_2 + d_0)\alpha_L = 0$$

经整理可得

$$h_1\left(\frac{\alpha_{h_1}}{\alpha_L} - 1\right) + h_2\left(\frac{\alpha_{h_2}}{\alpha_L} - 1\right) - d_0 = 0 \qquad (4-3-6)$$

以上各式说明温度误差与组成传感器的零件形状、尺寸、大小及零件材料的线膨胀系数
有关。在设计电容式传感器时应首先根据合理的初始电容量决定间隙 d_0,然后根据材料的
线膨胀系数 α_{h_1}、α_{h_2}、α_L,适当地选择 h_1 和 h_2 以满足(4-3-6)式温度补偿的条件要求。

4.3.2 电容电场的边缘效应

理想条件下,平行板电容器的电场均匀分布于两极板所围成的空间中,实际上,这仅是
简化电容量计算的一种假定。当考虑电场的边缘效应时,情况要复杂得多。边缘效应相当
于传感器并联一个附加电容,引起传感器的灵敏度下降和非线性增加。为了克服边缘效应,
首先应增大初始电容量 C_0,即增大极板面积,减小极板间距。此外,加装等位环是消除边缘
效应的有效方法,如图 4-3-2 所示。这里除 A、B 两极板外,又在极板 A 的同一平面内加一
个同心环面 C。A、C 在电气上相互绝缘,使用时 A 和 C 两面间始终保持等电位,于是传感
器电容极板 A 与 B 间电场接近理想状态的均匀分布。

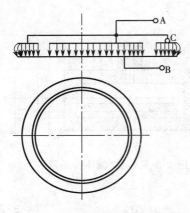

图 4-3-2 加装等位环消除边缘效应

4.3.3 寄生与分布电容的影响

一般电容式传感器的电容值很小,如果激励电源频率较低,则电容式传感器的容抗很大,因此对传感器绝缘电阻要求很高。除了极板间电容外,传感器的极板与周围物体(各种元件,甚至人体)也产生电容联系,这种电容称为寄生电容。它不但改变了电容式传感器的电容量,而且极不稳定,导致了传感器特性不稳定,对传感器产生严重干扰。为此必须采用静电屏蔽措施,将电容器极板放置在金属壳体内,并将壳体与大地相连。同样原因,其电极引出线也必须用屏蔽线,屏蔽线外套要求接地良好。尽管如此,电容式传感器仍然存在以下问题。

①屏蔽线本身电容量较大,每米最大可达几百皮法,最小有几皮法。当屏蔽线较长时,其本身电容量往往大于传感器的电容量,而且分布电容与传感器电容相并联,使传感器电容相对变化量大为降低,因而导致传感器灵敏度显著下降。

②电缆本身的电容量由于放置位置和形状不同而有较大变化,造成传感器特性不稳定。

消除电缆分布电容影响的有效办法包括驱动电缆技术和抗杂散电容的电荷转移法。

(1)驱动电缆技术

驱动电缆技术的基本原理是使屏蔽层电位跟踪与电缆相连接的传感器电容电极电位,并要求两者幅值、相位均相同,从而消除电缆分布电容的影响。在图4-3-3所示电路中,C_X 为传感器电容,双层屏蔽电缆的内屏蔽层接 1:1 放大器的输出端,而输入端接芯线,信号为 Σ 点对地的电位。由于 1:1 放大器使芯线和内屏蔽线等电位,因而可以消除连线分布电容的影响。

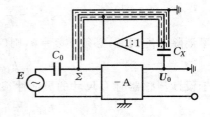

图 4-3-3 驱动电缆线路

(2)抗杂散电容的电荷转移法

抗杂散电容的电荷转移法检测电路如图4-3-4所示。

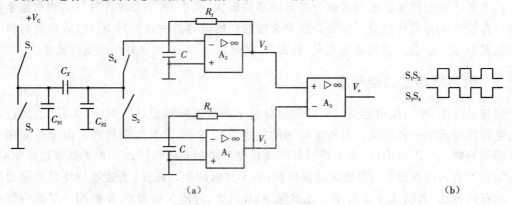

(a)   (b)

图 4-3-4 抗杂散电容的电荷转移法检测电路
(a)电路 (b)开关波形

该电路为差分式充放电电容检测线路。图中 $S_1 \sim S_4$ 是 CMOS 模拟开关,它们的通断受频率为 f 的时钟信号控制,S_1 和 S_2 同步,S_3 和 S_4 同步。首先是 S_1 和 S_2 闭合,将被测电容 C_X 充电至 $+V_C$,然后断开,而 S_3 和 S_4 跟着闭合,将电容放电。在频率为 f 的时钟信号控制下,周期性地对被测电容进行充放电,在充电的半个周期,开关 S_1 和 S_2 闭合,S_3 和 S_4 断开,有电荷 $Q_1 = V_C C_X$ 经放大器 A_1 充到电容 C_X 上,并且流入放大器 A_1 一个小的平均电流 $I_1 = fQ_1 = fV_C C_X$,放大器 A_1 上的平均输出电压 $V_1 = -I_1 R_f = -fV_C C_X R_f$;开关 S_1 和 S_2 断开,S_3 和 S_4 闭合的半个周期是放电周期,C_X 经过放大器 A_2 进行放电,则 A_2 的平均输出电压 $V_2 = fV_C C_X R_f$,电压 V_1 和 V_2 在放大器 A_3 中合成得到一个输出电压 V_o,即

$$V_o = 2fV_C C_X R_f \tag{4-3-7}$$

由(4-3-7)式可知,在电路中保持 f、V_C、R_f 不变的情况下,输出电压 V_o 是一个正比于被测电容 C_X 的直流信号。

电路中 C_{S1} 和 C_{S2} 是杂散电容,C_{S1} 通过 S_1 和 S_3 与电源和地相连,电源对它进行充放电,电流不经过被测电容 C_X,所以 C_{S1} 对被测电容 C_X 不产生影响。杂散电容 C_{S2} 通过两个放大器始终保持虚地,所以 C_{S2} 上的电位为零,对电容 C_X 的测量也不产生影响,因而该电路具有抗杂散电容的性能。同时,该电路可检测 $0.1 \sim 20$ pF 的微小电容量。

4.4　电容式传感器的应用

由于电子技术的发展成功地解决了电容式传感器存在的技术问题,为电容式传感器的应用开辟了广阔的前景,因此电容式传感器不但广泛地用于精确测量位移、厚度、角度、振动等机械量,还用于测量力、压力、差压、流量、成分、液位等参数。

4.4.1　电容式差压变送器

电容式差压变送器是 19 世纪 70 年代发展起来的产品,它具有构造简单、小型轻量、精度高(可达0.25%)、互换性强等优点,目前已广泛应用于工业生产中。该变送器具有如下特点:

①变送器感压腔室内充灌了温度系数小、稳定性高的硅油作为密封液;

②为了使变送器获得良好线性度,感压膜片采用张紧式结构;

③变送器输出为标准电流信号;

④动态响应时间一般为 $0.2 \sim 15$ s。

图 4-4-1 是电容式差压变送器结构。

图 4-4-1(a)为二室结构的电容式差压变送器,图中 1、2 为测量膜片(或隔离膜片),它们与被测介质直接接触。3 为感压膜片,此膜片在圆周方向张紧,膜片 1 与 3 间为一室,膜片 2 与 3 间为另一室,故称二室结构。其中感压膜片为可动电极,并与固定电极 4、5 构成差动式球—平面型电容式传感器 C_L 和 C_H。固定球面电极在绝缘体 6 上加工而成。绝缘体一般采用玻璃或陶瓷,在它的表面蒸镀一层金属膜(如铝)作为电极。感压膜片的挠曲变形引起差动电容 C_L 和 C_H 变化,经测量电路将电容变化量转换成标准电流信号。

图 4-4-1(b)为一室结构的电容式差压变送器。图中 1、2 为测量膜片,它们与被测介质接触。3 为可动平板电极,中心轴 4 将 1、2、3 连为一体,片簧 5 将可动电极在圆周方向张紧。在绝缘体 6 上蒸镀金属层而构成固定电极 7、8,并与可动电极构成平行板式差动电容。

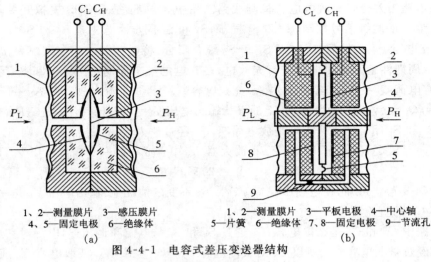

1、2—测量膜片 3—感压膜片
4、5—固定电极 6—绝缘体

(a)

1、2—测量膜片 3—平板电极 4—中心轴
5—片簧 6—绝缘体 7、8—固定电极 9—节流孔

(b)

图 4-4-1 电容式差压变送器结构

(a)二室结构 (b)一室结构

在可动电极与测量膜片间充满硅油作为密封液,并有通道经节流孔 9 将两电容连通,所以称为一室结构。当两边被测压力不等($p_H > p_L$)时,测量膜片通过中心轴推动可动电极移动,因而使差动电容 C_L 和 C_H 发生变化。

下面分析二室结构电容式差压变送器。这种球—平面型电容式传感器的电容量的变化值可用单元积分法及等效电容法求得,如图 4-4-2 所示,其中 C_0 为传感器初始电容,C_A 为感压膜片受压后挠曲变形位置与感压膜片初始位置所形成的电容。

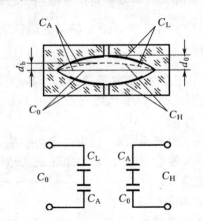

图 4-4-2 球—平面型差动电容等效电路

由等效原理可得

$$C_L = \frac{C_0 C_A}{C_A - C_0} \tag{4-4-1}$$

$$C_H = \frac{C_0 C_A}{C_A + C_0} \tag{4-4-2}$$

因而求出 C_0 和 C_A,便可由(4-4-1)、(4-4-2)二式求得传感器差动电容 C_L 和 C_H。

在图 4-4-3 中,由球面形固定电极 B 和平膜片电极 A 形成一个球—平面型电容器。在忽略边缘效应情况下,可按单元积分法求出 C_0 和 C_A。

由图 4-4-3 可知

$$r^2 = R^2 - (R - \Delta R)^2 = \Delta R(2R - \Delta R)$$

因为　　　　　　　　　　　　　$R \gg \Delta R$

所以

$$\Delta R \approx \frac{r^2}{2R} \tag{4-4-3}$$

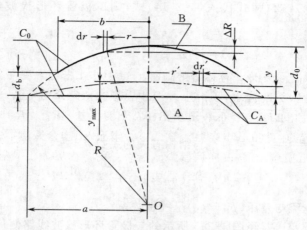

图 4-4-3　球—平面型电容器

于是球面电极上宽度为 dr、长度为 $2\pi r$ 的环形窄带与可动电极初始位置的电容量为

$$dC_0 = \frac{\varepsilon_0 \varepsilon_r 2\pi r \, dr}{d_0 - \Delta R} \tag{4-4-4}$$

将(4-4-3)式代入上式,积分可求得 C_0 值,即

$$C_0 = \varepsilon_0 \varepsilon_r \int_0^b \frac{2\pi r \, dr}{d_0 - r^2/2R} = -2\pi \varepsilon_0 \varepsilon_r R \ln\left(d_0 - \frac{r^2}{2R}\right)\Big|_0^b = 2\pi \varepsilon_0 \varepsilon_r R \ln \frac{d_0}{d_b} \tag{4-4-5}$$

式中　　d_0——球—平面电容极板间最大间隙;

　　　　d_b——球—平面电容极板间最小间隙;

　　　　R——球面电极的曲率半径。

若将 $\varepsilon_0 = \dfrac{1}{3.6\pi}$ pF/cm 及曲率半径 R 的单位 cm 代入(4-4-5)式,则

$$C_0 = \frac{\varepsilon_r R}{1.8} \ln \frac{d_0}{d_b} \text{ pF} \tag{4-4-6}$$

在被测差压($p_H - p_L$)的作用下,感压膜片的挠度可近似写成

$$y = \frac{p_H - p_L}{4T}(a^2 - r'^2) \tag{4-4-7}$$

式中　　T——膜片周边受的张紧力。

如图 4-4-3 中虚线所示,在挠曲球面上,宽度为 dr'、长度为 $2\pi r'$ 的环形窄带与动膜片初始位置间电容量为

$$dC_A = \frac{\varepsilon_0 \varepsilon_r 2\pi r' \, dr'}{y} \tag{4-4-8}$$

式中　　y——膜片挠度。

将(4-4-7)式代入上式并积分,得

$$C_A = \int_0^b \frac{\varepsilon_0 \varepsilon_r 2\pi r' \mathrm{d}r'}{\dfrac{p_H - p_L}{4T}(a^2 - r'^2)} = -\frac{\varepsilon_0 \varepsilon_r \pi}{\dfrac{p_H - p_L}{4T}} \int_0^b \frac{\mathrm{d}(a^2 - r'^2)}{a^2 - r'^2} = \frac{4\pi\varepsilon_0 \varepsilon_r T}{p_H - p_L} \ln \frac{a^2}{a^2 - b^2} \quad (4\text{-}4\text{-}9)$$

故差动电容 C_L 和 C_H 可求出。该差动式电容式传感器如果配置如图 4-2-5 所示二极管环形检波电路,即可输出 4～20 mA 标准电流信号。

若将(4-4-1)、(4-4-2)两式代入(4-2-14)式,则二极管环形检波电路输出电流表达式为

$$I = \frac{C_0}{C_A} I_C \frac{R_S}{R_F} + \frac{U_B}{R_F} - \frac{\beta U_0}{R_F} \quad (4\text{-}4\text{-}10)$$

将(4-4-5)、(4-4-9)两式代入(4-4-10)式,则

$$I = \frac{R\ln(d_0/d_b)}{2T\ln[a^2/(a^2 - b^2)]} I_C \frac{R_S}{R_F}(p_H - p_L) + \frac{U_B}{R_F} - \frac{\beta U_0}{R_F}$$

令 $K = \dfrac{R\ln(d_0/d_b)}{2T\ln[a^2/(a^2 - b^2)]}$,它是一个与结构有关的系数,于是

$$I = K I_C \frac{R_S}{R_F}(p_H - p_L) + \frac{U_B}{R_F} - \frac{\beta U_0}{R_F} \quad (4\text{-}4\text{-}11)$$

上式表明输出电流与差压 $(p_H - p_L)$ 呈线性关系。

上述电容式差压变送器经图 4-2-5 所示的二极管环形检波线路便可输出 4～20 mA 标准信号电流。

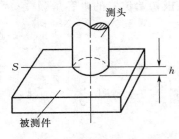

图 4-4-4 电容式测微仪原理

4.4.2 电容式测微仪

高灵敏度电容式测微仪采用非接触方式精确测量微位移和振动振幅。在最大量程为 $(100\pm5)\mu m$ 时,最小检测量为 $0.01\ \mu m$。这样就解决了动压轴承陀螺仪的动态参数测试问题。

图 4-4-4 是电容式测微仪原理。电容探头与待测表面间形成的电容为 C_X,即

$$C_X = \frac{\varepsilon_0 S}{h} \quad (4\text{-}4\text{-}12)$$

式中 C_X——待测电容;

$\quad\quad S$——测头端面积;

$\quad\quad h$——待测距离。

待测电容 C_X 接在高增益运放的反馈回路中,如图 4-2-8 所示的运算法测量电路。因此由(4-2-21)式可得

$$\boldsymbol{U}_{SC} = -\frac{C_0}{C_X}\boldsymbol{E}_0$$

将(4-4-12)式代入上式,则

$$\boldsymbol{U}_{SC} = -\frac{C_0 h}{\varepsilon_0 S}\boldsymbol{E}_0 = K_1 h \quad (4\text{-}4\text{-}13)$$

式中 $K_1 = -\dfrac{C_0 \boldsymbol{E}_0}{\varepsilon_0 S}$,为一常数。

(4-4-13)式说明:输出电压与待测距离 h 呈线性关系。

为了减小圆柱形探头的边缘效应,一般在探头外面加一个与电极绝缘的等位环(即电保

护套),在等位环外设有套筒,两者电气绝缘。该套筒使用时接大地,供测量时装夹固定用。图 4-4-5 是电容式测微仪探头示意图。

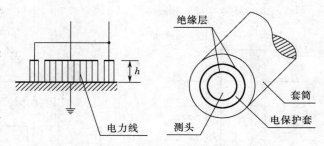

图 4-4-5 电容式测微仪探头示意图

电容式测微仪整机线路包括:高增益主放大器(包括前置放大器)、精密整流电路、测振电路和高稳定度(±24 V)稳压电源。并将主放大器和正弦振荡器放在内屏蔽盒里严格屏蔽,其线路地端和屏蔽盒相连,而精密整流电路接大地。电容式测微仪整机组成框图如图 4-4-6 所示。

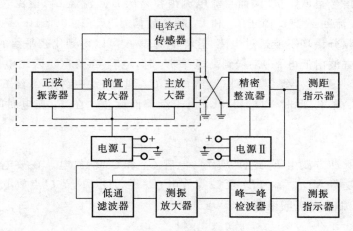

图 4-4-6 电容式测微仪整机组成框图

4.4.3 电容式液位计

电容式液位计可以连续测量水池、水塔、水井和江河湖海的水位以及各种导电液体(如酒、醋、酱油等)的液位。

图 4-4-7 为电容式水位计探头示意图。当其浸入水或其他被测导电液体时,导线芯以绝缘层为介质与周围的水(或其他导电液体)形成圆柱形电容器。

由图 4-4-7 可知其电容量为

$$C_X = \frac{2\pi\varepsilon h_X}{\ln(d_2/d_1)} \tag{4-4-14}$$

式中 ε ——导线芯绝缘层的介电常数;

h_X ——待测水位高度;

d_1、d_2 ——导线芯直径和绝缘层外径。

被测电容 C_X 配置图 4-4-8 所示的二极管环形测量桥路,可以得到正比于液位 h_x 的直流信号。

环形测量桥路由 4 只开关二极管 $VD_1 \sim VD_4$,电感线圈 L_1 和 L_2,电容 C_1、C_e,被测电容 C_X 和调零电容 C_d 以及电流表 A 等组成。

输入脉冲方波加在 A 点与地之间,电流表串接在 L_2 支路内,C_2 是高频旁路电容。由于

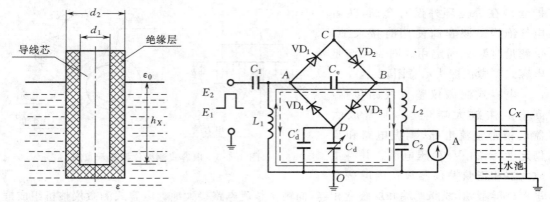

图 4-4-7 电容式水位计探头示意图　　　　图 4-4-8 二极管环形测量桥路

电感线圈对直流信号呈低阻抗,因而直流电流很容易从 B 点流经 L_2、电流表至地(公共端 O 点),再由地经 L_1 流回 A 点。由于 L_1 和 L_2 对高频信号($f>1\,000\,\mathrm{kHz}$)呈高阻抗,所以高频方波及电流高频分量均不能通过电感,这样电流表 A 可以得到比较平稳的直流信号。

当输入高频方波由低电平 E_1 跃到高电平 E_2 时,电容 C_X 和 C_d 两端电压均由 E_1 充电到 E_2。充电电荷一路由 A 经 VD$_1$ 到 C 点,再经 C_X 到地;另一路由 A 经 C_e 到 B 点,再经 VD$_3$ 至 D 点对 C_d 充电,此时 VD$_2$ 和 VD$_4$ 由于反偏而截止。在 T_1 充电时间内,由 A 点向 B 点流动的电荷为

$$q_1 = C_d(E_2 - E_1) \tag{4-4-15}$$

当输入高频脉冲方波由 E_2 返回 E_1 时,电容 C_X 和 C_d 均放电。在放电过程中 VD$_1$ 与 VD$_3$ 反偏截止,C_X 经 VD$_2$、C_e 和 L_1 至 O 点放电;C_d 经 VD$_4$、L_1 至 O 点放电。因而在 T_2 放电时间内由 B 点流向 A 点的电荷为

$$q_2 = C_X(E_2 - E_1) \tag{4-4-16}$$

应当指出的是:(4-4-16)式和(4-4-15)式是在 C_e 电容值远大于 C_X 和 C_d 的前提下得到的结果。电容 C_e 的充放电回路如图 4-4-8 中细实线和虚线箭头所示。从上述充放电过程可知,充电电流和放电电流经过电容 C_e 时方向相反,所以当充电与放电的电流不相等时,电容 C_e 端产生电位差,在桥路 A 及 B 两点间有电流产生,可由电流表 A 指示出来。

当液面在电容式传感器零位时,调整 $C_d = C_{X0}$,使流经 C_e 的充放电电流相等,C_e 两端无电位差,A、B 两端无直流信号输出,电流表 A 指零。当被测电容 C_X 随液位变化而变化时,在 $C_X > C_d$ 情况下,流经 C_e 的放电电流大于充电电流,电容 C_e 两端产生电位差并经电流表 A 放电,设此时电流方向为正;当 $C_X < C_d$ 时流经电流表的电流方向则为负。

当 $C_X > C_d$ 时,由上述分析可知,在一个充放电周期内(即 $T = T_1 + T_2$),由 B 点流向 A 点的电荷为

$$q = q_2 - q_1 = C_X(E_2 - E_1) - C_d(E_2 - E_1) = (C_X - C_d)(E_2 - E_1) = \Delta C_X \Delta E \tag{4-4-17}$$

设方波频率 $f = 1/T$,则流过 A、B 端及电流表 A 支路的瞬间电流平均值为

$$\bar{I} = fq = f\Delta C_X \Delta E \tag{4-4-18}$$

式中　ΔE——输入方波幅值;

　　　ΔC_X——传感器的电容变化量。

由(4-4-18)式可以看出:此电路中若高频方波信号频率 f 及幅值 ΔE 一定时,流经电流表 A 的平均电流 $\bar{I}$ 与 ΔC_X 成正比,即电流表的电流变化量与待测液位 Δh_X 呈线性关系。

第 5 章　电感式传感器

电感式传感器是利用线圈自感和互感的变化实现非电量电测的一种装置,可以用来测量位移、振动、压力、应变、流量、密度等参数。

电感式传感器的种类很多,根据转换原理不同,可分为自感式和互感式两种;根据结构类型不同,可分为气隙型和螺管型两种。

电感式传感器与其他传感器相比,具有以下特点。

①结构简单,性能可靠,测量力小,例如衔铁重$(0.5\sim200)\times10^{-4}$ N 时,磁吸力为$(1\sim10)\times10^{-4}$ N。

②分辨力高。能测量 $0.1~\mu m$,甚至更小的机械位移,能感受 $0.1''$ 的微小角位移。传感器的输出信号强,电压灵敏度一般每毫米对应数百毫伏,因此有利于信号的传输和放大。

③重复性好,线性度优良。在一定位移范围(最小几十微米,最大数百毫米)内,输出特性的线性度较好,且比较稳定。

当然,电感式传感器也有不足之处,如存在着交流零位信号,不适于高频动态测量等。

5.1　自感式传感器

自感式传感器常见的有气隙型和螺管型两种结构,本节将逐一讨论。

5.1.1　气隙型电感式传感器

(1)工作原理

图 5-1-1(a)是一种气隙型传感器的结构原理,传感器主要由线圈、衔铁和铁芯等组成。图 5-1-1(a)中点画线表示磁路,磁路中空气隙总长度为 l_δ,工作时衔铁与被测体接触。被

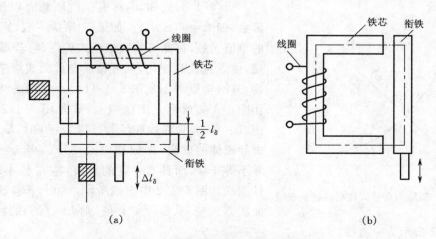

(a)　　　　　　　　　　　　　(b)

图 5-1-1　气隙型电感式传感器结构原理

(a)变隙式　(b)变截面式

测体的位移引起气隙磁阻的变化,从而使线圈电感变化。传感器线圈与测量电路连接后,可将电感的变化转换成电压、电流或频率的变化,完成从非电量到电量的转换。

由磁路基本知识可知,线圈电感为

$$L = \frac{N^2}{R_m} \tag{5-1-1}$$

式中　　N——线圈匝数;

R_m——磁路总磁阻。

对于气隙型电感式传感器,因为气隙较小(一般 l_δ 为 0.1～1 mm),可认为气隙磁场是均匀的,若忽略磁路铁损,则磁路总磁阻为

$$R_m = \frac{l_1}{\mu_1 S_1} + \frac{l_2}{\mu_2 S_2} + \frac{l_\delta}{\mu_0 S} \tag{5-1-2}$$

式中　　l_1——铁芯磁路总长;

l_2——衔铁磁路总长;

l_δ——空气隙总长;

S_1——铁芯横截面积;

S_2——衔铁横截面积;

S——气隙磁通截面积;

μ_1——铁芯磁导率;

μ_2——衔铁磁导率;

μ_0——真空磁导率,$\mu_0 = 4\pi \times 10^{-7}$ H/m(空气磁导率可近似用 μ_0 表示)。

因此

$$L = \frac{N^2}{R_m} = N^2 \left/ \left(\frac{l_1}{\mu_1 S_1} + \frac{l_2}{\mu_2 S_2} + \frac{l_\delta}{\mu_0 S} \right) \right. \tag{5-1-3}$$

由于电感式传感器的铁芯一般工作在非饱和状态下,其磁导率 μ_1 和 μ_2 远大于空气的磁导率 μ_0,因此铁芯磁阻远较气隙磁阻小,所以(5-1-3)式可简化成

$$L = \frac{N^2 \mu_0 S}{l_\delta} \tag{5-1-4}$$

由(5-1-4)式知,电感 L 是气隙截面积和长度的函数,即 $L = f(S, l_\delta)$。如果 S 保持不变,则 L 为 l_δ 的单值函数,据此可构成变隙式传感器;若保持 l_δ 不变,使 S 随位移变化,则可构成变截面式电感式传感器,其结构原理图见图 5-1-1(b)。它们的特性曲线如图 5-1-2 所示。由(5-1-4)式及图 5-1-2 可以看出,$L = f(l_\delta)$ 为非线性函数。当 $l_\delta = 0$ 时,L 为 ∞,考虑导磁体的磁阻,即根据(5-1-3)式,当 $l_\delta = 0$ 时,L 并不等于 ∞,而具有一定的数值,在 l_δ 较小时,其特性曲线如图 5-1-2 中虚线所示。如上下移动衔铁使面积 S 改变,从而改变 L 值,则 $L = f(S)$ 的特性曲线

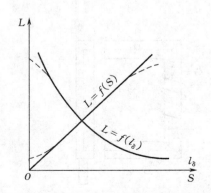

图 5-1-2　气隙型电感式传感器特性曲线

如图 5-1-2 所示为一直线。

(2)特性分析

气隙型电感式传感器的主要特性是灵敏度和线性度。当铁芯和衔铁采用同一种导磁材

料,且截面相同时,因为气隙 l_δ 一般较小,故可以认为气隙磁通截面与铁芯截面相等,设磁路总长为 l,则(5-1-2)式可写成

$$R_m = \frac{1}{S\mu_0}\left(\frac{l-l_\delta}{\mu_r}+l_\delta\right) = \frac{1}{S\mu_0}\left[\frac{l+l_\delta(\mu_r-1)}{\mu_r}\right] \tag{5-1-5}$$

一般 $\mu_r \gg 1$,所以

$$R_m \approx \frac{1}{S\mu_0}\left(\frac{l+l_\delta\mu_r}{\mu_r}\right) \tag{5-1-6}$$

$$L = \frac{N^2}{R_m} = \frac{S\mu_0 N^2}{l_\delta+l/\mu_r} = K\frac{1}{l_\delta+l/\mu_r} \tag{5-1-7}$$

式中　　μ_r——导磁体相对磁导率;

　　　　K——常数,$K = \mu_0 N^2 S$。

工作时,衔铁移动使总气隙长度减少 Δl_δ,则电感增加 ΔL_1,由(5-1-7)式得

$$L+\Delta L_1 = K\frac{1}{l_\delta-\Delta l_\delta+l/\mu_r} \tag{5-1-8}$$

$$\frac{L+\Delta L_1}{L} = (l_\delta+l/\mu_r)\Big/\left[(l_\delta-\Delta l_\delta)+l/\mu_r\right] \tag{5-1-9}$$

电感的相对变化

$$\frac{\Delta L_1}{L} = \frac{\Delta l_\delta}{l_\delta}\frac{1}{1+l/l_\delta\mu_r}\frac{1}{1-\frac{\Delta l_\delta}{l_\delta}\left(\frac{1}{1+l/l_\delta\mu_r}\right)} \tag{5-1-10}$$

因为 $\left|\dfrac{\Delta l_\delta}{l_\delta}\dfrac{1}{1+l/l_\delta\mu_r}\right| \ll 1$,所以上式可展成级数形式,即

$$\frac{\Delta L_1}{L} = \frac{\Delta l_\delta}{l_\delta}\frac{1}{1+l/l_\delta\mu_r}\left[1+\frac{\Delta l_\delta}{l_\delta}\frac{1}{1+l/l_\delta\mu_r}+\left(\frac{\Delta l_\delta}{l_\delta}\frac{1}{1+l/l_\delta\mu_r}\right)^2+\cdots\right] \tag{5-1-11}$$

同理,当总气隙长度增加 Δl_δ 时,电感减小为 ΔL_2,即

$$\begin{aligned}\frac{\Delta L_2}{L} &= \frac{\Delta l_\delta}{l_\delta+\Delta l_\delta+l/\mu_r}\\&= \frac{\Delta l_\delta}{l_\delta}\frac{1}{1+l/l_\delta\mu_r}\left[1-\frac{\Delta l_\delta}{l_\delta}\frac{1}{1+l/l_\delta\mu_r}+\left(\frac{\Delta l_\delta}{l_\delta}\frac{1}{1+l/l_\delta\mu_r}\right)^2-\cdots\right]\end{aligned} \tag{5-1-12}$$

若忽略高次项,则电感变化灵敏度为

$$K_L = \frac{\Delta L}{\Delta l_\delta} = \frac{L}{l_\delta}\frac{1}{1+l/l_\delta\mu_r} \tag{5-1-13}$$

其线性度为

$$\delta = \frac{\Delta l_\delta}{l_\delta}\frac{1}{1+l/l_\delta\mu_r} \tag{5-1-14}$$

单线圈电感式传感器的电感输出特性如图 5-1-3 所示。

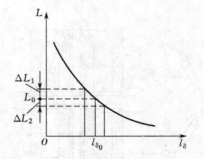

图 5-1-3　电感式传感器的 $L-l_\delta$ 特性

由以上分析可以看出:

①当气隙 l_δ 发生变化时,电感的变化与气隙变化均呈非线性关系,其非线性程度随气隙相对变化 $\Delta l_\delta/l_\delta$ 的增大而增加;

②气隙减少 Δl_δ 所引起的电感变化 ΔL_1 与气隙增加同样 Δl_δ 所引起的电感变化 ΔL_2 并不相等,其中 $\Delta L_1 > \Delta L_2$,其差值随 $\Delta l_\delta/l_\delta$ 的增加而增大。

由于转换原理的非线性和衔铁正、反方向移动时电感变化量的不对称性,因此变气隙式电感式传感器(包括差动式传感器)为了保证一定的线性精度,只能工作在很小的区域,因而只能用于微小位移的测量。

差动变气隙式电感式传感器结构示意图如图 5-1-4 所示。它由两个电气参数和磁路完全相同的线圈组成。当衔铁 3 移动时,一个线圈的电感增加,另一个线圈的电感减少,形成差动形式。如将这两个差动线圈分别接入测量电桥相邻边,则当磁路总气隙改变 Δl_δ 时,电感相对变化为

$$\frac{\Delta L}{L}=\frac{\Delta L_1+\Delta L_2}{L}=2\,\frac{\Delta l_\delta}{l_\delta}\,\frac{1}{1+l/l_\delta\mu_r}\left[1+\left(\frac{\Delta l_\delta}{l_\delta}\,\frac{1}{1+l/l_\delta\mu_r}\right)^2+\cdots\right] \qquad (5\text{-}1\text{-}15)$$

故电感变化灵敏度可以写为

$$K'_L=\frac{\Delta L}{\Delta l_\delta}=2\,\frac{L}{l_\delta}\,\frac{1}{1+l/l_\delta\mu_r} \qquad (5\text{-}1\text{-}16)$$

其非线性误差

$$\delta=\left(\frac{\Delta l_\delta}{l_\delta}\,\frac{1}{1+l/l_\delta\mu_r}\right)^2 \qquad (5\text{-}1\text{-}17)$$

由(5-1-15)、(5-1-16)、(5-1-17)式可以看出:

①差动式电感式传感器的灵敏度比上述单线圈电感式传感器提高一倍;

②差动式电感式传感器非线性失真小,如当 $\Delta l_\delta/l_\delta=10\%$ 时(略去 $l/l_\delta\mu_r$),可以近似得到单线圈相对误差 $\delta<10\%$,而差动式相对误差 $\delta<1\%$。

图 5-1-5 表示差动变气隙式电感式传感器的输出特性。对变气隙式电感式传感器,其 $\Delta l_\delta/l_\delta$ 与 $l/l_\delta\mu_r$ 的变化受到灵敏度和非线性失真相互矛盾的制约,因此对这两个因素只能适当选取。一般情况下,当差动变气隙式电感式传感器的 $\Delta l_\delta/l_\delta=0.1\sim0.2$ 时,可使传感器非线性误差在 3% 左右。

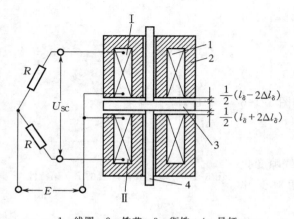

1—线圈　2—铁芯　3—衔铁　4—导杆

图 5-1-4　差动变气隙式电感式传感器结构示意图

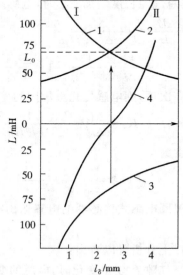

1—线圈Ⅰ的电感特性　2—线圈Ⅱ的电感特性

3—线圈Ⅰ与Ⅱ差接时的电感特性

4—两线圈差接后电桥与位移间的特性

图 5-1-5　差动变气隙式电感式传感器的输出特性

差动式电感式传感器的工作行程也很小,若取 $l_\delta = 2$ mm,则行程为 $0.2 \sim 0.4$ mm。较大行程的位移测量,常常利用螺管型电感式传感器。

5.1.2 螺管型电感式传感器

螺管型电感式传感器分为单线圈和差动式两种结构形式。

图 5-1-6 为单线圈螺管型传感器结构示意图,主要元件为一只螺管线圈和一根圆柱形铁芯。传感器工作时,因铁芯在线圈中伸入长度的变化,引起螺管线圈电感的变化。当用恒流源激励时,线圈的输出电压与铁芯的位移量有关。

螺管线圈在轴向产生的磁场,根据图 5-1-7 和毕奥—沙伐—拉普拉斯定律可得

$$B_l = \frac{I\mu_0 n}{2}(\cos\theta_1 - \cos\theta_2) \tag{5-1-18}$$

式中　n——线圈单位长度的匝数,$n = \dfrac{N}{l}$(N 为线圈总匝数,l 为螺管线圈长度);

　　　I——螺管线圈的电流;

　　　θ_1、θ_2——螺管中心任意点至两端点连线与中心线的夹角。

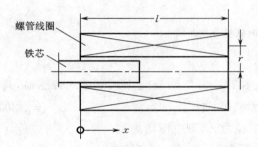

图 5-1-6　单线圈螺管型传感器结构示意图　　　图 5-1-7　螺管线圈轴向磁场分布计算图

由图 5-1-7 知

$$\cos\theta_1 = \frac{x}{\sqrt{x^2 + r^2}}, \cos\theta_2 = -\frac{l-x}{\sqrt{(l-x)^2 + r^2}}$$

代入(5-1-18)式得

$$B_l = \frac{In}{2}\mu_0\left[\frac{l-x}{\sqrt{(l-x)^2 + r^2}} + \frac{x}{\sqrt{x^2 + r^2}}\right]$$

$$= \frac{IN}{2l}\mu_0\left[\frac{l-x}{\sqrt{(l-x)^2 + r^2}} + \frac{x}{\sqrt{x^2 + r^2}}\right]$$

则

$$H_l = \frac{IN}{2l}\left[\frac{l-x}{\sqrt{(l-x)^2 + r^2}} + \frac{x}{\sqrt{x^2 + r^2}}\right] \tag{5-1-19}$$

此式用曲线表示,如图 5-1-8 所示。由曲线可知,铁芯在开始插入($x=0$)或几乎离开线圈时的灵敏度,比铁芯插入线圈 $\dfrac{1}{2}$ 长度时的灵敏度小得多。这说明只有在线圈中段才有可能获得较高的灵敏度,并且有较好的线性特性。

如果 $l \gg r$,可忽略有限长线圈内磁场强度的不均匀性,近似认为在 $x = \dfrac{l}{2}$ 时,磁场强度为

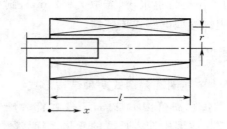

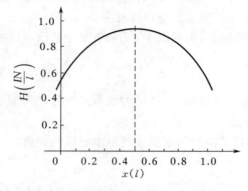

图 5-1-8　螺管线圈内磁场分布曲线

$$H=\frac{IN}{l}$$

在未引入铁芯时，根据(5-1-4)式，线圈电感为

$$L=4\pi^2 N^2 r^2/(l\times 10^7)\ \text{H} \tag{5-1-20}$$

若引进铁芯，其插入长度与线圈长度相同，半径为 r_c，则电感增加到

$$L=4\pi^2 N^2 r_c^2 \mu_r/(l\times 10^7)+4\pi N^2(\pi r^2-\pi r_c^2)/(l\times 10^7)$$
$$=4\pi^2 N^2[r^2+(\mu_r-1)r_c^2]/(l\times 10^7)\text{H} \tag{5-1-21}$$

如果铁芯长度 l_c 小于线圈长度 l，则线圈电感为

$$L=\left\{\frac{4\pi^2}{l_c}\left(\frac{l_c}{l}N\right)^2[r^2+(\mu_r-1)r_c^2]+\frac{4\pi^2}{l-l_c}\left(\frac{l-l_c}{l}N\right)^2 r^2\right\}\times 10^{-7}$$
$$=4\pi^2 N^2[lr^2+(\mu_r-1)l_c r_c^2]/(l^2\times 10^7)\text{H} \tag{5-1-22}$$

当 l_c 增加 Δl_c 时，则

$$L+\Delta L=\frac{4\pi^2 N^2}{l^2}[lr^2+(\mu_r-1)(l_c+\Delta l_c)r_c^2]\times 10^{-7}\ \text{H}$$

电感变化量为

$$\Delta L=4\pi^2 N^2 r_c^2(\mu_r-1)\Delta l_c/(l^2\times 10^7)\ \text{H} \tag{5-1-23}$$

其相对变化量

$$\frac{\Delta L}{L}=\frac{\Delta l_c}{l_c}\cdot\frac{1}{1+\left(\dfrac{l}{l_c}\right)\left(\dfrac{r}{r_c}\right)^2\left(\dfrac{1}{\mu_r-1}\right)} \tag{5-1-24}$$

若被测量与 Δl_c 成正比，则 ΔL 与被测量也成正比。实际上由于磁场强度分布不均匀，输入量与输出量之间的关系是非线性的。

为了提高灵敏度与线性度，常采用差动螺管式电感式传感器，如图 5-1-9 所示，沿轴向的磁场强度分布由下式给出：

$$H=\frac{IN}{2l}\left[\frac{l-x}{\sqrt{r^2+(l-x)^2}}-\frac{l+x}{\sqrt{r^2+(l+x)^2}}+\frac{2x}{\sqrt{r^2+x^2}}\right] \tag{5-1-25}$$

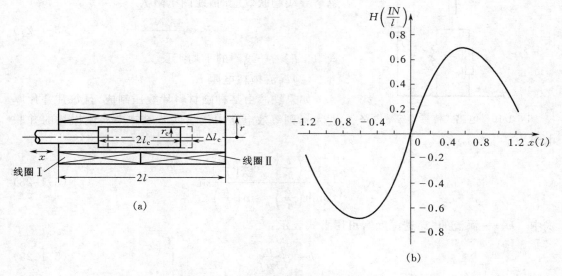

图 5-1-9　差动螺管式电感式传感器

(a)结构示意图　(b)磁场分布曲线

图 5-1-9(b)中 $H=f(x)$ 曲线表明:为了得到较好的线性,铁芯长度取 $0.6l$,则铁芯工作在 H 曲线的拐弯处,此时 H 变化小。设铁芯长度为 $2l_c$,小于线圈长度 $2l$,当铁芯向线圈Ⅱ移动 Δl_c 时,线圈Ⅱ电感增加 ΔL_2,如(5-1-23)式所示。线圈Ⅰ电感变化 ΔL_1 与线圈Ⅱ电感变化 ΔL_2 大小相等,符号相反,所以差动输出为

$$\frac{\Delta L}{L}=\frac{\Delta L_1+\Delta L_2}{L}=2\frac{\Delta l_c}{l_c}\frac{1}{1+\left(\frac{l}{l_c}\right)\left(\frac{r}{r_c}\right)^2\left(\frac{1}{\mu_r-1}\right)} \tag{5-1-26}$$

(5-1-26)式说明: $\frac{\Delta L}{L}$ 与铁芯长度相对变化 $\frac{\Delta l_c}{l_c}$ 成正比,灵敏度比单个螺管式电感式传感器高一倍。为了提高灵敏度,应使线圈与铁芯尺寸比值 l/l_c 和 r/r_c 趋于 1,且选用磁导率 μ_r 大的材料作为铁芯。这种差动螺管式电感式传感器的位移测量范围为 $5\sim50$ mm,非线性误差在 $\pm0.5\%$。

综上所述,螺管型电感式传感器有以下特点:

①结构简单,制造、装配容易;

②由于空气间隙大,磁路的磁阻高,因此灵敏度低,但线性范围大;

③由于磁路大部分为空气,易受外部磁场干扰;

④由于磁阻高,为了达到某一电感量,需要的线圈匝数多,因而线圈分布电容大;

⑤要求线圈框架尺寸和形状必须稳定,否则影响其线性和稳定性。

5.1.3　电感线圈的等效电路

前面分析电感式传感器的工作原理时,假设电感线圈为一理想纯电感,但在实际的传感器中,线圈不可能是纯电感,它还包括线圈的铜损电阻(R_c)、铁芯的涡流损耗电阻(R_e)和线圈的并联寄生电容(C)。因此,电感式传感器的等效电路如图 5-1-10 所示。

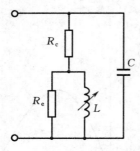

图 5-1-10　电感式传感器等效电路

（1）铜损电阻 R_c

导线直径为 d、电阻率为 ρ_c、匝数为 N 的线圈，当忽略导线趋肤效应时，线圈电阻为

$$R_c = \frac{4\rho_c N l_{cp}}{\pi d^2} \qquad (5\text{-}1\text{-}27)$$

式中　l_{cp}——线圈的平均匝长。

（2）涡流损耗电阻 R_e

如果铁芯由某种磁材料片叠压制成，且每片叠片厚度为 t，则等效电路中代表铁芯磁体中涡流损耗的并联电阻为

$$R_e = \frac{2h}{t}\frac{\cosh\left(\dfrac{t}{h}\right)-\cos\left(\dfrac{t}{h}\right)}{\sinh\left(\dfrac{t}{h}\right)-\sin\left(\dfrac{t}{h}\right)}\omega L \qquad (5\text{-}1\text{-}28)$$

式中　h——涡流的"穿透深度"，可用下式表示：

$$h = \sqrt{\frac{\rho_i}{\pi\mu f}} \qquad (5\text{-}1\text{-}29)$$

式中　ρ_i——导磁体材料的电阻率。

当涡流穿透深度小于薄片厚度的一半（即 $t/h>2$）时，(5-1-28)式可简化为

$$R_e = \frac{6}{(t/h)^2}\omega L$$

将(5-1-29)式及 $L=\dfrac{\mu S N^2}{l}$ 代入上式，得

$$R_e = \frac{12\rho_i S N^2}{l t^2} \qquad (5\text{-}1\text{-}30)$$

由此可见，铁芯叠片的并联涡流损耗电阻 R_e，在铁芯材料的使用频率范围内，不仅与频率无关，而且与铁芯材料的磁导率无关。

（3）并联寄生电容 C

并联寄生电容主要由线圈的固有电容及电缆分布电容组成。设 $R_S=R_c+R_e$ 为总等效损耗电阻，在不考虑电容 C 时，其串联等效阻抗为

$$\boldsymbol{Z}=R_S+j\omega L$$

考虑并联电容 C 时，其等效阻抗为

$$\boldsymbol{Z}_P = \frac{(R_S+j\omega L)\dfrac{1}{j\omega C}}{(R_S+j\omega L)+\dfrac{1}{j\omega C}}$$

$$= \frac{R_S}{(1-\omega^2 LC)^2+(\omega^2 LC/Q)^2}+j\frac{\omega L[(1-\omega^2 LC)-\omega^2 LC/Q]}{(1-\omega^2 LC)^2+(\omega^2 LC/Q)^2} \qquad (5\text{-}1\text{-}31)$$

式中 $Q=\omega L/R_S$，当 $Q\gg1$ 时，上式可简化为

$$\boldsymbol{Z}_P = \frac{R_S}{(1-\omega^2 LC)^2}+j\frac{\omega L}{1-\omega^2 LC}=R_P+j\omega L_P \qquad (5\text{-}1\text{-}32)$$

由上式可知，并联电容 C 的存在，使等效串联损耗电阻和等效电感均增大了，等效 Q_P 值较前减少，为

$$Q_P = \frac{\omega L_P}{R_P} = (1 - \omega^2 LC)Q \tag{5-1-33}$$

其电感的相对变化为

$$\frac{\mathrm{d}L_P}{L_P} = \frac{1}{1 - \omega^2 LC} \frac{\mathrm{d}L}{L} \tag{5-1-34}$$

上式表明,并联电容后,传感器的灵敏度提高了。因此在测量中若需要改变电缆长度,则应对传感器的灵敏度重新校准。

5.1.4 测量电路

(1)交流电桥

交流电桥是电感式传感器的主要测量电路,为了提高灵敏度,改善线性度,电感线圈一般接成差动形式,如图 5-1-11 所示。Z_1、Z_2 为工作臂,即线圈阻抗,R_1、R_2 为电桥的平衡臂。

电桥平衡条件为 $\dfrac{Z_1}{Z_2} = \dfrac{R_1}{R_2}$

设
$$Z_1 = Z_2 = Z = R_S + \mathrm{j}\omega L$$
$$R_{S1} = R_{S2} = R_S$$
$$L_1 = L_2 = L$$
$$R_1 = R_2 = R$$

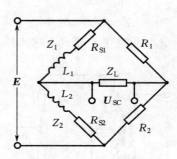

图 5-1-11 交流电桥原理

E 为桥路电源,Z_L 是负载阻抗。工作时,$Z_1 = Z + \Delta Z$,$Z_2 = Z - \Delta Z$,由等效发电机原理求得

$$U_{SC} = E \frac{\Delta Z}{Z} \frac{Z_L}{2Z_L + R + Z}$$

$Z_L \to \infty$ 时,上式可写成

$$U_{SC} = E \frac{\Delta Z}{2Z} = \frac{E}{2} \frac{\Delta R_S + \mathrm{j}\omega \Delta L}{R_S + \mathrm{j}\omega L} \tag{5-1-35}$$

其输出电压幅值为

$$U_{SC} = \frac{\sqrt{\omega^2 \Delta L^2 + \Delta R_S^2}}{2\sqrt{R_S^2 + (\omega L)^2}} E \approx \frac{\omega \Delta L}{2\sqrt{R_S^2 + (\omega L)^2}} E \tag{5-1-36}$$

输出阻抗为

$$Z = \frac{\sqrt{(R + R_S)^2 + (\omega L)^2}}{2} \tag{5-1-37}$$

(5-1-35)式经变换和整理后可写成

$$U_{SC} = \frac{E}{2} \frac{1}{\left(1 + \frac{1}{Q^2}\right)} \left[\left(\frac{1}{Q^2} \frac{\Delta R_S}{R_S} + \frac{\Delta L}{L} \right) + \mathrm{j} \frac{1}{Q} \left(\frac{\Delta L}{L} - \frac{\Delta R_S}{R_S} \right) \right]$$

式中 $Q = \dfrac{\omega L}{R_S}$,为电感线圈的品质因数。

由上式可见:

①桥路输出电压 U_{SC} 包含着与电源 E 同相和正交的两个分量。在实际测量中,只希望有同相分量。从式中看出,如能使 $\dfrac{\Delta L}{L} = \dfrac{\Delta R_S}{R_S}$,或 Q 值比较大,均能达到此目的。但在实际工

作时，$\dfrac{\Delta R_\mathrm{S}}{R_\mathrm{S}}$ 一般很小，所以要求线圈有高的品质因数。当 Q 值很高时，$U_\mathrm{SC} = \dfrac{E}{2}\dfrac{\Delta L}{L}$。

②当 Q 值很低时，电感线圈的电感远小于电阻，电感线圈相当于纯电阻的情况（$\Delta Z = \Delta R_\mathrm{S}$），交流电桥即为电阻电桥。例如，应变测量仪就是如此，此时输出电压 $U_\mathrm{SC} = \dfrac{E}{2}\dfrac{\Delta R_\mathrm{S}}{R_\mathrm{S}}$。

这种电桥结构简单，其电阻 R_1、R_2 可用两个电阻和一个电位器组成，调零方便。

（2）变压器电桥

如图 5-1-12 所示，它的平衡臂为变压器的两个副边，当负载阻抗为无穷大时，流入工作臂的电流为

$$I = \frac{E}{Z_1 + Z_2}$$

输出电压为

$$U_\mathrm{SC} = \frac{E}{Z_1 + Z_2}Z_2 - \frac{E}{2} = \frac{E}{2}\frac{Z_2 - Z_1}{Z_1 + Z_2} \tag{5-1-38}$$

由于 $Z_1 = Z_2 = Z = R_\mathrm{S} + \mathrm{j}\omega L$，故初始平衡时，$U_\mathrm{SC} = 0$。双臂工作时，即 $Z_1 = Z - \Delta Z$，$Z_2 = Z + \Delta Z$，相当于差动式电感式传感器的衔铁向一边移动，可得

$$U_\mathrm{SC} = \frac{E}{2}\frac{\Delta Z}{Z} \tag{5-1-39}$$

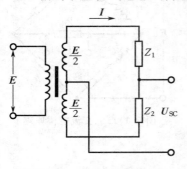

图 5-1-12　变压器电桥原理

同理，当衔铁向反方向移动时，$Z_1 = Z + \Delta Z$，$Z_2 = Z - \Delta Z$，故

$$U_\mathrm{SC} = -\frac{E}{2}\frac{\Delta Z}{Z} \tag{5-1-40}$$

由（5-1-39）式和（5-1-40）式可知：当衔铁向不同方向移动时，产生的输出电压 U_SC 大小相等、方向相反，即相位互差 $180°$，可以反映衔铁移动的方向。但为了判别交流信号的相位，尚需接入专门的相敏检波电路。

变压器电桥的输出电压幅值［计算公式与（5-1-36）式一样］为

$$U_\mathrm{SC} = \frac{\omega \Delta L}{2\sqrt{R_\mathrm{S}^2 + \omega^2 L^2}}E$$

它的输出阻抗（略去变压器副边的阻抗，通常它远小于电感的阻抗）为

$$Z = \frac{\sqrt{R_\mathrm{S}^2 + \omega^2 L^2}}{2} \tag{5-1-41}$$

这种电桥与电阻平衡电桥相比，元件少，输出阻抗小，桥路开路时电路呈线性；缺点是变压器副边不接地，容易引起来自原边的静电感应电压，使高增益放大器不能工作。

5.2　差动变压器

5.2.1　结构原理与等效电路

如图 5-2-1 所示，差动变压器的结构形式分为气隙型和螺管型两种类型。气隙型差动变压器由于行程小，且结构较复杂，因此目前已很少采用，而大多数采用螺管型差动变压器。

下面仅讨论螺管型差动变压器。

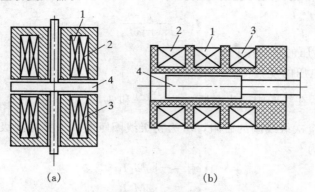

1—初级线圈　2、3—次级线圈　4—衔铁

图 5-2-1　差动变压器结构示意图

(a)气隙型　(b)螺管型

　　差动变压器的基本元件有衔铁、初级线圈、次级线圈和线圈框架等。初级线圈作为差动变压器激励用，相当于变压器的原边；而次级线圈由结构尺寸和参数相同的两个线圈反相串接而成，相当于变压器的副边。螺管型差动变压器根据初、次级排列不同有二节式、三节式、四节式和五节式等形式。三节式的零点电位较小，二节式比三节式灵敏度高，线性范围大，四节式和五节式是为了改善传感器线性度采用的方法。图 5-2-2 画出了差动变压器线圈的各种排列形式。

　　差动变压器的工作原理与一般变压器基本相同。不同之处在于：一般变压器是闭合磁路，而差动变压器是开磁路；一般变压器原、副边间的互感是常数(有确定的磁路尺寸)，而差动变压器原、副边之间的互感随衔铁移动作相应变化。差动变压器正是工作在互感变化的基础上。

　　在理想情况下(忽略线圈寄生电容及衔铁损耗)，差动变压器的等效电路如图 5-2-3 所示。

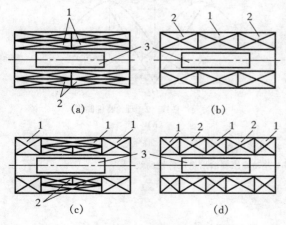

1—初级线圈　2—次级线圈　3—衔铁

图 5-2-2　差动变压器线圈的各种排列形式

(a)二节式　(b)三节式

(c)四节式　(d)五节式

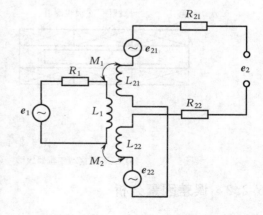

e_1—初级线圈激励电压　L_1、R_1—初级线圈电感和电阻

M_1、M_2—初级与次级线圈 1、2 间的互感

L_{21}、L_{22}—两个次级线圈的电感

R_{21}、R_{22}—两个次级线圈的电阻

图 5-2-3　差动变压器的等效电路

根据图 5-2-3,初级线圈的复数电流值为

$$\boldsymbol{I}_1 = \frac{\boldsymbol{e}_1}{R_1 + \mathrm{j}\omega L_1} \tag{5-2-1}$$

式中　ω——激励电压的角频率;

　　　e_1——激励电压的复数值。

由于 $\boldsymbol{I}_1$ 的存在,在线圈中产生磁通 $\boldsymbol{\phi}_{21} = \dfrac{N_1 \boldsymbol{I}_1}{R_{m1}}$ 和 $\boldsymbol{\phi}_{22} = \dfrac{N_1 \boldsymbol{I}_1}{R_{m2}}$,式中 R_{m1} 及 R_{m2} 分别为磁通通过初级线圈及两个次级线圈的磁阻,N_1 为初级线圈匝数。于是在次级线圈中感应出电压 e_{21} 和 e_{22},其值分别为

$$e_{21} = -\mathrm{j}\omega M_1 \boldsymbol{I}_1 \tag{5-2-2a}$$
$$e_{22} = -\mathrm{j}\omega M_2 \boldsymbol{I}_1 \tag{5-2-2b}$$

式中:$M_1 = N_2 \boldsymbol{\phi}_{21}/I_1 = N_2 N_1/R_{m1}$;$M_2 = N_2 \boldsymbol{\phi}_{22}/I_1 = N_2 N_1/R_{m2}$;$N_2$ 为次级线圈匝数。

因此得到空载输出电压

$$e_2 = e_{21} - e_{22} = -\mathrm{j}\omega(M_1 - M_2)\frac{\boldsymbol{e}_1}{R_1 + \mathrm{j}\omega L_1} \tag{5-2-3}$$

其幅值为

$$e_2 = \frac{\omega(M_1 - M_2)e_1}{\sqrt{R_1^2 + (\omega L_1)^2}} \tag{5-2-4}$$

输出阻抗为

$$\boldsymbol{Z} = (R_{21} + R_{22}) + \mathrm{j}\omega(L_{21} + L_{22}) \tag{5-2-5}$$

或

$$Z = \sqrt{(R_{21} + R_{22})^2 + (\omega L_{21} + \omega L_{22})^2}$$

差动变压器输出电势 e_2 与衔铁位移 x 的关系见图 5-2-4。其中 x 表示衔铁偏离中心位置的距离。

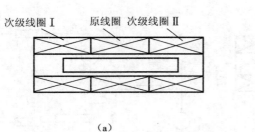
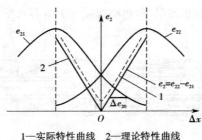

1—实际特性曲线　2—理论特性曲线

（a）　　　　　　　　　　　　　　　（b）

图 5-2-4　差动变压器

（a）三节式差动变压器线圈　（b）差动变压器输出电压特性曲线

5.2.2　误差因素分析

(1)激励电压的幅值与频率的影响

激励电压幅值的波动会使线圈激励磁场的磁通发生变化,直接影响输出电势。而频率的波动,由差动变压器灵敏度分析知道,只要适当地选择频率,其影响不大。

(2)温度变化的影响

环境温度的变化会引起线圈及导磁体磁导率的变化,从而使线圈磁场发生变化,产生温

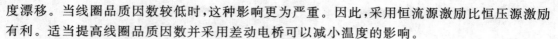

度漂移。当线圈品质因数较低时,这种影响更为严重。因此,采用恒流源激励比恒压源激励有利。适当提高线圈品质因数并采用差动电桥可以减小温度的影响。

（3）零点残余电压

由公式（5-2-4）可知,当活动衔铁处于中间位置时,$M_1 = M_2 = M$,所以 $e_2 = 0$;

当活动衔铁向上移动, $M_1 = M + \Delta M$, $M_2 = M - \Delta M$, 所以 $e_2 = 2\omega \Delta M e_1 / [R_{21}^2 + (\omega L_{21})^2]^{1/2}$, 与 e_{21} 同极性;

当活动衔铁向下移动, $M_1 = M - \Delta M$, $M_2 = M + \Delta M$, 所以 $e_2 = -2\omega \Delta M e_1 / [R_{21}^2 + (\omega L_{21})^2]^{1/2}$, 与 e_{22} 同极性。

图 5-2-4 给出了变压器输出电压 e_2 与活动衔铁位移 x 的关系曲线。理想情况下,当衔铁位于中心位置时,两个次级绕组的感应电压大小相等,方向相反,差动输出电压为零。实际上,当衔铰位于中心位置时,差动变压器输出电压并不等于零,此时差动变压器在零位移时的输出电压称为零点残余电压,记作 Δe_{20}。零点残余电压的存在造成零点附近的不灵敏区;零点残余电压输入放大器内会使放大器末级趋向饱和,影响电路正常工作。

零点残余电压的波形十分复杂。从示波器上观察零点残余电压波形如图 5-2-5(a) 中的 e_{20} 所示,图中 e_1 为差动变压器初级的激励电压。经分析, e_{20} 包含了基波同相成分、基波正交成分,还有二次及三次谐波和幅值较小的电磁干扰波等。

零点残余电压产生的原因分析如下。

①基波分量。由于差动变压器两个次级绕组不可能完全一致,因此其等效电路参数（互感 M、自感 L 及损耗电阻 R）不可能相同,从而使两个次级绕组的感应电势数值不等。又因初级线圈中铜损电阻、导磁材料的铁损和材质的不均匀、线圈匝间电容的存在等因素,激励电流与所产生的磁通相位不同。

上述因素使得两个次级绕组中的感应电势不仅数值不等,而且相位存在误差。因相位误差所产生的零点残余电压,无法通过调节衔铁的位移予以消除。图 5-2-6 表示两个次级绕组感应电势相位差不为 $180°$ 时

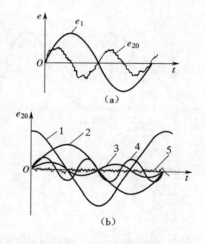

1—基波正交分量　2—基波同相分量
3—二次谐波　4—三次谐波　5—电磁干扰
图 5-2-5　零点残余电压及其组成
(a)残余电压的波形　(b)波形分析

的差动输出情况。图中 e_{21}、e_{22} 为衔铁在中间位置时两个次级绕组感应电势;e_{20} 为零点残余电压;e_{21}' 和 e_{22}'、e_{21}'' 和 e_{22}'' 是衔铁正反向偏离中间位置时两个次级输出电势;e_2' 和 e_2'' 为合成后次级输出的空载电压。可见,无论衔铁如何移动都不可能使合成电势为零。

②高次谐波。高次谐波分量主要由导磁材料磁化曲线的非线性引起。由于磁滞损耗和铁磁饱和的影响,激励电流与磁通波形不一致,产生了非正弦（主要是三次谐波）磁通,从而在次级绕组感应出非正弦电势。图 5-2-7 利用作图法表示非正弦磁通的产生过程。同样可以分析,由于磁化曲线的非线性影响,正弦磁通产生尖顶的电流波形（亦包含三次谐波）。

消除零点残余电压一般可用以下方法。

①从设计和工艺上保证结构对称性。为保证线圈和磁路的对称性,首先,要求提高加工精度,线圈选配成对,采用磁路可调节结构。其次,应选具有高磁导率、低矫顽磁力、低剩磁感应的导磁材料,并应经过热处理消除其残余应力,以提高磁性能的均匀性和稳定性。由高

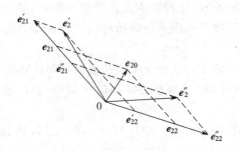

图 5-2-6　两个次级绕组相位差不等于 180°时的差动输出电压

次谐波产生的因素可知,磁路工作点应选在磁化曲线的线性段。

②选用合适的测量线路。采用相敏检波电路不仅可以鉴别衔铁移动方向,而且可以把衔铁在中间位置时因高次谐波引起的零点残余电压消除掉。如图 5-2-8 所示,采用相敏检波后衔铁反行程时的特性曲线由 1 变到 2,从而消除了零点残余电压。

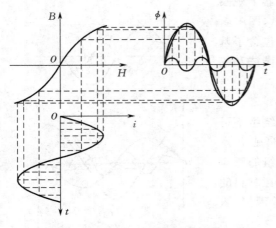

图 5-2-7　磁化曲线非线性引起磁通波形失真　　　　图 5-2-8　采用相敏检波后的输出特性

③采用补偿线路。

a. 由于两个次级线圈的感应电压相位不同,并联电容可改变其一的相位,也可将电容 C 改为电阻,如图 5-2-9(a)虚线所示。R 的分流作用将使流入传感器线圈的电流发生变化,从而改变磁化曲线的工作点,减小高次谐波所产生的残余电压。图 5-2-9(b)中串联电阻 R 可以调整次级线圈的电阻分量。

b. 并联电位器 R_p 用于电气调零和改变两个次级线圈输出电压的相位,如图 5-2-10 所示。电容 $C(0.02\ \mu\text{F})$ 可防止调整电位器时使零点移动。

c. 将 R_0(几百千欧)或补偿线圈 L_0(几百匝)串在差动变压器的次级线圈上以减小负载电压,避免负载不是纯电阻而引起较大的零点残余电压。电路如图5-2-11所示。

5.2.3　测量电路

差动变压器的输出电压为交流电压,它与衔铁位移成正比。用交流电压表测量其输出值只能反映衔铁位移的大小,不能反映衔铁移动的方向,因此常采用差动整流电路或相敏检波电路进行测量。

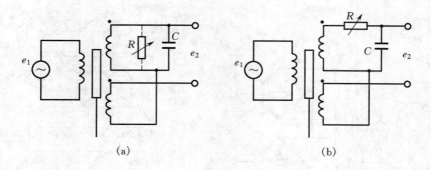

(a) (b)

图 5-2-9　调相位式残余电压补偿电路

(a)并联电容法　(b)串联电阻法

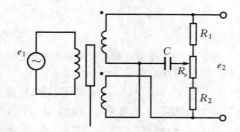

图 5-2-10　电位器调零点残余电压补偿电路

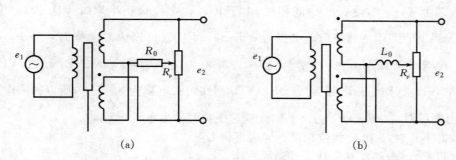

(a) (b)

图 5-2-11　R 或 L 补偿电路

(a)电阻 R_0 补偿法　(b)线圈 L_0 补偿法

（1）差动整流电路

图 5-2-12（a）所示为实际的全波相敏整流电路，它是根据半导体二极管单向导通原理进行解调的。如传感器的一个次级线圈的输出瞬时电压极性，在 f 点为"＋"，e 点为"－"，则电流路径是 $fgdche$。反之，如 f 点为"－"，e 点为"＋"，则电流路径是 $ehdcgf$。可见，无论次级线圈的输出瞬时电压极性如何，通过电阻 R 的电流总是从 d 到 c。同理可分析另一个次级线圈的输出情况。全波相敏整流电路输出的电压波形见图 5-2-12（b），其值为 $U_{SC}=e_{ab}+e_{cd}$。

（2）相敏检波电路

图 5-2-13 为二极管相敏检波电路。这种电路容易做到输出平衡，而且便于阻抗匹配。图中调制电压 e_r 和 e 同频，经过移相器使 e_r 和 e 保持同相或反相，且满足 $e_r \gg e$。调节电位器 W_R 可达到平衡，图中电阻 $R_1=R_2=R_0$，电容 $C_1=C_2=C_0$，输出电压为 U_{CD}。

电路工作原理如下：当差动变压器铁芯在中间位置时，$e=0$，只有 e_r 起作用，设此时 e_r

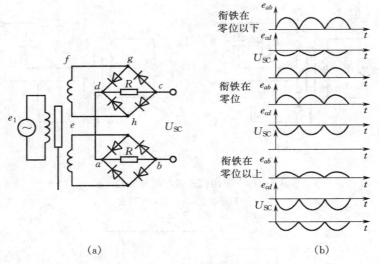

图 5-2-12 全波相敏整流电路和波形
(a)电路原理 (b)输出电压波形

处于正半周,即 A 为"+",B 为"-",VD_1、VD_2 导通,VD_3、VD_4 截止,流过 R_1、R_2 的电流分别为 i_1、i_2,其电压降 U_{CB} 及 U_{DB} 大小相等,方向相反,故输出电压 $U_{CD}=0$。当 e_r 处于负半周时,A 为"-",B 为"+",VD_3、VD_4 导通,VD_1、VD_2 截止,流过 R_1、R_2 的电流分别为 i_3、i_4,其电压降 U_{BC} 与 U_{BD} 大小相等,方向相反,故输出电压 $U_{CD}=0$。

若铁芯上移,$e\neq0$,设 e 和 e_r 同相位,由于 $e_r\gg e$,故 e_r 为正半周时 VD_1、VD_2 仍导通,VD_3、VD_4 截止,但 VD_1 回路内总电势为 $e_r+\frac{1}{2}e$,而 VD_2 回路内总电势为 $e_r-\frac{1}{2}e$,故回路电流 $i_1>i_2$,输出电压 $U_{CD}=R_0(i_1-i_2)>0$。当 e_r 为负半周时,VD_3、VD_4 导通,VD_1、VD_2 截止,此时 VD_3 回路内总电势为 $e_r-\frac{1}{2}e$,VD_4 回路内总电势为 $e_r+\frac{1}{2}e$,所以回路电流 $i_4>i_3$,故输出电压 $U_{CD}=R_0(i_4-i_3)>0$,因此铁芯上移时输出电压 $U_{CD}>0$。

当铁芯下移时,e 和 e_r 相位相反。同理可得 $U_{CD}<0$。

由此可见,该电路能判别铁芯移动的方向。

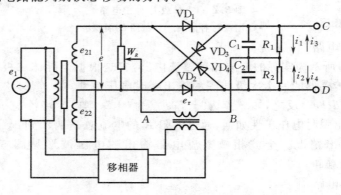

图 5-2-13 二极管相敏检波电路

5.2.4 应用

差动变压器式传感器的应用非常广泛,凡是与位移有关的物理量均可经过它转换成电量输出,常用于测量振动、厚度、应变、压力、加速度等各种物理量。

图 5-2-14 是差动变压器式加速度传感器的结构示意图和测振线路方框图。用于测定振动物体的频率和振幅时,其激磁频率必须是振动频率的 10 倍以上,这样才可以得到精确的测量结果。可测量的振幅范围为 0.1~5 mm,振动频率一般为 0~150 Hz。

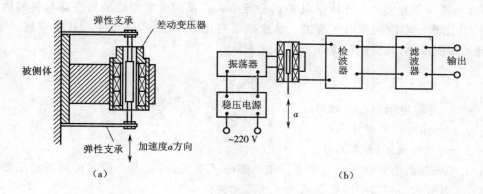

图 5-2-14　差动变压器式加速度传感器
(a)结构示意图　(b)测振线路方框图

将差动变压器和弹性敏感元件(膜片、膜盒和弹簧管等)相结合,可以组成各种形式的压力传感器。图 5-2-15 为微压力变送器的结构示意图和测量电路方框图,在被测压力为零时,膜盒在初始位置,此时固接在膜盒中心的衔铁位于差动变压器线圈的中间位置,因而输出电压为零。当被测压力由接头传入膜盒时,其自由端产生一正比于被测压力的位移,并且带动衔铁在差动变压器线圈中移动,从而使差动变压器输出电压。经相敏检波、滤波后,其输出电压可反映被测压力的数值。

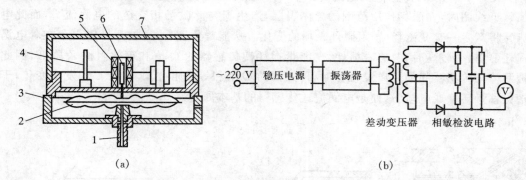

1—接头　2—膜盒　3—底座　4—线路板　5—差动变压器　6—衔铁　7—罩壳
图 5-2-15　微压力变送器
(a)结构示意图　(b)测量电路方框图

微压力变送器测量线路包括直流稳压电源、振荡器、差动变压器、相敏检波电路等部分。由于差动变压器输出电压比较大,所以线路中无须使用放大器。

这种微压力变送器经分挡可测量($-4~6)\times10^4$ Pa 压力,输出信号电压为 0~50 mV,精度为 1.5 级。

5.3 电涡流式传感器

当导体置于交变磁场或在磁场中运动时,导体上引起感生电流 i_e,此电流在导体内闭合,称为涡流。涡流大小与导体电阻率 ρ、磁导率 μ 以及产生交变磁场的线圈与被测体之间距离 x,线圈激励电流的频率 f 有关。显然磁场变化频率越高,涡流的趋肤效应越显著,即涡流穿透深度越小,其穿透深度 h 可用下式表示:

$$h = 5\ 030\sqrt{\frac{\rho}{\mu_r f}}\ \text{cm} \tag{5-3-1}$$

式中 ρ——导体电阻率($\Omega \cdot \text{cm}$);

μ_r——导体相对磁导率;

f——交变磁场频率(Hz)。

由上式可知涡流穿透深度 h 和激励电流频率 f 有关,所以电涡流式传感器根据激励频率高低,可以分为高频反射式或低频透射式两大类。

目前高频反射式电涡流式传感器应用广泛,本节重点介绍此类传感器。

5.3.1 结构和工作原理

高频反射式电涡流式传感器的结构比较简单,主要由一个安置在框架上的扁平圆形线圈构成。此线圈可以粘贴于框架上,或在框架上开一条槽沟,将导线绕在槽内。图 5-3-1 所示为 CZF1 型电涡流式传感器的结构原理,它采取将导线绕在聚四氟乙烯框架窄槽内而形成线圈的结构方式。

如图 5-3-2 所示,传感器线圈由高频信号激励,使其产生一个高频交变磁场 ϕ_i,当被测导体靠近线圈时,在磁场作用范围的导体表层,产生了与此磁场相交链的电涡流 i_e,而此电涡流又将产生一交变磁场 ϕ_e 阻碍外磁场的变化。从能量角度看,在被测导体内存在着电涡流损耗(当频率较高时,忽略磁损耗)。能量损耗使传感器的 Q 值和等效阻抗 Z 降低,因此当被测体与传感器间的距离 d 改变时,传感器的 Q 值和等效阻抗 Z、电感 L 均发生变化,于是把位移量转换成电量,这便是电涡流式传感器的基本原理。

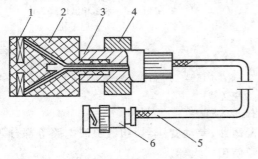

1—线圈 2—框架 3—衬套
4—支架 5—电缆 6—插头

图 5-3-1 CZF1 型电涡流式传感器的结构原理

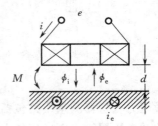

图 5-3-2 电涡流式传感器的基本原理

5.3.2　等效电路

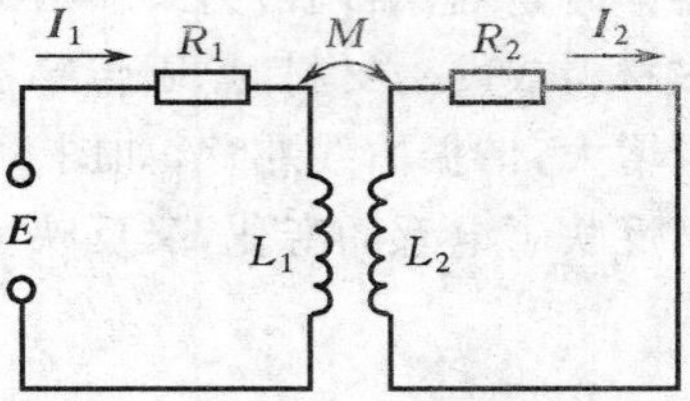

把金属导体形象地看作一个短路线圈，它与传感器线圈有磁耦合。于是，可以得到图 5-3-3 所示的等效电路。

图中 R_1 和 L_1 为传感器线圈的电阻和电感，R_2 和 L_2 为金属导体的电阻和电感，E 为激励电压。根据克希霍夫定律及所设电流正方向，写出方程

$$\left.\begin{array}{l} R_1 \boldsymbol{I}_1 + j\omega L_1 \boldsymbol{I}_1 - j\omega M \boldsymbol{I}_2 = \boldsymbol{E} \\ -j\omega M \boldsymbol{I}_1 + R_2 \boldsymbol{I}_2 + j\omega L_2 \boldsymbol{I}_2 = 0 \end{array}\right\} \tag{5-3-2}$$

图 5-3-3　电涡流传感器的等效电路

解方程组（5-3-2）式，得

$$\left.\begin{array}{l} \boldsymbol{I}_1 = \dfrac{E}{R_1 + \dfrac{\omega^2 M^2}{R_2^2 + (\omega L_2)^2} R_2 + j\left[\omega L_1 - \dfrac{\omega^2 M^2}{R_2^2 + (\omega L_2)^2} \omega L_2\right]} \\[6mm] \boldsymbol{I}_2 = j\omega \dfrac{M \boldsymbol{I}_1}{R_2 + j\omega L_2} = \dfrac{M\omega^2 L_2 \boldsymbol{I}_1 + j\omega M R_2 \boldsymbol{I}_1}{R_2^2 + \omega^2 L_2^2} \end{array}\right\} \tag{5-3-3}$$

于是，线圈的等效阻抗为

$$\boldsymbol{Z} = \left[R_1 + R_2 \dfrac{\omega^2 M^2}{R_2^2 + (\omega L_2)^2}\right] + j\left[\omega L_1 - \omega L_2 \dfrac{\omega^2 M^2}{R_2^2 + (\omega L_2)^2}\right] \tag{5-3-4}$$

线圈的等效电感为

$$L = L_1 - L_2 \dfrac{\omega^2 M^2}{R_2^2 + \omega^2 L_2^2} \tag{5-3-5}$$

线圈的等效品质因数为

$$Q = Q_0 \dfrac{1 - \dfrac{L_2}{L_1} \dfrac{\omega^2 M^2}{Z_2^2}}{1 + \dfrac{R_2}{R_1} \dfrac{\omega^2 M^2}{Z_2^2}} \tag{5-3-6}$$

式中　Q_0——无涡流影响下线圈的 Q 值，$Q_0 = \dfrac{\omega L_1}{R_1}$；

Z_2^2——金属导体中产生电涡流部分的阻抗，$Z_2^2 = R_2^2 + \omega^2 L_2^2$。

从（5-3-4）式、（5-3-5）式和（5-3-6）式可知，线圈与金属导体系统的阻抗、电感和品质因数均为此系统互感系数平方的函数，而从麦克斯韦互感系数的基本公式出发，可以求得互感系数是两个磁性相连线圈距离 x 的非线性函数。因此 $Z = F_1(x)$、$L = F_2(x)$、$Q = F_3(x)$ 均是非线性函数。但是在某一范围内，可以将这些函数关系近似地用某一线性函数表示。也就是说，电涡流式位移传感器不是在电涡流整个波及范围内均可呈线性变换的。

（5-3-5）式中第一项 L_1 与静磁效应有关，线圈与金属导体构成一个磁路，其有效磁导率取决于此磁路的性质。当金属导体为磁性材料时，有效磁导率随导体与线圈距离的减小而增大，于是 L_1 增大；若金属导体为非磁性材料，则有效磁导率和导体与线圈的距离无关，即 L_1 不变。（5-3-5）式中第二项为电涡流回路的反射电感，它使传感器的等效电感值减小。因此，当靠近传感器的被测物体为非磁性材料或硬磁材料时，传感器线圈的等效电感减小；如被测导体为软磁材料，则由于静磁效应，传感器线圈的等效电感增大。

为了提高传感器的灵敏度，用一个电容与电涡流线圈并联，构成并联谐振回路。不接被

测导体时,传感器调谐为某一谐振频率 f_0,当接入被测导体时,回路将失谐。当被测体为非铁磁材料或硬磁材料时,因传感器电感量减小,谐振曲线右移;当被测体为软磁材料时,其电感量增大,谐振曲线左移,如图 5-3-4 所示。当载流频率一定时,传感器 LC 回路的阻抗变化既反映了电感的变化,又反映了 Q 值的变化。

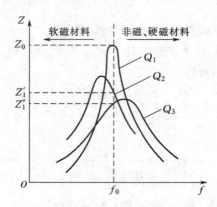

图 5-3-4　固定频率调幅谐振曲线

5.3.3　线圈形状、尺寸对性能的影响

单匝载流圆导线在中心轴上的磁感应强度,根据毕奥—沙伐—拉普拉斯定律计算可得

$$B_p = \frac{\mu_0 I}{2} \frac{r^2}{(x^2+r^2)^{3/2}} \tag{5-3-7}$$

式中　μ_0——真空磁导率,$\mu_0=4\pi\times10^{-7}$（H/m）;

　　　I——激励电流;

　　　r——圆导线半径;

　　　x——轴上点离单匝载流圆导线的距离。

在激励电流不变的情况下,(5-3-7)式可以写成

$$B_p = K\frac{r^2}{(x^2+r^2)^{3/2}}$$

式中 $K=\dfrac{\mu_0 I}{2}$。

为了分析各种半径对 $B_p - x$ 曲线的影响,假设 $K=36\times10^{-10}$ HA/m,作出三种半径情况下的 $B_p - x$ 曲线,如图 5-3-5 所示。从图中可见,半径小的载流圆导线,在接近圆导线处产生的磁感应强度大,而在远离圆导线处,则是半径大的磁感应强度大。

载流扁平线圈产生的磁场,可以认为由相应的圆导线磁场叠加而成。设线圈几何尺寸如图 5-3-6 所示。线圈共 N 匝,当通以电流 I 时,则单位面积上的电流强度为

$$\Delta i = \frac{NI}{(r_{os}-r_{is})b_s} \tag{5-3-8}$$

取通过截面为 $dxdy$ 处的圆形电流

$$i = \frac{NI}{(r_{os}-r_{is})b_s}dxdy$$

此电流在轴上某点 x 处所产生的磁感应强度为

$$dB_p = \frac{\mu_0 i}{2}\frac{y^2}{(x^2+y^2)^{3/2}} = \frac{\mu_0 NI}{2(r_{os}-r_{is})b_s}\frac{y^2}{(x^2+y^2)^{3/2}}dxdy \tag{5-3-9}$$

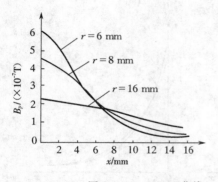

图 5-3-5　$B_p - x$ 曲线

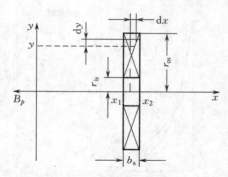

图 5-3-6　线圈几何尺寸

则整个载流扁平线圈在轴线上 x 处所产生的磁感应强度为

$$B_p = \int dB_p = \frac{\mu_0 NI}{2(r_{os} - r_{is})b_s} \int_{r_{is}}^{r_{os}} y^2 dy \int_{x_1}^{x_2} \frac{dx}{(x^2 + y^2)^{3/2}}$$

$$= \frac{\mu_0 NI}{2(r_{os} - r_{is})b_s} \left\{ (x_1 + b_s)[\ln(r_{is} + \sqrt{r_{is}^2 + (x_1 + b_s)^2})\right.$$

$$- \ln(r_{os} + \sqrt{r_{os}^2 + (x_1 + b_s)^2})] - x_1[\ln(r_{is} + \sqrt{r_{is}^2 + x_1^2})$$

$$\left. - \ln(r_{os} + \sqrt{r_{os}^2 + x_1^2})] \right\} \tag{5-3-10}$$

式中 $x_2 = x_1 + b_s$，x_1 即为扁平线圈离某点的距离 x。故(5-3-10)式又可写成

$$B_p = \frac{\mu_0 NI}{2(r_{os} - r_{is})b_s} \left\{ (x + b_s)\ln \frac{r_{is} + \sqrt{r_{is}^2 + (x + b_s)^2}}{r_{os} + \sqrt{r_{os}^2 + (x + b_s)^2}} - x\ln \frac{r_{is} + \sqrt{r_{is}^2 + x^2}}{r_{os} + \sqrt{r_{os}^2 + x^2}} \right\}$$

$$\tag{5-3-11}$$

对线圈的三个主要参数(r_{os}、r_{is}、b_s)用表 5-3-1 中不同的 6 种情况代入(5-3-11)式进行计算，并画出它们的 $B_p - x$ 曲线，如图 5-3-7 所示。

表 5-3-1　线圈尺寸明细表　　　　　　　　　　　　　　　　　　单位:mm

参数	3#	6#	7#	11#	2#	4#
r_{is}	0.75	0.75	0.75	1.25	0.75	0.75
r_{os}	12.5	7.5	7.5	7.5	7.5	7.5
b_s	1.5	1.5	1	1	2	3

对图 5-3-7 所示的曲线进行分析、比较可知:线圈外径大时,线圈的磁场轴向分布范围大,但磁感应强度的变化梯度小;而线圈外径小时,磁感应强度轴向分布的范围小,但磁感应强度的变化梯度大。这就是说,电涡流式传感器线圈外径越大,线性范围将越大,但灵敏度越低;与此相反,线圈外径越小,传感器的灵敏度将越高,而线性范围越小。线圈内径的变化,只是在靠近线圈处对灵敏度稍有影响。同样,线圈的厚度变化,也仅在靠近线圈处对灵敏度才稍有影响。

另外,为使传感器具有优良的温度性能,并且使 Q 值增大,要求线圈框架材料损耗小,热膨胀系数小,电性能好。一般可以选用聚四氟乙烯、陶瓷、聚酰亚胺、碳化硼等材料。在高温条件下使用时可用硝化硼。线圈的导线一般采用高强度漆包铜线,多股适当组合。如果要求减小导线损耗电阻,可用银线或银合金线,在高温条件下则可使用铼钨合金线等。

应该指出的是,线圈仅是传感器的一个组成部分,而另一个组成部分则是被测导体。从(5-3-4)式可知,在测量过程中静磁效应与电涡流效应对传感器等效阻抗虚部的改变是相互制约的。因此若被测体是非磁性材料,则传感器的灵敏度较被测体是磁性材料时为高。

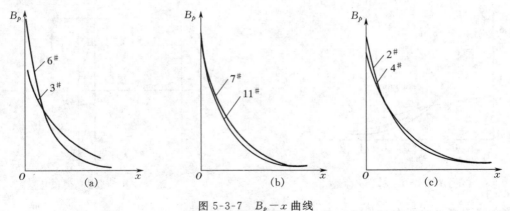

图 5-3-7　$B_p - x$ 曲线

（a）线圈外径（r_{os}）不同　（b）线圈内径（r_{is}）不同　（c）线圈厚度（b_s）不同

5.3.4　测量电路

电涡流式传感器转换电路的作用是将 Z、L 或 Q 转换为电压或电流的变化。阻抗 Z 的转换电路一般用电桥，电感 L 的转换电路一般用谐振电路，此电路分为调幅法和调频法两种。

（1）交流电桥

用交流电桥作为测量电路时，一般把传感器接至桥路中的一个桥臂，而其他三个桥臂采用固定的阻抗；有时为了补偿温度的影响，设计一个与测量线圈参数完全相同的线圈作为补偿线圈。将电涡流式传感器设计成差动形式，即可把传感器中的两个测量线圈分别接入桥路中相邻的两个桥臂，如图 5-3-8 所示。图中，Z_1、Z_2、R_1 和 R_2 组成电桥的四个桥臂，电桥供电电压 U_i 及输出电压 Δu 通过放大器放大后经检波器变成直流输出。

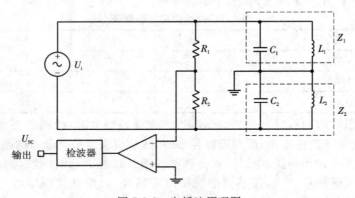

图 5-3-8　电桥法原理图

电路输入—输出关系如下：

$$U_{SC} = \frac{U_i}{Z_1 + Z_2} Z_1 - \frac{U_i}{R_1 + R_2} R_1 \qquad (5-3-12)$$

当 $R_1 = R_2 = R$，$C_1 = C_2 = C$ 时，有

$$U_{SC} = \frac{U_i}{2} \cdot \frac{Z_1 - Z_2}{Z_1 + Z_2} = \frac{U_i}{2} \cdot \frac{\omega(L_1 - L_2)}{\omega(L_1 + L_2) + 2\omega^3 C L_1 L_2} \qquad (5-3-13)$$

若使

$$L_1 + L_2 = \omega^2 C L_1 L_2 \qquad (5-3-14)$$

化简并整理式(5-3-13)可得

$$U_{sc} = \frac{-U_i(L_1 - L_2)}{2(L_1 + L_2)} \qquad (5\text{-}3\text{-}15)$$

令 $\Delta L = L_1 - L_2$，$L = L_1 + L_2$，则输出电压为

$$U_{sc} = \left| \frac{-U_i(L_1 - L_2)}{2(L_1 + L_2)} \right| = \frac{U_i \Delta L}{2L} \qquad (5\text{-}3\text{-}16)$$

由此可见，输出电压 ΔU_{sc} 与传感器的电感差 ΔL 成正比。所以，交流电桥法可用于涡流线圈构成的差动式传感器中。

（2）载波频率改变的调幅法和调频法

该测量电路的核心是一个电容三点式振荡器，传感器线圈是振荡回路的一个电感元件，如图 5-3-9 所示。

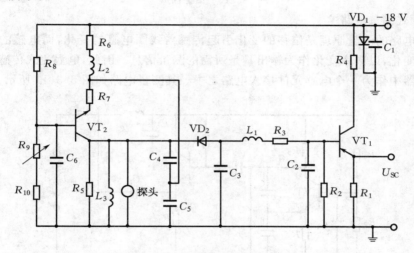

图 5-3-9　调频调幅式测量电路

当无被测导体时，回路谐振于 f_0，此时 Q 值最高，所以对应的输出电压 U_0 最大。当被测导体接近传感器线圈时，振荡器的谐振频率发生变化，谐振曲线不但向两边移动，而且变得平坦。此时由传感器回路组成的振荡器输出电压的频率和幅值均发生变化，如图 5-3-10 所示。设其输出电压分别为 U_1，U_2，…，振荡频率分别为 f_1，f_2，…，假如直接取其输出电压作为显示量，则这种线路称为载波频率改变的调幅法。它直接反映了 Q 值变化，因此可用于以 Q 值作为输出的电涡流传感器。若取改变了的频率作为显示量，那么可用来测量传感器的等效电感量，这种方法称为调频法。

这个测量电路由下述三部分组成。

①电容三点式振荡器。其作用是将位移变化引起的振荡回路的 Q 值变化转换成高频载波信号的幅值变化。为使电路具有较高的效率而自行起振，电路采用自给偏压的办法。适当选择振荡管的分压电阻的比值，使电路静态工作点处于甲乙类。

②检波器。检波器由检波二极管和 π 形滤波器组成。采用 π 形滤波器可适应电流变化较大，而又要求纹波很小的情况，可获得平滑的波形。这部分电路的作用是将高频载波中的测量信号不失真地输出。

③射极跟随器。由于射极跟随器具有输入阻抗高、跟随性良好等特点，所以采用其作输出极以获得尽可能大的不失真输出的幅度值。

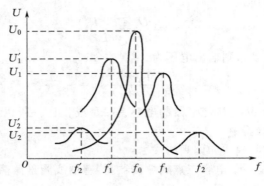

图 5-3-10 谐振曲线

（3）调频式测量电路

该测量电路的测量原理是位移的变化引起传感器线圈电感的变化，而电感的变化导致振荡频率的变化，以频率变化作为输出量是所需的测量信息。因此，电涡流式传感器线圈在电路的振荡器中作为一个电感元件接入电路之中。其测量电路如图 5-3-11 所示。

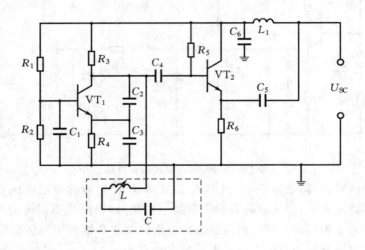

图 5-3-11 调频式测量电路

该测量电路由两大部分组成，即克拉泼电容三点式振荡器和射极输出器。

克拉泼振荡器产生一个高频正弦波，高频正弦波的频率随传感器线圈 $L(x)$ 的变化而变化。频率和 $L(x)$ 之间的关系见（5-3-17）式，频率 f 和位移 x 的特性曲线见图 5-3-12。

$$f \approx \frac{1}{2\pi\sqrt{L(x)C}}$$ （5-3-17）

射极输出器起阻抗匹配作用，以便和下级电路相连接。频率可以直接由数字频率计记录或通过频率—电压转换电路转换为电压量输出，再由其他记录仪器记录。

使用这种调频式测量电路时，传感器输出电缆的分布电容的影响是不能忽视的。它将使振荡器的振荡频率发生变化，从而影响测量结果。为此可把电容 C 和线圈 L 均装于传感器内，如图 5-3-11 中虚线所示。这时电缆分布电容并联到大电容 C_2、C_3 上，因而对振荡频

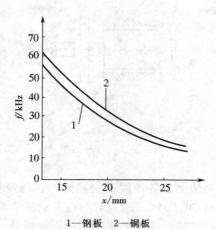

1—钢板　2—铜板

图 5-3-12　$f-x$ 特性曲线

率 $f \approx \dfrac{1}{2\pi\sqrt{LC}}$ 的影响大为减小。尽可能将传感器靠近测量电路,甚至放在一起,这样分布电容的影响变得更小。

5.3.5　应用

电涡流式传感器具有测量范围大、灵敏度高、结构简单、抗干扰能力强以及可以非接触测量等优点,因此广泛用于工业生产和科学研究的各个领域。表 5-3-2 给出了电涡流式传感器可测量的参数、变换量及特征。

表 5-3-2　电涡流式传感器可测量的参数、变换量及特征

被测参数	变　换　量	特　征
位　　移 振　　动 厚　　度	传感器线圈与被测体之间的距离 x	非接触连续测量受剩磁的影响
表面温度 电解质浓度 速度(流量)	被测体的电阻率 ρ	非接触连续测量需进行温度补偿
应　　力 硬　　度	被测体的磁导率 μ	非接触连续测量受剩磁和材质影响
损　　伤	x、ρ、μ	可定量判断

传感器使用中应该注意被测体对测量的影响。首先,被测体的电导率对测量有影响。被测体的电导率越高,灵敏度越高,在相同量程下,其线性范围越宽。其次,被测体的面积和形状对测量也有影响。被测体的面积比传感器检测线圈的面积大得多时,传感器的灵敏度基本不发生变化;当被测体的面积为传感器线圈面积的一半时,其灵敏度减小一半;更小时,灵敏度则显著下降。如被测体为圆柱体,当它的直径 D 是传感器线圈直径 d 的 3.5 倍以上时,不影响测量结果;在 $D/d=1$ 时,灵敏度降低至 70%。

下面就几种主要应用作简略介绍。

(1)位移测量

电涡流式传感器可以用来测量各种形式的位移量。例如,汽轮机主轴的轴向位移[见图 5-3-13(a)],磨床换向阀、先导阀的位移[见图 5-3-13(b)],金属试件的热膨胀系数[见图 5-3-13(c)]等。

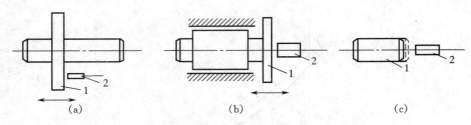

1—被测体　2—传感器探头

图 5-3-13　位移测量

（2）振幅测量

电涡流式传感器可无接触地测量各种振动的幅值。在汽轮机、空气压缩机中常用电涡流式传感器监控主轴的径向振动［见图 5-3-14(a)］，在发动机中常用它测量涡轮叶片的振幅［见图 5-3-14(b)］。研究轴的振动时，常需要了解轴的振动形状，作出轴振形图。为此，可将数个传感器探头并排地安置在轴附近［见图 5-3-14(c)］，用多通道指示仪输出至记录仪。轴振动时，可以获得各个传感器所在位置轴的瞬时振幅，从而画出轴振形图。

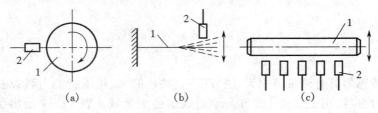

1—被测体　2—传感器探头

图 5-3-14　振幅测量

（3）厚度测量

电涡流式传感器可无接触地测量金属板厚度和非金属板的镀层厚度。如图 5-3-15(a) 所示，当金属板 1 的厚度变化时，将使传感器探头 2 与金属板间的距离改变，从而引起输出电压的变化。由于在工作过程中金属板会上下波动，影响测量精度，因此常用比较的方法测量，如图 5-3-15(b) 所示。在金属板 1 的上、下方各装一个传感器探头 2，其间距离为 D，而它们与板的上、下表面分别相距 x_1 和 x_2，这样板厚 $t = D - (x_1 + x_2)$，当两个传感器在工作时分别测得 x_1 和 x_2，转换成电压值后相加。相加后的电压值与两传感器间距离 D 对应的设定电压再相减，便得到与板厚相对应的电压值。

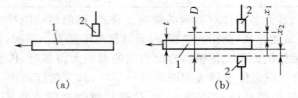

1—金属板　2—传感器探头

图 5-3-15　厚度测量

（4）转速测量

在一个旋转体上开一条或数条槽［见图 5-3-16(a)］，或者将旋转体做成齿状［见图 5-3-16(b)］，旁边安装一个电涡流式传感器。当旋转体转动时，电涡流式传感器将周期性地改变输出信号，此电压经过放大、整形，可用频率计指示出频率数值。此值与槽数和被测转速有关，即

$$N = \frac{f}{n} \times 60 \qquad (5\text{-}3\text{-}18)$$

式中　f——频率值（Hz）；

　　　n——旋转体的槽（齿）数；

　　　N——被测轴的转速（r/min）。

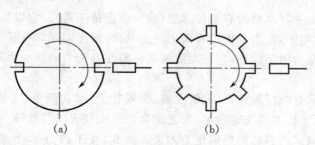

图 5-3-16　转速测量

(a)槽式　(b)齿式

航空发动机等试验中，常需测量轴的振幅与转速的关系曲线。如果把转速计的频率值经过频率—电压转换装置，接入 $X-Y$ 函数记录仪的 X 轴输入端；而把振幅计的输出接入 $X-Y$ 函数记录仪的 Y 轴，这样利用 $X-Y$ 记录仪就可直接画出转速—振幅曲线。

（5）涡流探伤

电涡流式传感器可以用来检查金属的表面裂纹、热处理裂纹以及用于焊接部位的探伤等。保持传感器与被测体的距离不变，如有裂纹出现，将引起金属的电阻率、磁导率的变化。在裂纹处等效为位移值的变化。这些综合参数（x、ρ、μ）的变化将引起传感器参数的变化，通过测量传感器参数的变化即可达到探伤的目的。

探伤时导体与线圈之间具有相对运动速度的，测量线圈上会产生调制频率信号。调制频率取决于相对运动速度和导体中物理性质的变化速度。由于缺陷、裂缝出现的信号总是比较短促的，所以缺陷、裂缝会产生较高的频率调幅波；剩余应力趋向于中等频率调幅波，热处理、合金成分变化趋向于较低的频率调幅波。探伤时，重要的是缺陷信号和干扰信号比。为获得需要的频率而采用滤波器，使某一频率的信号通过，而使干扰频率信号衰减。对于比较浅的裂缝信号[见图 5-3-17(a)]，还需要进一步抑制干扰信号，可采用幅值甄别电路。把这一电路调整到裂缝信号正好能通过的状态，凡是低于裂缝信号都不能通过该电路，这样干扰信号都被抑制掉了，如图 5-3-17(b)所示。

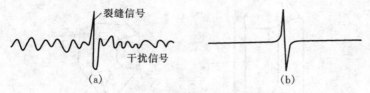

图 5-3-17　用涡流探伤时的测试信号

(a)通过幅值甄别电路前的信号　(b)通过幅值甄别电路后的信号

第6章 压电式传感器

压电式传感器是一种典型的有源传感器(或发电型传感器)。它以某些电介质的压电效应为基础,在外力作用下,在电介质的表面上产生电荷,从而实现非电量电测的目的。

压电传感元件是力敏感元件,它可以测量最终能变换为力的那些物理量,例如力、压力、加速度等。

压电式传感器具有响应频带宽、灵敏度高、信噪比大、结构简单、工作可靠、质量轻等优点。近年来,由于电子技术的飞速发展,与之配套的二次仪表以及低噪声、小电容、高绝缘电阻电缆的出现使压电式传感器的使用更为方便。因此,在工程力学、生物医学、电声学等许多技术领域中,压电式传感器获得了广泛的应用。

6.1 压电效应

某些电介质,当受到一定方向的作用力而发生变形时,其内部就产生极化现象,同时在两个表面上产生符号相反的电荷;当外力去掉后,又重新恢复到不带电状态。这种现象称为压电效应。当作用力的方向改变时,电荷极性也随着改变。相反,在电介质的极化方向施加电场,这些电介质也会产生变形,这种现象称为逆压电效应(或电致伸缩效应)。具有压电效应的物质很多,如天然形成的石英晶体,人工制造的压电陶瓷、锆钛酸铅等。现以石英晶体和压电陶瓷为例说明压电现象。

6.1.1 石英晶体的压电效应

图 6-1-1(a)表示的是天然形成的理想石英晶体的外形。它是一个正六面体,在晶体学中它可用三根互相垂直的轴表示。其中纵向轴 Z 称为光轴;经过正六面体棱线,并垂直于光轴的 X 轴称为电轴;与 X 轴和 Z 轴同时垂直的 Y 轴(垂直于正六面体的棱面)称为机械

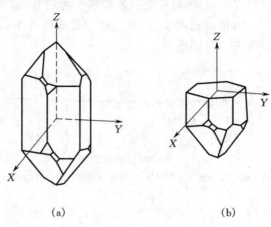

(a)   (b)

图 6-1-1 石英晶体

(a)理想石英晶体的外形 (b)坐标系

轴。通常把沿电轴 X 方向的力作用下产生电荷的压电效应称为纵向压电效应,而把沿机械轴 Y 方向的力作用下产生电荷的压电效应称为横向压电效应,沿光轴 Z 方向受力则不产生压电效应。

石英晶体之所以具有压电效应,缘于它的内部结构。组成石英晶体的硅离子 Si^{4+} 和氧离子 O^{2-} 在 Z 平面的投影,如图 6-1-2(a)所示。为讨论方便,将这些硅、氧离子等效为图 6-1-2(b)中正六边形排列,图中"$\oplus$"代表 Si^{4+},"$\ominus$"代表 $2O^{2-}$。

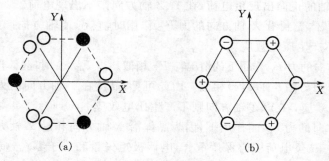

图 6-1-2　硅氧离子的排列示意图
(a)硅氧离子在 Z 平面上的投影　(b)等效为正六边形排列的投影

下面讨论石英晶体受外力作用时晶格的变化情况。

当作用力 $F_X=0$ 时,正、负离子(即 Si^{4+} 和 $2O^{2-}$)正好分布在正六边形顶角上,形成三个互成 $120°$ 夹角的偶极矩 P_1、P_2、P_3,如图 6-1-3(a)所示。此时正、负电荷中心重合,电偶极矩的矢量和等于零,即

$$P_1+P_2+P_3=0$$

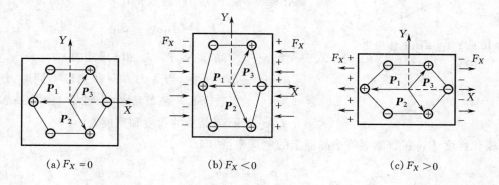

图 6-1-3　石英晶体的压电体示意图
(a)$F_X=0$　(b)$F_X<0$　(c)$F_X>0$

当晶体受到沿 X 轴方向的压力($F_X<0$)作用时,晶体沿 X 轴方向收缩,正、负离子的相对位置随之发生变化,如图 6-1-3(b)所示。此时正、负电荷中心不再重合,电偶极矩在 X 轴方向的分量为

$$(P_1+P_2+P_3)_X>0$$

在 Y、Z 轴方向的分量为

$$(P_1+P_2+P_3)_Y=0$$

$$(P_1+P_2+P_3)_Z=0$$

由上式看出,在 X 轴的正向出现正电荷,在 Y、Z 轴方向则不出现电荷。

当晶体受到沿 X 轴方向的拉力($F_X>0$)作用时,其变化情况如图 6-1-3(c)所示。此时电极矩的三个分量为

$$(\boldsymbol{P}_1+\boldsymbol{P}_2+\boldsymbol{P}_3)_X<0$$
$$(\boldsymbol{P}_1+\boldsymbol{P}_2+\boldsymbol{P}_3)_Y=0$$
$$(\boldsymbol{P}_1+\boldsymbol{P}_2+\boldsymbol{P}_3)_Z=0$$

由上式看出,在 X 轴的正向出现负电荷,在 Y、Z 轴方向则不出现电荷。

由此可见,当晶体受到沿 X 轴方向的力 F_X 作用时,它在 X 轴方向产生正压电效应,而在 Y、Z 轴方向则不产生压电效应。

晶体在 Y 轴方向的力 F_Y 作用下的情况与 F_X 相似。当 $F_Y>0$ 时,晶体形变与图 6-1-3(b)相似;当 $F_Y<0$ 时,则与图 6-1-3(c)相似。由此可见,晶体在 Y 轴方向的力 F_Y 作用下,在 X 轴方向产生正压电效应,在 Y、Z 轴方向则不产生压电效应。

晶体在 Z 轴方向的力 F_z 的作用下,因为晶体沿 X 轴方向和沿 Y 轴方向所产生的正应变完全相同,所以,正、负电荷中心保持重合,电偶极矩矢量和等于零。这就表明,在 Z 轴方向的力 F_z 作用下,晶体不产生压电效应。

假设从石英晶体上切下一片平行六面体——晶体切片,使它的晶面分别平行于 X、Y、Z 轴,如图 6-1-4 所示。并在垂直于 X 轴方向的两面用真空镀膜或沉银法得到电极面。

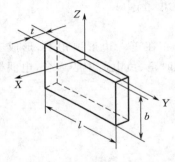

图 6-1-4　石英晶体切片

当晶片受到沿 X 轴方向的压缩应力 σ_{xx} 作用时,晶片将产生厚度变形,并发生极化现象。在晶体线性弹性范围内,极化强度 P_{xx} 与应力 σ_{xx} 成正比,即

$$P_{xx}=d_{11}\sigma_{xx}=d_{11}\frac{F_X}{lb} \tag{6-1-1}$$

式中　F_X——沿晶轴 X 方向施加的压缩力;

　　　d_{11}——压电系数,当受力方向和变形不同时,压电系数也不同,石英晶体 $d_{11}=2.3\times10^{-12}\mathrm{C\cdot N^{-1}}$;

　　　l、b——石英晶片的长度和宽度。

极化强度 P_{xx} 在数值上等于晶面上的电荷密度,即

$$P_{xx}=\frac{q_x}{lb} \tag{6-1-2}$$

式中　q_x——垂直于 X 轴平面上的电荷。

将(6-1-2)式代入(6-1-1)式,得

$$q_x=d_{11}F_X \tag{6-1-3}$$

其极间电压为

$$U_x=\frac{q_x}{C_x}=d_{11}\frac{F_X}{C_x} \tag{6-1-4}$$

式中　C_x——电极间电容,$C_x=\frac{\varepsilon_0\varepsilon_r lb}{t}$。

根据逆压电效应,晶体在 X 轴方向将产生伸缩变形,即

$$\Delta t = d_{11} U_X \tag{6-1-5}$$

或用应变表示,则

$$\frac{\Delta t}{t} = d_{11}\frac{U_X}{t} = d_{11}E_X \tag{6-1-6}$$

式中　E_X——X 轴方向的电场强度。

在 X 轴方向施加压力时,左旋石英晶体的 X 轴正向带正电;如果作用力 F_X 改为拉力,则在垂直于 X 轴的平面上仍出现等量电荷,但极性相反,见图 6-1-5(a)、(b)。

如果在同一晶片上作用力是沿着机械轴的方向,其电荷仍在与 X 轴垂直的平面上出现,其极性见图 6-1-5(c)、(d),此时电荷的大小为

$$q_{XY} = d_{12}\frac{lb}{tb}F_Y = d_{12}\frac{l}{t}F_Y \tag{6-1-7}$$

式中　d_{12}——石英晶体在 Y 轴方向受力时的压电系数。

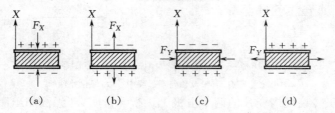

图 6-1-5　晶片上电荷极性与受力方向的关系

根据石英晶体轴对称条件 $d_{11} = -d_{12}$,则(6-1-7)式为

$$q_{XY} = -d_{11}\frac{l}{t}F_Y \tag{6-1-8}$$

式中　t——晶片厚度。

则其电极间电压为

$$U_X = \frac{q_{XY}}{C_X} = -d_{11}\frac{l}{t}\frac{F_Y}{C_X} \tag{6-1-9}$$

根据逆压电效应,晶片在 Y 轴方向将产生伸缩变形,即

$$\Delta l = -d_{11}\frac{l}{t}U_X \tag{6-1-10}$$

或用应变表示

$$\frac{\Delta l}{l} = -d_{11}E_X \tag{6-1-11}$$

由上述可知:

①无论是正或逆压电效应,其作用力(或应变)与电荷(或电场强度)之间存在线性关系;

②晶体在哪个方向上有正压电效应,则在此方向上一定存在逆压电效应;

③石英晶体不是在任何方向都存在压电效应的。

6.1.2　压电陶瓷的压电效应

压电陶瓷属于铁电体一类的物质,是人工制造的多晶压电材料。它具有类似于铁磁材料磁畴结构的电畴结构。电畴是分子自发形成的区域,具有一定的极化方向,从而存在一定的电场。在无外电场作用时,各个电畴在晶体上杂乱分布,它们的极化效应相互抵消,因此

压电陶瓷内极化强度为零,见图 6-1-6(a)。在外电场的作用下,电畴的极化方向发生转动,趋向于外电场的方向,从而使材料得到极化,见图 6-1-6(b)。经过极化处理后陶瓷内部仍存在有很强的剩余极化强度,如图 6-1-6(c)所示。为简单起见,图中把极化后的晶粒画成单畴(实际上极化后晶粒往往不是单畴)。

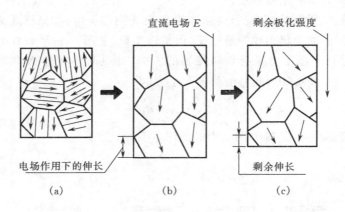

图 6-1-6 压电陶瓷内电畴变化示意图
(a)极化处理前 (b)极化处理过程中 (c)极化处理后

但是,当把电压表接到陶瓷片的两个电极上进行测量时,却无法测出陶瓷片内部存在的极化强度。这是因为陶瓷片内的极化强度总是以电偶极矩的形式表现出来,即在陶瓷的一端出现正束缚电荷,另一端出现负束缚电荷,如图 6-1-7 所示。由于束缚电荷的作用,在陶瓷片的电极面上吸附了一层来自外界的自由电荷。这些自由电荷与陶瓷片内的束缚电荷符号相反而数量相等,起着屏蔽和抵消陶瓷片内极化强度的作用,所以电压表不能测出陶瓷片内的极化程度。如果在陶瓷片上加一个与极化方向平行的压力 F,如图 6-1-8 所示,陶瓷片将产生压缩形变(如图中虚线所示),片内的正、负束缚电荷之间的距离变小,极化强度也变小。因此,原来吸附在电极上的自由电荷有一部分被释放,出现放电现象。当压力撤销后,陶瓷片恢复原状(为膨胀过程),片内的正、负电荷之间的距离变大,极化强度也变大,因此电极上又吸附一部分自由电荷,出现充电现象。这种由机械效应转变为电效应,或者由机械能转变为电能的现象,就是正压电效应。

同样,若在陶瓷片上加一个与极化方向相同的电场,如图 6-1-9 所示,由于电场的方向与极化强度的方向相同,所以电场的作用使极化强度增大。这时,陶瓷片内的正、负束缚电荷之间的距离也增大,即陶瓷片沿极化方向产生伸长形变(如图中虚线所示)。同理,如果外加电场的方向与极化方向相反,则陶瓷片沿极化方向产生缩短形变。这种由电效应而转变为机械效应或者由电能转变为机械能的现象,就是逆压电效应。

由此可见,压电陶瓷之所以具有压电效应,是由于陶瓷内部存在自发极化。这种自发极化经过极化工序处理而被迫取向后,陶瓷内即存在剩余极化强度。如果外界的作用(如压力或电场的作用)能使此极化强度发生变化,则陶瓷出现压电效应。此外,陶瓷内的极化电荷为束缚电荷,而不是自由电荷,这些束缚电荷不能自由移动。所以,在陶瓷中产生的放电或充电现象,是通过陶瓷内部极化强度的变化,引起电极面上自由电荷的释放或补充的结果。

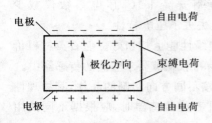

图 6-1-7 陶瓷片内束缚电荷与
电极上吸附的自由电荷
示意图

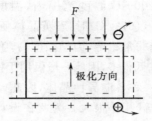

图 6-1-8 正压电效应示
意图（实线代表形
变前的情况；虚线
代表形变后的情
况）

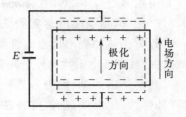

图 6-1-9 逆压电效应示意图（实
线代表形变前的情况；虚
线代表形变后的情况）

6.2 压电材料

应用于压电式传感器中的压电材料主要有两种：一种是压电晶体，如石英等；另一种是压电陶瓷，如钛酸钡、锆钛酸铅等。

要求压电材料具有以下特性。

①在转换性能方面，要求其具有较大的压电常数。

②在力学性能方面，压电元件作为受力元件，力学强度高、刚度大，以期获得宽的线性范围和高的固有振动频率。

③在电性能方面，希望具有高电阻率和大介电常数，以减小外部分布电容的影响并获得良好的低频特性。

④在环境适应性方面，要求其具有良好的温度和湿度稳定性，且具有较高的居里点，以获得较宽的工作温度范围。

⑤在时间稳定性方面，要求其压电性能不随时间变化。

6.2.1 石英晶体

石英是一种具有良好压电特性的压电晶体。其相对介电常数和压电系数具有良好的温度稳定性，在常温范围内这两个参数几乎不随温度变化，如图 6-2-1 和图 6-2-2 所示。

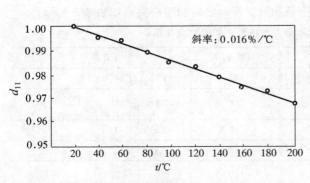

图 6-2-1 石英的 d_{11} 系数相对于 20 ℃的 d_{11}
随温度变化的特性

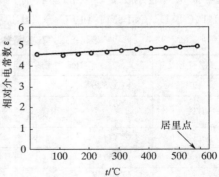

图 6-2-2 石英的相对介电常数随温度变
化的特性

由图 6-2-1 可见,在 20～200 ℃温度范围内,温度每升高 1 ℃,压电系数仅减少 0.016%。但是当温度达到居里点(573 ℃)时,石英晶体便失去了压电特性。

石英晶体的突出优点是性能非常稳定,力学强度高,绝缘性能也相当好。但石英材料价格昂贵,且其压电系数比压电陶瓷低得多,因此一般仅用于标准仪器或要求较高的传感器中。

需要指出的是,因为石英是一种各向异性晶体,因此,按不同方向切割的晶片,其物理性质(如弹性、压电效应、温度特性等)相差很大。为此在设计石英传感器时,应根据不同使用要求正确地选择石英片的切型。

石英晶片的切型符号有两种表示方法:一种是 IRE(即无线电工程师协会)标准规定的切型符号表示法;另一种是习惯符号表示法。

IRE 标准规定的切型符号包括一组字母(X、Y、Z、t、l、b)和角度。以 X、Y、Z 中任意两个字母的先后排列顺序,表示石英晶片厚度和长度的原始方向;字母 t(厚度)、l(长度)、b(宽度)表示旋转轴的位置。当角度为正时,表示逆时针旋转;当角度为负时,表示顺时针旋转。例如:(YXl)35°切型,其中第一个字母 Y 表示石英晶片在原始位置(即旋转前的位置)时的厚度沿 Y 轴方向,第二个字母 X 表示石英晶片在原始位置时的长度沿 X 轴方向,第三个字母 l 和角度 35°表示石英晶片绕长度逆时针旋转 35°,如图 6-2-3(a)、(b)所示。又如 ($XYtl$)5°/－50°切型,它表示石英晶片原始位置的厚度沿 X 轴方向,长度沿 Y 轴方向,先绕厚度 t 逆时针旋转 5°,再绕长度 l 顺时针旋转 50°,如图 6-2-4 所示。

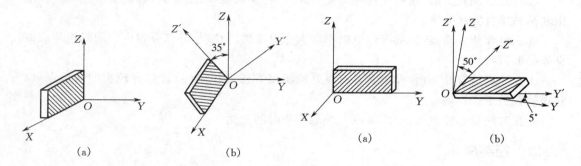

图 6-2-3 (YXl)35°切型 　　　　图 6-2-4 ($XYtl$)5°/－50°切型
(a)石英晶片原始位置 (b)石英晶片的切割方位 　(a)石英晶片原始位置 (b)石英晶片的切割方位

习惯符号表示法是石英晶体特有的表示方法,它由两个大写的英文字母组成。例如,AT、BT、CT、DT、NT、MT 和 FC 等。IRE 符号和习惯符号之间的对应关系如表 6-2-1 所示。

表 6-2-1　石英晶体两类切型符号之间的对应关系

习惯符号	IRE 符号	习惯符号	IRE 符号
AT	(YXl)35°	SC	($YXbl$)24°24′/34°18′
BT	(YXl)－49° (－49°～－49°30′)	TS	($YXbl$)21°55′/33°55′
FT	(YXl)－57°	χ－18.5°	(XYt)－18°31′
χ＋5°	(XYt)5°	MT	($XYtl$)8.5°/±34°
CT	(YXl)37° (37°～38°)	NT	($XYtl$)5/±50° (0°～8.5°)/±(38°～70°)
DT	(YXl)－52°	FC	($YXbl$)15°/34°30′
ET	(YXt)66°30′	GT	($YXlt$)51′/45°

习惯符号	IRE 符号	习惯符号	IRE 符号
AC	$(YXl)30°$	RT	$(YXbl)15°/-34°30'$
BC	$(YXl)-60°$	LC	$(YXbl)11°39.9'/9°23.6'$
ST	$(YXl)42°46'$		

6.2.2 压电陶瓷

压电陶瓷由于具有很高的压电系数,因此在压电式传感器中得到广泛应用。压电陶瓷主要有以下几种。

(1)钛酸钡压电陶瓷

钛酸钡($BaTiO_3$)是由碳酸钡($BaCO_3$)和二氧化钛(TiO_2)按规定比例混合后充分研磨成型,经高温 1 300～1 400 ℃烧结,然后再经人工极化处理得到的一种压电陶瓷。

这种压电陶瓷具有很高的介电常数和较大的压电系数(约为石英晶体的 50 倍)。不足之处是居里温度低(120 ℃),温度稳定性和力学强度不如石英晶体。

(2)锆钛酸铅系压电陶瓷(PZT)

锆钛酸铅是由 $PbTiO_3$ 和 $PbZrO_3$ 组成的固溶体 $Pb(Zr、Ti)O_3$。它与钛酸钡相比,压电系数更大,居里温度在 300 ℃以上,各项机电参数受温度影响小,时间稳定性好。此外,在锆钛酸铅中添加一种或两种其他微量元素(如铌、锑、锡、锰、钨等)还可以获得不同性能的 PZT 材料。因此锆钛酸铅系压电陶瓷是目前压电式传感器中应用最广泛的压电材料。

表 6-2-2 列出了目前常用压电材料的主要特性,表中除了石英、压电陶瓷外,还有压电半导体 ZnO、CdS,它们在非压电基片上用真空蒸发或溅射方法形成很薄的膜构成半导体压电材料。

表 6-2-2 常用压电材料的主要特性

材 料	形状	压电系数/ ($\times10^{-12}$ C/N)	相对 介电常数	居里温度 /℃	密度/ ($\times10^3$ kg/m³)	力学 品质因数
石 英 (α-SiO_2)	单晶	$d_{11}=2.31$ $d_{14}=0.727$	4.6	573	2.65	10^5
钛酸钡 ($BaTiO_3$)	陶瓷	$d_{33}=190$ $d_{31}=-78$	1 700	～120	5.7	300
锆钛酸铅 (PZT)	陶瓷	$d_{33}=71～590$ $d_{31}=-230～-100$	460～3 400	180～350	7.5～7.6	65～1 300
硫化镉 (CdS)	单晶	$d_{33}=10.3$ $d_{31}=-5.2$ $d_{15}=-14$	10.3 9.35	—	4.82	—
氧化锌 (ZnO)	单晶	$d_{33}=12.4$ $d_{31}=-5.0$ $d_{15}=-8.3$	11.0 9.26	—	5.68	
聚二氟乙烯 (PVF_2)	延伸 薄膜	$d_{31}=6.7$	5	<120	1.8	
复合材料 (PVF_2 -PZT)	薄膜	$d_{31}=15～25$	100～120	—	5.5～6	

目前已研制成将氧化锌(ZnO)膜制作在 MOS 晶体管栅极上的 PI-MOS 力敏器件。当力作用在 ZnO 薄膜上时,由压电效应产生电荷并加在 MOS 管栅极上,从而改变了漏极电流。这种力敏器件具有灵活度高、响应时间短等优点。此外用 ZnO 作为表面声波振荡器的压电材料,可测力和温度等参数。

表中聚二氟乙烯(PVF_2)是目前发现的压电效应较强的聚合物薄膜,这种合成高分子薄膜就其对称性看,不存在压电效应,但是这种物质具有"平面锯齿"结构,存在抵消不了的偶极子。经延展和拉伸后可以使分子链轴规则排列,并在与分子轴垂直方向上产生自发极化偶极子。当在膜厚方向加直流高压电场极化后,即可成为具有压电性能的高分子薄膜。这种薄膜具有可挠性,容易制成大面积压电阵列器件。这种元件耐冲击,不易破碎,稳定性好,频带宽。为提高其压电性能,还可以掺入压电陶瓷粉末,制成混合复合材料(PVF_2-PZT)。PVF_2 已成功地用于水听器、医用超声换能器、硬币检测传感器、脉搏心音传感器、触觉传感器及加速度计等方面。

6.3　压电式传感器的测量电路

6.3.1　等效电路

当压电式传感器中的压电晶体承受被测机械应力的作用时,在它的两个极面上出现极性相反、电量相等的电荷。显然可以把压电式传感器看成一个静电发生器,如图 6-3-1(a)所示,也可将其视为两极板上聚集异性电荷、中间为绝缘体的电容器,如图 6-3-1(b)所示。其电容量为

$$C_a = \frac{\varepsilon S}{t} = \frac{\varepsilon_r \varepsilon_0 S}{t} \qquad (6-3-1)$$

式中　C_a——电容量(F);

　　　　S——极板面积(m^2);

　　　　t——晶体厚度(m);

　　　　ε——压电晶体的介电常数(F/m);

　　　　ε_r——压电晶体的相对介电常数(石英晶体为 4.58);

　　　　ε_0——真空介电常数($\varepsilon_0 = 8.85 \times 10^{-12}$ F/m)。

当两极板聚集异性电荷时,则两极板呈现出一定的电压,其大小为

$$U_a = \frac{q}{C_a} \qquad (6-3-2)$$

式中　q——板极上聚集的电荷电量(C);

　　　　C_a——两极板间等效电容(F);

　　　　U_a——两极板间电压(V)。

因此,压电式传感器可以等效地看作一个电压源 U_a 和一个电容器 C_a 的串联电路,如图 6-3-2(a)所示;也可以等效为一个电荷源 q 和一个电容器 C_a 的并联电路,如图 6-3-2(b)所示。

由等效电路可知,只有当传感器内部信号电荷无"漏损",且外电路负载无穷大时,压电式传感器受力后产生的电压或电荷才能长期保存下来,否则电路将按某时间常数的指数规

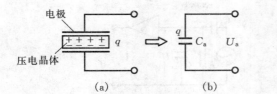
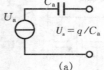
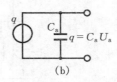

图 6-3-1　压电式传感器的等效原理　　　　　　图 6-3-2　压电式传感器等效电路
(a)静电发生器　(b)电容器　　　　　　　　　　(a)电压等效电路　(b)电荷等效电路

律放电。这对于静态标定以及低频准静态测量极为不利,必然带来误差。事实上,传感器内部不可能没有泄漏,外电路负载也不可能无穷大,只有外力以较高频率不断地作用,传感器的电荷才能得以补充,从这个意义上讲,压电晶体不适于静态测量。

如果用导线将压电式传感器和测量仪器连接,则应考虑连接导线的等效电容、电阻以及前置放大器的输入电阻、输入电容。图 6-3-3 是压电式传感器的完整电荷等效电路。

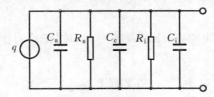

C_a—传感器的电容　C_i—前置放大器输入电容　C_c—连接导线对地电容
R_a—包括连接导线在内的传感器绝缘电阻　R_i—前置放大器的输入电阻
图 6-3-3　压电式传感器的完整等效电路

从等效电路来看,压电式传感器的绝缘电阻 R_a 与前置放大器的输入电阻 R_i 相并联。为保证传感器和测试系统有一定的低频(或准静态)响应,要求压电式传感器的绝缘电阻保持在 10^{13} Ω 以上,这样才能使内部电荷泄漏减少到满足一般测试精度的要求。与此相适应,测试系统则应有较大的时间常数,亦即前置放大器要有相当高的输入阻抗,否则传感器的信号电荷将通过输入电路泄漏,从而产生测量误差。

6.3.2　测量电路

压电式传感器的前置放大器有两个作用:一是把压电式传感器的高输出阻抗变换成低输出阻抗;二是放大压电式传感器输出的弱信号。根据压电式传感器的工作原理及其等效电路,它的输出可以是电压信号也可以是电荷信号。因此设计前置放大器也有两种形式:一种是电压放大器,其输出电压与输入电压(传感器的输出电压)成正比;另一种是电荷放大器,其输出电压与输入电荷成正比。

(1)电压放大器

压电式传感器连接电压放大器的等效电路如图 6-3-4(a)所示。图 6-3-4(b)为简化的等效电路。

图 6-3-4(b)中,等效电阻 R 为

$$R=\frac{R_a R_i}{R_a+R_i}$$

等效电容为

$$C=C_c+C_i$$

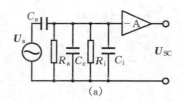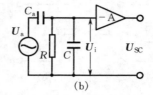

图 6-3-4 压电式传感器连接电压放大器的等效电路

(a)等效电路 (b)简化的等效电路

而

$$U_a = \frac{q}{C_a}$$

压电元件所受作用力为

$$F = F_m \sin \omega t \qquad (6-3-3)$$

式中 F_m——作用力的幅值。

若压电元件材料是压电陶瓷,其压电系数为 d_{33},则在外力作用之下,压电元件产生的电压值为

$$U_a = \frac{d_{33} F_m}{C_a} \sin \omega t \qquad (6-3-4a)$$

或

$$U_a = U_m \sin \omega t \qquad (6-3-4b)$$

由图 6-3-4(b)可得送入放大器输入端的电压 U_i,将其写为复数形式为

$$U_i = d_{33} F \frac{j\omega R}{1 + j\omega R(C + C_a)} \qquad (6-3-5)$$

U_i 的幅值为

$$U_{im} = \frac{d_{33} F_m \omega R}{\sqrt{1 + \omega^2 R^2 (C_a + C_c + C_i)^2}} \qquad (6-3-6)$$

输入电压与作用力之间的相位差为

$$\phi = \frac{\pi}{2} - \arctan[\omega R(C_a + C_c + C_i)] \qquad (6-3-7)$$

令 $\tau = R(C_a + C_c + C_i)$,$\tau$ 为测量回路的时间常数,并令 $\omega_0 = 1/\tau$,则可得

$$U_{im} = \frac{d_{33} F_m \omega R}{\sqrt{1 + (\omega/\omega_0)^2}} \approx \frac{d_{33} F_m}{C_a + C_c + C_i} \qquad (6-3-8)$$

由(6-3-8)式可知,如果 $\omega/\omega_0 \gg 1$,即作用力变化频率与测量回路时间常数的乘积远大于 1 时,前置放大器的输入电压 U_{im} 与频率无关。一般认为 $\omega/\omega_0 \geq 3$,可以近似看作输入电压与作用力频率无关。这说明在测量回路时间常数一定的条件下,压电式传感器具有相当好的高频响应特性。

但是,当被测动态量变化缓慢,而测量回路时间常数不大时,会造成传感器灵敏度下降,因而要扩大工作频带的低频端,必须提高测量回路的时间常数 τ。但是仅靠增大测量回路的电容提高时间常数,会影响传感器的灵敏度。根据电压灵敏度 K_u 的定义,得

$$K_u = \frac{U_{im}}{F_m} = \frac{d_{33}}{\sqrt{\left(\frac{1}{\omega R}\right)^2 + (C_a + C_c + C_i)^2}}$$

因为 $\omega R \gg 1$，故上式可以近似为

$$K_u \approx \frac{d_{33}}{C_a + C_c + C_i} \qquad (6\text{-}3\text{-}9)$$

由(6-3-9)式可知，传感器的电压灵敏度 K_u 与回路电容成反比，增加回路电容必然使传感器的灵敏度下降。为此常将输入内阻 R_i 很大的前置放大器接入回路。其输入内阻越大，测量回路时间常数越大，则传感器低频响应越好。

由(6-3-8)式还可看出，当改变连接传感器与前置放大器的电缆长度时，C_c 将改变，U_{im} 也随之变化，从而使前置放大器的输出电压 $U_{SC} = -AU_{im}$ 也发生变化（A 为前置放大器增益）。因此传感器与前置放大器组合系统的输出电压与电缆电容有关。设计时，常常把电缆长度定为一定值。因而在使用时，如果改变电缆长度，必须重新校正灵敏度值，否则由于电缆电容 C_c 的改变，将会引入测量误差。

图 6-3-5 为一实用的阻抗变换器。MOS 型 FFT 管 3DO1F 为输入级，R_4 为它的自给偏置电阻，R_5 提供串联电流负反馈。适当调节 R_2 的大小可以使 R_3 的负反馈接近 100%。此电路的输入电阻可达 2×10^8 Ω。阻抗变换器也可由具有高输入阻抗的集成运算放大器构成电荷放大器电路。

（2）电荷放大器

电荷放大器是一个具有深度负反馈的高增益放大器，其等效电路如图 6-3-6 所示。若放大器的开环增益 A_0 足够大，并且放大器的输入阻抗很高，则放大器输入端几乎没有分流，运算电流仅流入反馈回路 C_F 与 R_F。由图 6-3-6 可知

$$\begin{aligned}
\boldsymbol{i} &= (\boldsymbol{U}_\Sigma - \boldsymbol{U}_{SC})\left(j\omega C_F + \frac{1}{R_F}\right) \\
&= [\boldsymbol{U}_\Sigma - (-A_0 \boldsymbol{U}_\Sigma)]\left(j\omega C_F + \frac{1}{R_F}\right) \\
&= \boldsymbol{U}_\Sigma\left[j\omega(A_0 + 1)C_F + (A_0 + 1)\frac{1}{R_F}\right]
\end{aligned} \qquad (6\text{-}3\text{-}10)$$

根据(6-3-10)式可画出等效电路，如图 6-3-7 所示。

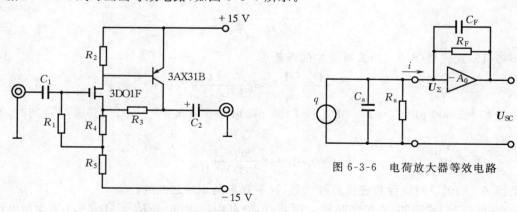

图 6-3-5　阻抗变换器

图 6-3-6　电荷放大器等效电路

由(6-3-10)式可见，C_F、R_F 等效到 A_0 的输入端时，电容 C_F 将增大 A_0 倍，电导 $1/R_F$ 也增大了 A_0 倍。所以图 6-3-7 中 $C' = (1 + A_0)C_F$，$1/R' = (1 + A_0)/R_F$，这就是所谓密勒效应的结果。

由图 6-3-7 电路可以方便地求得 $\boldsymbol{U}_\Sigma$ 和 $\boldsymbol{U}_{SC}$，计算式为

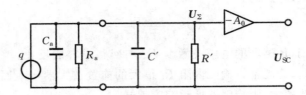

图 6-3-7　压电式传感器接至电荷放大器的等效电路

$$U_\Sigma = \frac{\mathrm{j}\omega\, q}{\left[\dfrac{1}{R_a}+(1+A_0)\dfrac{1}{R_F}\right]+\mathrm{j}\omega\left[C_a+(1+A_0)C_F\right]}$$

$$U_{SC}=-A_0 U_\Sigma = \frac{-\mathrm{j}\omega\, q A_0}{\left[\dfrac{1}{R_a}+(1+A_0)\dfrac{1}{R_F}\right]+\mathrm{j}\omega\left[C_a+(1+A_0)C_F\right]} \tag{6-3-11}$$

若考虑电缆电容 C_c，则有

$$U_{SC}=\frac{-\mathrm{j}\omega\, q A_0}{\left[\dfrac{1}{R_a}+(1+A_0)\dfrac{1}{R_F}\right]+\mathrm{j}\omega\left[C_a+C_c+(1+A_0)C_F\right]} \tag{6-3-12}$$

当 A_0 足够大时，传感器本身的电容和电缆长度将不影响电荷放大器的输出。因此输出电压 U_{SC} 只取决于输入电荷 q 及反馈回路的参数 C_F 和 R_F。由于 $1/R_F \ll \omega C_F$，则

$$U_{SC}\approx -\frac{A_0 q}{(1+A_0)C_F}\approx -\frac{q}{C_F} \tag{6-3-13}$$

可见，当 A_0 足够大时，输出电压只取决于输入电荷 q 和反馈电容 C_F，改变 C_F 的大小便可得到所需的电压输出。

现讨论运算放大器的开环放大倍数 A_0 对精度的影响。为此用如下关系式：

$$U_{SC}\approx \frac{-A_0 q}{C_a+C_c+(1+A_0)C_F} \tag{6-3-14}$$

及

$$U'_{SC}\approx -\frac{q}{C_F} \tag{6-3-15}$$

以(6-3-15)式代替(6-3-14)式所产生的误差为

$$\delta=\frac{U'_{SC}-U_{SC}}{U'_{SC}}\approx \frac{C_a+C_c}{(1+A_0)C_F} \tag{6-3-16}$$

若 $C_a=1\,000$ pF，$C_F=100$ pF，$C_c=(100\ \text{pF/m})\times 100$ m$=10^4$ pF，当要求 $\delta\leqslant 1\%$ 时，则有

$$\delta=0.01=\frac{1\,000+10^4}{(1+A_0)\times 100}$$

由此得 $A_0\geqslant 10^4$。对线性集成运算放大器，这一要求是不难达到的。

由(6-3-12)式可知，当工作频率 ω 很低时，分母中的电导 $[1/R_a+(1+A_0)/R_F]$ 与电纳 $\mathrm{j}\omega[C_a+C_c+(1+A_0)C_F]$ 相比不可忽略。此时电荷放大器的输出电压 U_{SC} 为一复数，其幅值和相位均与工作频率 ω 有关，即

$$U_{SC}\approx \frac{-\mathrm{j}\omega\, q A_0}{(1+A_0)\dfrac{1}{R_F}+\mathrm{j}\omega(1+A_0)C_F}\approx -\frac{q}{C_F}\frac{1}{1+\dfrac{1}{\mathrm{j}\omega C_F R_F}} \tag{6-3-17}$$

由(6-3-17)式可知，—3 dB 截止频率为

$$f_L = \frac{1}{2\pi R_F C_F} \tag{6-3-18}$$

相位误差

$$\phi = 90° - \arctan\frac{1}{\omega R_F C_F} \tag{6-3-19}$$

可见压电式传感器配用电荷放大器时，其低频幅值误差和截止频率只取决于反馈电路的参数 R_F 和 C_F，其中 C_F 的大小可以由所需要的电压输出幅度决定。所以，当给定工作带下限截止频率 f_L 时，反馈电阻 R_F 值可以由(6-3-18)式确定。譬如当 $C_F = 1\,000$ pF，$f_L = 0.16$ Hz 时，则要求 $R_F \geqslant 10^9$ Ω。

6.4　压电式传感器的应用

6.4.1　压电式加速度传感器

(1)结构原理

压电式加速度传感器的结构一般有纵向效应型、横向效应型和剪切效应型三种。纵向效应型是最常见的一种结构，如图 6-4-1 所示。压电陶瓷 4 和质量块 2 为环形，通过螺母 3 对质量块预先加载，使之压紧在压电陶瓷上。测量时将传感器基座 5 与被测对象牢牢地紧固在一起。输出信号由电极 1 引出。

当传感器感受振动时，因为质量块相对于被测体质量较轻，因此质量块感受与传感器基座相同的振动，并受到与加速度方向相反的惯性力，此力为 $F = ma$。同时惯性力作用在压电陶瓷片上产生的电荷为

$$q = d_{33}F = d_{33}ma \tag{6-4-1}$$

此式表明，电荷直接反映加速度的大小。传感器灵敏度与压电材料压电系数和质量块质量有关。为了提高其灵敏度，一般选择压电系数大的压电陶瓷片。增加质量块的质量会影响被测振动，同时会降低振动系统的固有频率，因此一般不用增加质量的办法提高传感器的灵敏度。此外，增加压电片的数目和采用合理的连接方法也可以提高传感器的灵敏度。

一般压电片的连接方式有 2 种，图 6-4-2(a)所示为并联形式，片上的负极集中在中间极上，其输出电容 C' 为单片电容 C 的 2 倍，但输出电压 U' 等于单片电压 U，极板上电荷 q 为单片电荷 q 的 2 倍，即

$$q' = 2q, U' = U, C' = 2C$$

图 6-4-2(b)为串联形式，正电荷集中在上极板，负电荷集中在下极板，而中间极板上片产生的负电荷与下片产生的正电荷相互抵消。从图中可知，输出的总电荷 q' 等于单片电荷 q，而输出电压 U' 为单片电压 U 的 2 倍，总电容 C' 为单片电容 C 的一半，即

$$q' = q, U' = 2U, C' = \frac{1}{2}C$$

在两种接法中，并联接法输出电荷大，时间常数大，宜用于测量缓变信号，并且适用于以电荷作为输出量的场合。而串联接法输出电压大，本身电容小，适用于以电压作为输出信号，且测量电路输入阻抗很高的场合。

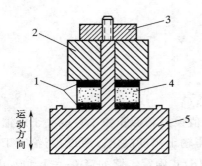

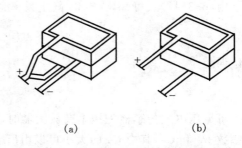

图 6-4-2　叠层式压电元件的并联和串联
(a)并联　(b)串联

1—电极　2—质量块　3—螺母　4—压电陶瓷　5—基座
图 6-4-1　纵向效应型加速度传感器的截面图

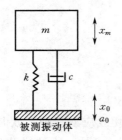

图 6-4-3　二阶模拟系统

（2）动态响应

压电式加速度传感器模型可用质量 m、弹簧 k、阻尼 c 的二阶系统模拟，如图 6-4-3 所示。

设被测振动体位移为 x_0，质量块相对位移为 x_m，则质量块与被测振动体的相对位移为 x_i，即

$$x_i = x_m - x_0$$

根据牛顿第二定律，有

$$m\frac{\mathrm{d}^2 x_m}{\mathrm{d}t^2} = -c\frac{\mathrm{d}x_i}{\mathrm{d}t} - kx_i \tag{6-4-2}$$

将 $x_i = x_m - x_0$ 代入上式为

$$m\frac{\mathrm{d}^2 x_m}{\mathrm{d}t^2} = -c\frac{\mathrm{d}}{\mathrm{d}t}(x_m - x_0) - k(x_m - x_0)$$

将上式改写为

$$\frac{\mathrm{d}^2(x_m - x_0)}{\mathrm{d}t^2} + \frac{c}{m}\frac{\mathrm{d}(x_m - x_0)}{\mathrm{d}t} + \frac{k}{m}(x_m - x_0) = -\frac{\mathrm{d}^2 x_0}{\mathrm{d}t^2}$$

设输入加速度 $a_0 = \frac{\mathrm{d}^2 x_0}{\mathrm{d}t^2}$，输出为 $(x_m - x_0)$，并引入算子 $\left(\mathrm{D} = \frac{\mathrm{d}}{\mathrm{d}t}\right)$，将上式变为

$$\frac{x_m - x_0}{a_0} = \frac{-1}{\mathrm{D}^2 + 2\xi\omega_0\mathrm{D} + \omega_0^2} \tag{6-4-3}$$

式中　ξ——相对阻尼系数，$\xi = \frac{c}{2\sqrt{km}}$；

ω_0——固有频率，$\omega_0 = \sqrt{\frac{k}{m}}$。

将上式写成频率传递函数，则有

$$\frac{x_m - x_0}{a_0}(\mathrm{j}\omega) = \frac{-\left(\frac{1}{\omega_0}\right)^2}{1 - \left(\frac{\omega}{\omega_0}\right)^2 + 2\xi\left(\frac{\omega}{\omega_0}\right)\mathrm{j}} \tag{6-4-4}$$

其幅频特性为

$$\left|\frac{x_m - x_0}{a_0}\right| = \frac{\left(\frac{1}{\omega_0}\right)^2}{\sqrt{\left[1 - \left(\frac{\omega}{\omega_0}\right)^2\right]^2 + \left[2\xi\left(\frac{\omega}{\omega_0}\right)\right]^2}} \tag{6-4-5}$$

相频特性为

$$\phi = -\arctan \frac{2\xi\left(\dfrac{\omega}{\omega_0}\right)}{1-\left(\dfrac{\omega}{\omega_0}\right)^2} - 180° \tag{6-4-6}$$

由于质量块与被测振动体相对位移为 $x_m - x_0$,即压电元件受力后产生的变形量,于是有

$$F = k_y(x_m - x_0) \tag{6-4-7}$$

式中　k_y——压电元件弹性系数。

力 F 作用在压电元件上产生的电荷为

$$q = d_{33}F = d_{33}k_y(x_m - x_0) \tag{6-4-8}$$

将上式代入(6-4-5)式,便得到压电式加速度传感器灵敏度与频率的关系式

$$\frac{q}{a_0} = \frac{\dfrac{d_{33}k_y}{\omega_0^2}}{\sqrt{\left[1-\left(\dfrac{\omega}{\omega_0}\right)^2\right]^2 + \left[2\xi\left(\dfrac{\omega}{\omega_0}\right)\right]^2}} \tag{6-4-9}$$

图 6-4-4 表示压电式加速度传感器的频率响应特性。由图中曲线看出,当被测体振动频率 ω 远小于传感器固有频率 ω_0 时,传感器的相对灵敏度为常数,即

$$\frac{q}{a_0} \approx \frac{d_{33}k_y}{\omega_0^2} \tag{6-4-10}$$

由于传感器固有频率很高,因此频率范围较宽,一般在几赫兹到几千赫兹。但是需要指出的是,传感器低频响应与前置放大器有关。若采用电压前置放大器,那么低频响应将取决于变换电路的时间常数 τ。前置放大器输入电阻越大,则传感器下限频率越低。

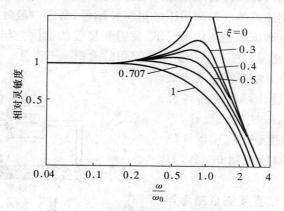

图 6-4-4　加速度传感器的频响特性

6.4.2　压电式压力传感器

根据使用要求不同,压电式压力传感器有各种不同的结构形式,但它们的基本原理相同。

图 6-4-5 是一种压力传感器的结构,它采用两个相同的膜片对晶片施加预载力,从而消除由振动加速度引起的附加输出。

该传感器具有体积小、质量轻、结构简单、工作可靠、测量频率范围宽等优点,是一种应用较为广泛的压力测量传感器。

当膜片受到压力 F 作用后,则在压电晶片上产生电荷。在压电片上产生的电荷为

$$q=d_{11}F=d_{11}Sp \qquad (6-4-11)$$

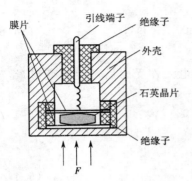

图 6-4-5　压力传感器结构

式中　F——作用于压电片上的力;

　　　d_{11}——压电系数;

　　　p——压强,$p=\dfrac{F}{S}$;

　　　S——膜片的有效面积。

压力传感器的输入量为压力 p,如果传感器只由一个压电晶片组成,则根据灵敏度的定义有

电荷灵敏度　　　　$k_q=\dfrac{q}{p}$ 　　　　　$(6-4-12)$

电压灵敏度　　　　$k_u=\dfrac{U_0}{p}$ 　　　　　$(6-4-13)$

根据(6-4-11)式,电荷灵敏度可表示为

$$k_q=d_{11}S \qquad (6-4-14)$$

因为 $U_0=\dfrac{q}{C_0}$,所以电压灵敏度也可表示为

$$k_u=\dfrac{d_{11}S}{C_0} \qquad (6-4-15)$$

式中　C_0——压电片等效电容。

6.4.3　压电式流量计

压电式流量计是利用超声波在顺流方向和逆流方向的传播速度不同进行测量的。其在管外设置两个相隔一定距离的收发两用压电超声换能器,每隔一段时间(例如 1/100 s),发射和接收互换一次。在顺流和逆流的情况下,发射和接收的相位差与流速成正比。根据这个关系,便可精确测定流速。流速与管道横截面积的乘积等于流量。

图 6-4-6 表示一种工业用压电式流量计的示意图。此种流量计可以测量各种液体的流速,中压和低压气体的流速,不受该流体的导电率、黏度、密度、腐蚀性以及成分的影响。其准确度可达 0.5%,有的可达 0.01%。

根据同一道理,可以直接测量随海洋深度而变化的声速分布。即以一定距离放置两个正对着的陶瓷换能器,一个为发射器,另一个为接收器。根据测定的发射和接收的相位差随深度的变化,即可得到声速随深度的分布情况。

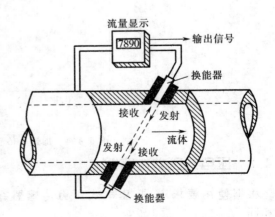

图 6-4-6　压电式流量计示意图

第7章　数字式传感器

本书前几章介绍的传感器属于模拟式传感器。这类传感器将诸如应变、压力、位移、加速度等被测参数转换为电模拟量,如电流、电压。若需要数字显示这些模拟量或将其输入计算机,就需要经过模数(A/D)转换单元,将模拟量变成数字量。这不但增加了投资,而且增加了系统的复杂性,降低了系统的可靠性和测量精度。采用数字式传感器将被测参数直接转换成数字信号输出,具有以下优点:

①精确度和分辨力高;

②抗干扰能力强,便于远距离传输;

③信号易于处理和存贮;

④可减少读数误差。

正因为如此,数字式传感器受到人们的普遍重视。根据工作原理可将数字式传感器分为脉冲数字式传感器(如光栅传感器、感应同步器、磁栅传感器和码盘式传感器)和频率输出式数字传感器(如振弦式、振筒式和振膜式传感器)。

7.1　码盘式传感器

这种传感器建立在编码器的基础上。只要编码器保证一定的制作精度,并配置合适的读出部件,传感器就可以达到较高的精度。此外,其结构简单,可靠性高。因此,在空间技术、数控机械系统等方面获得广泛应用。

编码器按原理分为电触式编码器、电容式编码器、感应式编码器、光电式编码器等。这里只讨论光电式编码器,光电式编码器又称为光学编码器。

编码器包括码盘和码尺。前者用于测角度,后者用于测长度。因为码尺的实际应用较少,故这里主要讨论码盘。

编码器又可以分为绝对式编码器和增量式编码器两大类。

7.1.1　绝对式编码器

光学码盘式传感器是用光电方法把被测角位移转换成以数字代码形式表示的电信号的转换部件。图7-1-1为其工作原理。由光源1发出的光线,经柱面镜2变成一束平行光或会聚光,照射到码盘3上。码盘由光学玻璃制成,其上刻有许多同心码道,每个码道上按一定规律排列着若干透光和不透光部分,即亮区和暗区。通过亮区的光线经狭缝4后,形成一束很窄的光束照射在元件5上。光电元件的排列与码道一一对应。当有光照射时,对应于亮区和暗区的光电元件的输出相反,如前者为"1",后者为"0"。光电元件的各种信号组合,反映出按一定规律编码的数字量,代表了码盘转角的大小。由此可见,码盘在传感器中是将轴的转角转换成代码输出的主要元件。

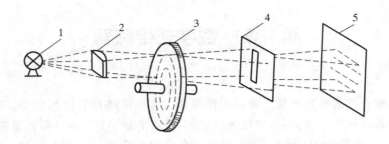

1—光源　2—柱面镜　3—码盘　4—狭缝　5—元件

图 7-1-1　光学码盘式传感器的工作原理

（1）码制与码盘

图 7-1-2 所示是一个 6 位二进制码盘。最内圈称为 C_6 码道，一半透光，一半不透光。最外圈称为 C_1 码道，一共分成 $2^6 = 64$ 个黑白间隔。每一个角度方位对应于不同的编码。例如零位对应于 000000（全黑），第 23 个方位对应于 010111。测量时，只要有码盘的起始和终止位置即可确定转角，与转动的中间过程无关。

二进制码盘具有以下主要特点：

①n 位（n 个码道）二进制码盘有 2^n 种不同编码，其容量为 2^n，最小分辨力 $\theta_1 = 360°/2^n$，它的最外圈角节距为 $2\theta_1$；

②二进制码为有权码，编码 $C_n, C_{n-1}, \cdots, C_1$ 对应于由零位算起的转角为 $\sum_{i=1}^{n} C_i 2^{i-1} \theta_1$；

③码盘转动中，C_K 变化时，所有 $C_j (j < K)$ 应同时变化。

为了达到 $1''$ 左右的分辨力，需要采用 20 或 21 位二进制码盘。一个刻画直径为 400 mm 的 20 位码盘，其外圈分别间隔为稍大于 $1\ \mu m$。不仅要求各个码道刻画精确，而且要求彼此对准，这给码盘制作造成很大困难。

二进制码盘，由于微小的制作误差，只要有一个码道提前或延后改变，就可能造成输出的粗误差。

为了消除粗误差，可以采用循环码代替二进制码。图 7-1-3 所示是一个 6 位循环码码盘。循环码码盘具有以下特点：

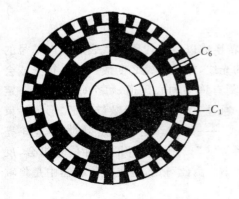

图 7-1-2　6 位二进制码盘

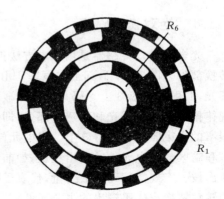

图 7-1-3　6 位循环码码盘

①n 位循环码码盘,与二进制码盘一样具有 2^n 种不同编码,最小分辨力为 $\theta_1=360°/2^n$,最内圈为 R_n 码道,一半透光,一半不透光,其他第 i 个码道相当于二进制码盘第 $i+1$ 码道向零位方向转过 θ_1 角,它的最外圈 R_1 码道的角节距为 $4\theta_1$;

②循环码码盘具有轴对称性,其最高位相反,而其余各位相同;

③循环码为无权码;

④循环码码盘转到相邻区域时,编码中只有一位发生变化,不会产生粗误差,由于这一原因,循环码码盘获得了广泛应用。

(2)二进制码与循环码的转换

表 7-1-1 是 4 位二进制码与循环码的对照表。

表 7-1-1　4 位二进制码与循环码对照表

十进制数	二进制码	循 环 码	十进制数	二进制码	循 环 码
0	0000	0000	8	1000	1100
1	0001	0001	9	1001	1101
2	0010	0011	10	1010	1111
3	0011	0010	11	1011	1110
4	0100	0110	12	1100	1010
5	0101	0111	13	1101	1011
6	0110	0101	14	1110	1001
7	0111	0100	15	1111	1000

按表 7-1-1 所列,可以找到循环码和二进制码之间存在一定转换关系,为

$$\left.\begin{array}{l} C_n=R_n \\ C_i=C_{i+1}\oplus R_i \\ R_i=C_{i+1}\oplus C_i \end{array}\right\} \qquad (7\text{-}1\text{-}1)$$

图 7-1-4 所示为将二进制码转换为循环码的电路。图(a)为并行变换电路,图(b)为串行变换电路。

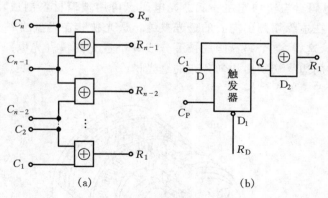

图 7-1-4　二进制码转换为循环码的电路
(a)并行变换电路　(b)串行变换电路

采用串行变换电路时,工作之前先将 D 触发器 D_1 置零,则 $Q=0$。在 C_i 端送入 C_n,异或门 D_2 输出 $R_n=C_n\oplus 0=C_n$;随后加 C_P 脉冲,使 $Q=C_n$;在 C_i 端加入 C_{n-1},D_2 输出 $R_{n-1}=C_{n-1}\oplus C_n$。以后重复上述过程,可依次获得 $R_n,R_{n-1},\cdots,R_2,R_1$。

图 7-1-5 所示为将循环码转换为二进制码的电路。图(a)为并行变换电路,图(b)为串行变换电路。采用串行变换电路时,开始之前先将 JK 触发器 D 置零,则 $Q=0$。将 R_n 同时

加到 J、K 端，再加入 C_P 脉冲后，$Q=C_n=R_n$。以后若 Q 端为 C_{i+1}，在 J、K 端加入 R_i，根据 JK 触发器的特性，若 J、K 为"1"，则加入 C_P 脉冲后 $Q=\overline{C}_{i+1}$；若 J、K 为"0"，则加入 C_P 脉冲后保持 $Q=\overline{C}_{i+1}$。其逻辑关系可写成

$$Q=C_i=R_i\overline{C}_{i+1}+\overline{R}_iC_{i+1}=C_{i+1}\oplus R_i \qquad (7\text{-}1\text{-}2)$$

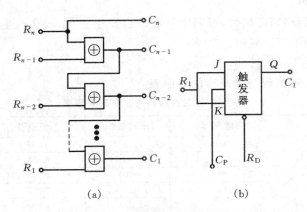

图 7-1-5　循环码转换为二进制码的电路

(a)并行变换电路　(b)串行变换电路

重复上述步骤，可以依次获得 C_n，C_{n-1}，$\cdots$，C_2，C_1。

循环码是无权码，直接译码有困难，一般先把它转换为二进制码后再译码。并行转换速度快，所用元件较多。串行转换所用元件少，但速度慢，只能用于速度要求不高的场合。

7.1.2　增量式编码器

在增量式编码器中，首先由随转轴旋转的码盘给出一系列脉冲，然后根据旋转方向用计数器对这些脉冲进行加减计数，以此表示转过的角位移量。增量式编码器结构示意图如图 7-1-6 所示。光电码盘与转轴连在一起。光电码盘可用玻璃材料制成，表面镀上一层不透光的金属铬，然后在边缘切割出向心的透光狭缝。透光狭缝在码盘圆周上等分，数量从几百条到几千条不等。这样，整个码盘圆周被等分成 n 个透光的槽。光电码盘也可用不锈钢薄板制成，然后在圆周边缘切割出均匀分布的透光槽。

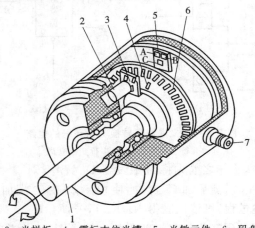

1—转轴　2—发光二极管　3—光栏板　4—零标志位光槽　5—光敏元件　6—码盘　7—电源及信号线连接座

图 7-1-6　增量式编码器的结构示意图

增量式编码器的工作原理如图 7-1-7 所示。它由主码盘、鉴向盘、光学系统(光源、透镜)和光电变换器组成。在主码盘(光电盘)周边刻有节距相等的辐射状窄缝,形成均匀分布的透明区和不透明区。鉴向盘与主码盘平行,并刻有 A、B 两组透明检测窄缝,它们彼此错开 1/4 节距,以使 A、B 两个光电变换器的输出信号在相位上相差 90°。工作时,鉴向盘静止不动,主码盘与转轴一起转动,光源发出的光投射到主码盘与鉴向盘上。当主码盘上的不透明区正好与鉴向盘上的透明窄缝对齐时,光线被全部遮住,光电变换器输出电压最小;当主码盘上的透明区正好与鉴向盘上的透明窄缝对齐时,光线全部通过,光电变换器输出电压最大。主码盘每转过一个刻线周期,光电变换器将输出一个近似的正弦波电压,且光电变换器 A、B 的输出电压相位差为 90°。

光电编码器最常用的光源是自身有聚光效果的发光二极管。当光电码盘随转轴一起转动时,光线透过光电码盘和光栏板狭缝,形成忽明忽暗的光信号。光敏元件将此光信号转换成电脉冲信号,通过信号处理电路后,向数控系统输出脉冲信号,也可由数码管直接显示位移量。

光电编码器的测量准确度与码盘圆周的狭缝条纹数 n 有关,能分辨的角度 α 为 $360°/n$,分辨力为 $1/n$。例如:码盘边缘的透光槽数为 1 024 个,则能分辨的最小角度 $\alpha=360°/1\,024=0.352°$。

为了判断码盘旋转的方向,必须在光栏板上设置两个狭缝,其距离是码盘上两个狭缝距离的 $(m+1/4)$ 倍(m 为正整数),并设置了两组对应的光敏元件,如图 7-1-6 的 A、B 光敏元件,分别称为 cos 元件、sin 元件。当检测对象旋转时,同轴或关联安装的光电编码器便会输出 A、B 两路相位相差 90° 的数字脉冲信号。光电编码器的输出波形如图 7-1-8 所示。为了得到码盘转动的绝对位置,还须设置一个基准点,如图 7-1-6 中的零标志位光槽。码盘每转一圈,零标志位光槽对应的光敏元件产生一个脉冲,称为"一转脉冲",见图 7-1-8 中的 C_0 脉冲。

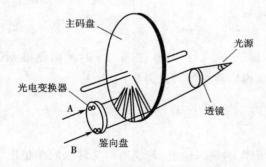

图 7-1-7　增量式编码器的工作原理

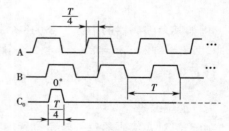

图 7-1-8　光电编码器的输出波形

图 7-1-9 给出了编码器正反转时 A、B 信号的波形及其时序关系,当编码器正转时,A 信号的相位超前 B 信号 90°,如图 7-1-9(a)所示;反转时,则 B 信号相位超前 A 信号 90°,如图 7-1-9(b)所示。A 和 B 输出的脉冲个数与被测角位移变化量呈线性关系,因此,通过对脉冲个数计数就能计算出相应的角位移。根据 A 和 B 之间的关系正确地解调出被测机械的旋转方向和旋转角位移/速率,这就是所谓的脉冲辨向和计数。脉冲的辨向和计数既可用软件实现也可用硬件实现。

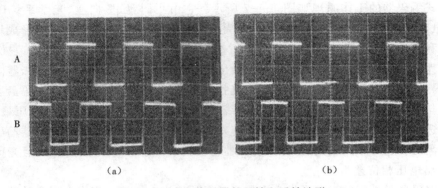

(a)   (b)

图 7-1-9　光电编码器的正转和反转波形

(a)A 超前于 B,判断为正向旋转　　(b)A 滞后于 B,判断为反向旋转

7.1.3　编码器的应用

(1)角编码器测量轴转速

增量式角编码器除了能直接测量角位移或间接测量直线位移外,还可以测量轴的转速。

由于增量式角编码器的输出信号是脉冲形式,因此可以通过测量脉冲频率或周期的方法测量转速。

在一定的时间间隔 t_s 内(又称闸门时间,如 10 s、1 s、0.1 s 等),用角编码器所产生的脉冲数确定速度的方法称为 M 法测速。

若角编码器每转产生 N 个脉冲,在闸门时间间隔 t_s 内得到 m_1 个脉冲,则角编码器所产生的脉冲频率为

$$f = \frac{m_1}{t_s} \tag{7-1-3}$$

则转速为

$$n = 60\,\frac{f}{N} = 60\,\frac{m_1}{t_s N} \tag{7-1-4}$$

例如某角编码器的指标为 2 048 个脉冲/r(即 N=2 048 P/r),在 0.2 s 时间内测得 8K 脉冲,即 t_s=0.2 s,m_1=8K=8 192 个脉冲,则角编码器轴的转速为

$$n = 60\,\frac{m_1}{t_s N} = 60 \times \frac{8\ 192}{2\ 048 \times 0.2} = 1\ 200(\text{r/min})$$

(2)工位编码

由于绝对式编码器每一转角位置均有一个固定的编码输出,若编码器与转盘同轴相连,则转盘上每一工位安装的被加工工件均可以有一个编码相对应,转盘工位编码原理如图 7-1-10 所示。当转盘上某一工位转到加工点时,该工位对应的编码由编码器输出给控制系统。

例如要使处于工位⑥上的工件转到加工点等待钻孔加工,计算机控制电动机通过带轮带动转盘顺时针旋转。与此同时,绝对式编码器(假设为 4 码道)输出的编码不断变化。设工位①的绝对二进制码为 0000,当输出从工位④的 0100 变为 0110 时,表示转盘已将工位⑥转到加工点,电动机停转。

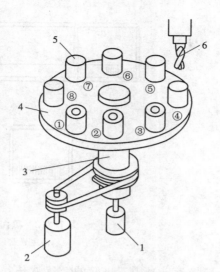

1—绝对式编码器 2—电动机 3—转轴 4—转盘 5—工件 6—刀具 ①～⑧—工位

图 7-1-10 转盘工位编码原理

7.2 光栅传感器

光栅传感器是根据莫尔条纹原理制成的,它主要用于线位移和角位移的测量。由于光栅传感器具有精度高、测量范围大、易于实现测量自动化和数字化等特点,所以目前光栅传感器的应用已扩展到测量与长度和角度有关的其他物理量,如速度、加速度、振动、质量、表面轮廓等方面。

7.2.1 光栅传感器的结构原理

光栅传感器由光源、光栅副和光电元件组成,如图 7-2-1 所示。光栅副是光栅传感器的主要部分。在长度计量中应用的光栅通常称为计量光栅,它主要由主光栅(也称标尺光栅)和指示光栅组成。当标尺光栅相对于指示光栅移动时,形成的莫尔条纹产生亮暗交替变化,利用光电接收元件将莫尔条纹亮暗变化的光信号转换成电脉冲信号,并用数字显示,从而测量出标尺光栅的移动距离。

透射光栅是在一块长方形的光学玻璃上均匀地刻上许多条纹而制成的,它能形成规则排列的明暗线条。图 7-2-2 中 a 为刻线宽度,b 为刻线间的缝隙宽度,$W=a+b$,W 称为光栅的栅距(或光栅常数)。通常情况下,$a=b=W/2$,也可以做成 $a:b=1.1:0.9$。刻线密度一般为每毫米 10 条、25 条、50 条、100 条线。

指示光栅一般比主光栅短得多,通常刻有与主光栅同样密度的线纹。

光源一般用钨丝灯泡,因为它有较大的输出功率和较宽的工作范围,可从 $-40\ ^{\circ}\mathrm{C}$ 到 $+130\ ^{\circ}\mathrm{C}$,但是它与光电元件组合的转换效率低。在机械振动和冲击条件下工作时,它的使用寿命将降低。因此,必须定期更换照明灯泡以防止由于灯泡失效而造成失误。近年来固态光源有很大发展。如砷化镓发光二极管可以在 $-66\ ^{\circ}\mathrm{C}$ 到 $+100\ ^{\circ}\mathrm{C}$ 的温度下工作,发出的

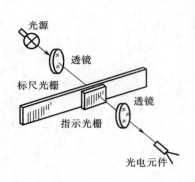

图 7-2-1　光栅传感器的构成

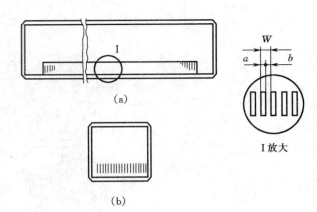

图 7-2-2　黑白透射光栅示意图
(a)主光栅　(b)指示光栅

光为近似红外光($91\sim94\ \mu m$),接近硅光敏三极管的敏感波长。虽然砷化镓发光二极管的输出功率比钨丝灯泡低,但是它与硅光敏三极管结合,具有很高的转换效率,最高可达 30% 左右。此外砷化镓发光二极管的脉冲响应时间为几十纳秒,与光敏三极管组合可得到 $2\ \mu s$ 响应的时间。这种快速的响应特性,可以使光源工作在触发状态,从而减小功耗和热耗散。

光电元件包括光电池和光敏三极管等。在采用固态光源时,需要选用敏感波长与光源相接近的光敏元件,以获得高的转换效率。在光敏元件的输出端,常接有放大器,通过放大器得到足够的信号输出以防干扰的影响。

7.2.2　莫尔条纹的形成原理及其技术特点

(1)莫尔条纹的形成原理

把光栅常数相等的主光栅和指示光栅相对叠合在一起(片间留有很小的间隙),并使两者栅线(光栅刻线)之间保持很小的夹角 θ,于是在几乎垂直于栅线的方向上出现明暗相间的条纹,如图 7-2-3 所示。在 a—a 线上两光栅的栅线彼此重合,光线从缝隙中通过,形成亮带;在 b—b 线上,两光栅的栅线彼此错开,形成暗带。这种明暗相间的条纹称为莫尔条纹。莫尔条纹方向与刻线方向垂直,故又称横向莫尔条纹。

由图 7-2-3 可看出,横向莫尔条纹的斜率为

$$\tan \alpha = \tan \frac{\theta}{2} \tag{7-2-1}$$

式中　α——亮(暗)带的倾斜角;

　　　θ——两光栅的栅线夹角。

横向莫尔条纹(亮带与暗带)之间距离为

$$B_{\mathrm{H}} = AB = \frac{BC}{\sin \frac{\theta}{2}} = \frac{W}{2\sin \frac{\theta}{2}} \approx \frac{W}{\theta} \tag{7-2-2}$$

式中　B_{H}——横向莫尔条纹之间的距离;

　　　W——光栅常数。

由此可见,莫尔条纹的宽度 B_{H} 由光栅常数与光栅的夹角 θ 决定。对于给定光栅常数

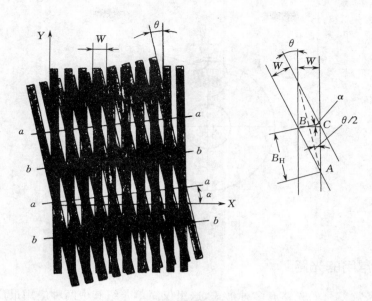

图 7-2-3　光栅和横向莫尔条纹

W 的两光栅,夹角 θ 愈小,条纹宽度愈大,即条纹愈稀。通过调整夹角 θ,可以使条纹宽度具有任何所需要的值。

(2)莫尔条纹技术的特点

①由(7-2-2)式可知,虽然光栅常数 W 很小,但只要调整夹角 θ,即可得到很大的莫尔条纹的宽度 B_H,起到了放大作用。例如,$W=0.02$ mm,若使 $\theta=0.01$ rad$=0.57°$,则有 $B_H=2$ mm,相当于放大了 99 倍。这样就把一个微小移动量的测量转变成一个较大移动量的测量,既方便又提高了测量精度。

②莫尔条纹的光强度变化近似于正弦变化,因此,为便于对电信号作进一步细分,采用倍频技术。将计数单位变成比一个周期 W 更小的单位,例如变成 $W/10$ 计一个数。这样可以提高测量精度或可以采用较粗的光栅。

③由图 7-2-1 可知,光电元件接收的并不只是固定一点的条纹,而是在一定长度范围内所有刻线产生的条纹。这样,对光栅刻线的误差起到了平均作用,也就是说,刻线的局部误差和周期误差对测量精度没有直接的影响,因此有可能得到比光栅本身的刻线精度高的测量精度。这是用光栅测量和普通标尺测量的主要差别。

④莫尔条纹技术除了用上述长度光栅进行位移测量外,还可以用径向光栅进行角度测量。所谓径向光栅就是在一圆盘面上刻有由圆心向四周辐射的等角间距的辐射线而制成的,如图 7-2-4 所示。当两径向光栅重叠在一起时,如果使指示光栅刻线的辐射中心 C_2 略微偏离标尺光栅(度盘光栅)的中心 C_1,便形成莫尔条纹,条纹垂直于两中心连线的垂直平分线。当标尺光栅相对于指示光栅转动时,条纹即沿径向移动,测出条纹的移动数目即可得到标尺光栅相对于指示光栅转动的角度,以刻线的角间距为单位表示。目前径向光栅的刻线角间距范围多为 $20''\sim20'$(相当于一圆周内刻有 1 080 至 64 800 条线)。

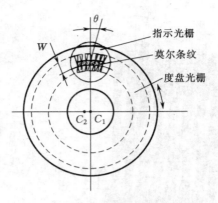

图 7-2-4 径向光栅

7.2.3 光栅常用的光路

形成莫尔条纹信号的光路有多种形式,这里仅简单介绍其中两种应用最广的光路形式。

(1)垂直透射式光路

如图 7-2-5 所示,光源 1 发出的光,经准直透镜 2 形成平行光束,垂直投射到光栅上,由主光栅 3 和指示光栅 4 形成的莫尔条纹光信号由光电元件 5 接收。

此光路适合粗栅距的黑白透射光栅。这种光路的特点是结构简单,位置紧凑,调整使用方便,目前应用比较广泛。

(2)反射式光路

该光路适用于黑白反射光栅,如图 7-2-6 所示。光源 6 经聚光镜 5 和场镜 3 后形成平行光束,以一定角度射向指示光栅 2,经反射主光栅 1 反射后形成莫尔条纹,再经反射镜 4 和物镜 7 在光电池 8 上成像。

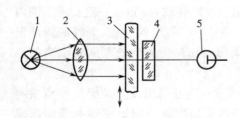

1—光源 2—准直透镜 3—主光栅
4—指示光栅 5—光电元件
图 7-2-5 垂直透射式光路

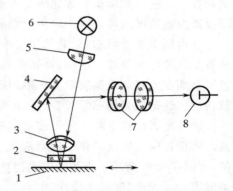

1—反射主光栅 2—指示光栅 3—场镜
4—反射镜 5—聚光镜 6—光源
7—物镜 8—光电池
图 7-2-6 反射式光路

7.2.4　辨向原理

在实际应用中,大部分被测物体的移动往往不是单向的,既有正向运动,也有反向运动。单个光电元件接收一固定点的莫尔条纹信号,只能判别明暗的变化而不能辨别莫尔条纹的移动方向,因而不能判别运动零件的运动方向,以致不能正确测量位移。

设主光栅随被测物体正向移动 10 个栅距后,又反向移动 1 个栅距,也就是相当于正向移动了 9 个栅距。可是,单个光电元件由于缺乏辨向本领,从正向运动的 10 个栅距得到 10 个条纹信号,从反向运动的 1 个栅距又得到 1 个条纹信号,总计得到 11 个条纹信号。这和正向移动 11 个栅距得到的条纹信号数相同。因而这种测量结果是不正确的。

如果在物体正向移动时,将得到的脉冲数累加,而在物体反向移动时从已累加的脉冲数中减去反向移动的脉冲数,就能得到正确的测量结果。

完成这种辨向任务的电路就是辨向电路。为了能够辨向,应当在相距 $\frac{1}{4}B_H$ 的位置上设置两个光电元件 1 和 2,以得到两个相位互差 90° 的正弦信号,见图 7-2-7,然后送到辨向电路中处理,见图 7-2-8。

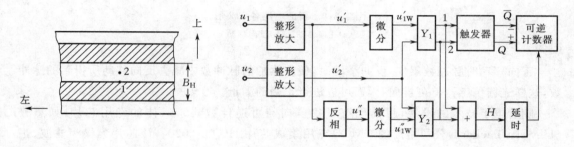

图 7-2-7　相距 $\frac{1}{4}B_H$ 的两个光电元件　　　　图 7-2-8　辨向电路的工作原理

主光栅正向移动时,莫尔条纹向上移动,这时光电元件 2 的输出电压波形如图 7-2-9(a)中曲线 u_2 所示,光电元件 1 的输出电压波形如曲线 u_1 所示,显然 u_1 超前 u_2 90° 相角。u_1、u_2 经整形放大后得到两个方波信号 u_1' 和 u_2',u_1' 仍超前 u_2' 90°。u_1'' 是 u_1' 反相后得到的方波。u_{1w}' 和 u_{1w}'' 是 u_1' 和 u_1'' 两个方波经微分电路后得到的波形。由图 7-2-9(a)可见,对于与门 Y_1,由于 u_{1w}' 处于高电平时,u_2' 总是处于低电平,因而 Y_1 输出为零。对于与门 Y_2,u_{1w}'' 处于高电平时,u_2' 也正处于高电平,因而与门 Y_2 有信号输出。因此,加减控制触发器置 1,将可逆计数器作加法计数。

主光栅反向移动时,莫尔条纹向下移动,这时光电元件 2 的输出电压波形如图 7-2-9(b)中曲线 u_2 所示,光电元件 1 的输出电压波形如曲线 u_1 所示,显然 u_2 超前 u_1 90° 相角,与正向移动时情况相反。整形放大后的 u_2' 仍超前 u_1' 90°。同样 u_1'' 是 u_1' 反向后得到的方波,u_{1w}' 和 u_{1w}'' 是 u_1' 和 u_1'' 两个方波经微分电路后得到的波形。由图 7-2-9(b)可见,对于与门 Y_1,u_{1w}' 处于高电平时,u_2' 也是处于高电平,因而 Y_1 有输出。而对于与门 Y_2,u_{1w}'' 处于高电平时,u_2' 却处于低电平,Y_2 无输出。因此,加减控制触发器置 0,将控制可逆计数器作减法计数。

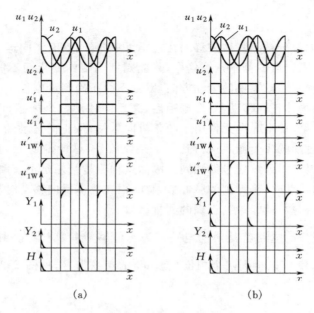

图 7-2-9　辨向电路各点波形

(a)正向移动　(b)反向移动

正向移动时脉冲数累加,反向移动时,便从累加的脉冲数中减去反向移动所得到的脉冲数,这样光栅传感器就可辨向,因而可以进行正确的测量。

随着电子技术的发展,目前已有了集辨向与可逆计数器于一体的专用芯片,如惠普(Hewcltt-Packard)公司生产的 CMOS 专用集成芯片 HCTL-2020。该芯片集噪声滤波、正交解码、可逆计数、总线接口于一体,采用它不仅可改善测量系统的性能,而且便于组成微机测量系统。

7.2.5　细分技术

利用光栅进行测量时,运动零件移动 1 个栅距,输出 1 个周期的交变信号,即产生 1 个脉冲间隔,即分辨力(或称脉冲当量)为 1 个栅距。例如每毫米 250 条栅线的长光栅,栅距为 4 μm,那么其分辨力(脉冲当量)为 4 μm。随着对测量精度要求的提高,希望分辨力提高到 1 μm、0.1 μm 或更高。如果以光栅的栅距直接作为计量单位,则对长光栅来说,这意味着栅线的密度要达到每毫米千条线到万条线之多。就目前先进的工艺水平看,栅线密度每毫米 7 000 条线还能实现,但要达到每毫米万条线尚无法实现。另外,从经济角度看,采用密度太大的光栅作为标准器也不合适,因此人们广为采用的方法是:在选择合适的光栅栅距的前提下,对栅距进行测微,称为"细分",以得到所需的最小读数值。

所谓细分就是在莫尔条纹变化 1 个周期时,不只输出 1 个脉冲,而是输出若干个脉冲,以减小脉冲当量,提高分辨力。例如,莫尔条纹变化 1 周期不是输出 1 个脉冲数,而是输出 4 个脉冲数,称为四细分。在采用四细分的情况下,栅距为 4 μm 的光栅,其分辨力可从 4 μm 提高到 1 μm。细分越多,分辨力越高。

下面介绍几种常用的细分方法。

（1）直接细分

直接细分又称位置细分。直接细分常用的细分数为 4。四细分可用 4 个依次相距 $B_H/4$ 的光电元件，获得依次有 90°相位差的 4 个正弦交流信号。用鉴零器分别鉴取 4 个信号的零电平，即在每个信号由负到正过零点时发出 1 个计数脉冲。这样在莫尔条纹的一个周期内将产生 4 个计数脉冲，实现了四细分。

四细分也可用 2 个相距 $B_H/4$ 的光电元件完成。2 个光电元件输出 2 个相位差为 90°的正弦交流信号 U_1 和 U_2，而 U_1、U_2 再分别通过各自的反相电路，从而得到 $U_3 = -U_1$，$U_4 = -U_2$，这样也可以获得依次相差 90°相角的 4 个正弦交流信号 U_1、U_2、U_3 和 U_4。经电路处理也可在移动 1 个栅距的过程中得到 4 个等间隔的计数脉冲，从而达到四细分的目的。

图 7-2-10 示出了四倍频细分的具体电路及其波形。由图可知，两个相位差 $\pi/2$ 的光电信号（用 S 和 C 表示）经整形、反向后，得到 4 个相位依次为 0°（S）、90°（C）、180°（$\bar{S}$）、270°（$\bar{C}$）的方波信号。当光栅作相对运动时，经过微分电路，在正向运动和反向运动时各得 4 个微分脉冲。根据运动的方向，在 1 个栅距内得到 4 个正向计数脉冲，或 4 个反向计数脉冲。如在正向运动时，0°方波信号所产生的微分脉冲发生在 90°方波信号的"1"电平期间，而在反向运动时，0°方波信号所产生的微分脉冲则发生在 270°方波信号的"1"电平期间，根据其对应关系，即可得到按 1/4 栅距细分的加、减计数脉冲。

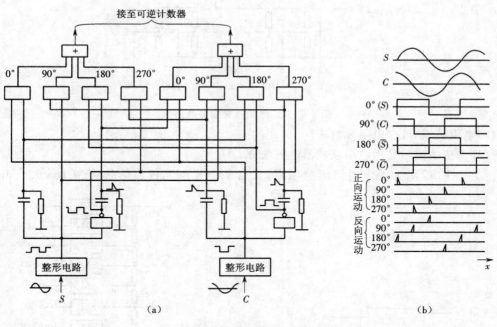

图 7-2-10　四倍频细分电路及其波形
(a)电路　(b)波形

位置细分法的优点是对莫尔条纹信号波形要求不严格，电路简单，可用于静态和动态测量系统。缺点是由于光电元件安放困难，细分数不能太高。

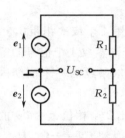

图 7-2-11 电阻电桥
细分原理

（2）电阻电桥细分法（矢量和法）

如图 7-2-11 所示，由同频率的 2 个信号源 e_1 和 e_2 及电阻 R_1、R_2 组成电桥，其输出电压为

$$\boldsymbol{U}_{SC} = \frac{R_2}{R_1 + R_2}\boldsymbol{e}_1 + \frac{R_1}{R_1 + R_2}\boldsymbol{e}_2 \qquad (7\text{-}2\text{-}3)$$

若 $\boldsymbol{e}_1 = A\sin\theta$、$\boldsymbol{e}_2 = A\cos\theta$，同时又设 $\dfrac{R_1}{R_2} = \tan\alpha$，则

$$\boldsymbol{U}_{SC} = \frac{A\sin(\theta + \alpha)}{\sin\alpha + \cos\alpha} \qquad (7\text{-}2\text{-}4)$$

以此信号触发施密特电路，当 $\theta = -\alpha$（或 $\theta = 360° - \alpha$）时，$\boldsymbol{U}_{SC} = 0$，施密特电路被触发（过零触发），发出脉冲信号。α 角按细分数选择，即事先设定 $\dfrac{R_1}{R_2}$ 之值。图 7-2-12 所示是这种电阻电桥细分法用于十细分的例子。

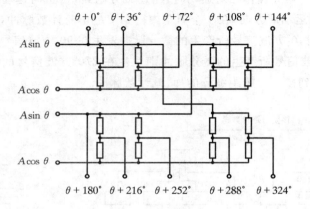

图 7-2-12 电阻电桥细分电路

（3）电阻链细分法（电阻分割法）

这种方法的实质是用电阻衰减器进行细分。

图 7-2-13 所示为等电阻链细分电路，来自 4 个光电元件的信号 $\sin\theta$、$\cos\theta$、$-\sin\theta$、

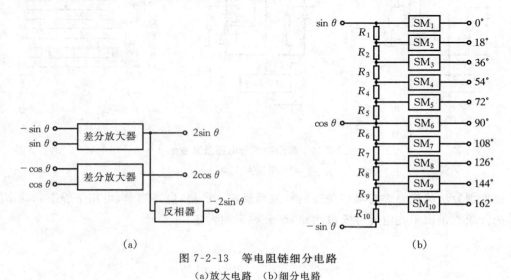

图 7-2-13 等电阻链细分电路

（a）放大电路 （b）细分电路

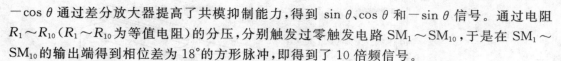

$-\cos\theta$ 通过差分放大器提高了共模抑制能力,得到 $\sin\theta$、$\cos\theta$ 和 $-\sin\theta$ 信号。通过电阻 $R_1\sim R_{10}(R_1\sim R_{10}$ 为等值电阻)的分压,分别触发过零触发电路 $SM_1\sim SM_{10}$,于是在 $SM_1\sim SM_{10}$ 的输出端得到相位差为 18° 的方形脉冲,即得到了 10 倍频信号。

(4)单片机细分

单片机细分系统如图 7-2-14 所示,它可以完成细分值实时数据的采集与处理。单片机系统经过初始化后,每次定时的时间到,均由信号端发出一个有效信号,以控制单稳电路发出采样保持器(S/H)所需要的采样脉冲。在采样脉冲的作用下,采样保持器对 $A\sin\theta$ 和 $A\cos\theta$ 两路信号同时进行采样,并且保持所采集的 $A\sin\theta$ 和 $A\cos\theta$ 的瞬时值。同时单片机控制多路开关首先选择一路进行 A/D 转换;待 A/D 转换结束后,发出"转换结束"信号,再选择另一路进行 A/D 转换;经过两次 A/D 转换后,把 $A\sin\theta$ 和 $A\cos\theta$ 信号在采集时刻的瞬时值变为数字量并且输入单片机。

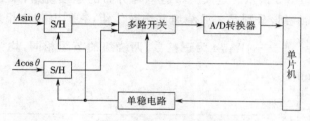

图 7-2-14　单片机细分系统

单片机系统依据计算法细分原理编制程序,在程序控制下,完成数据的采集、细分值的计算和结果显示等任务。

7.3　感应同步器

感应同步器由两个平面印刷电路绕组构成,类似于变压器的初次级绕组,故又称平面变压器。感应同步器通过位移引起两个绕组间的互感量变化进行位移测量。按照测量位移对象的不同,感应同步器可分为直线感应同步器和圆感应同步器,前者用于测量线位移,后者用于测量转角。该传感器具有测量精度高、抗干扰能力强、对环境要求低等特点,因此得到广泛应用。尤其是作为机床的数显装置,由于不怕油污和灰尘而被大量采用。

7.3.1　感应同步器种类及其结构

(1)直线感应同步器

直线感应同步器由定尺和可以相对移动的滑尺组成,见图 7-3-1。加工时,分别在滑尺和定尺的基体上用热压法粘贴上绝缘层和铜箔,然后通过光刻和化学腐蚀工艺刻出所需的平面绕组图形。在滑尺上还粘有一层铝膜,以防止静电感应。基体材料一般和被测体的材料相同,目的为使感应同步器的热膨胀系数与所安装的主体相同,如用于机床位置的感应同步器常使用低碳钢作为基体。直线感应同步器分为标准式、窄式、带式和三重式四种:前三种均为增量式,不能测量绝对位置;后一种是绝对式,对位置具有记忆功能,停电后再开机时,这种传感器可给出停电前的位置值。

1)标准式

定尺长度为 250 mm,滑尺长度为 100 mm,全尺总宽度为 88 mm。其视图和绕组结构

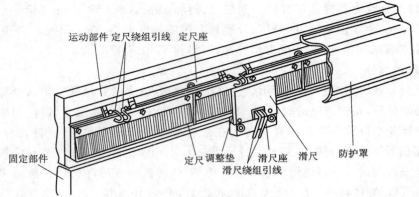

图 7-3-1　直线感应同步器

分别如图 7-3-2 和图 7-3-3 所示。定尺上布有均匀分布的连续绕组，节距 $W_2 = 2(a_2 + b_2)$。滑尺上布有两组断续绕组，分别是正弦绕组和余弦绕组，它们电相位相差 $\pi/2$，因此两绕组的中心线距应为 $l_1 = \left(\dfrac{n}{2} + \dfrac{1}{4}\right) W_1$，$n$ 为正整数；两绕组的节距相同，均为 $W_1 = 2(a_1 + b_1)$。定尺的节距 $W_2 = 2$ mm。

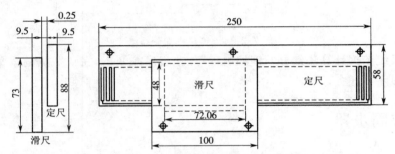

图 7-3-2　标准式直线感应同步器的侧视图和前视图

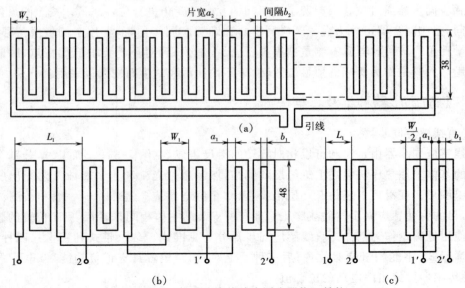

图 7-3-3　标准式直线感应同步器绕组结构
(a)定尺绕组　(b)W 形滑尺绕组　(c)U 形滑尺绕组

2）窄式

定尺长度为 250 mm,滑尺长度为 75 mm,全尺总宽度为 45 mm,绕组结构与标准式相同。

3）带式

除了定尺较长以外,其他与标准式相同。

对于上述三种直线感应同步器,如果安装条件允许,应尽量采用标准式,因为它的测量精度最高;在安装条件受限的情况下,可根据具体情况选择窄式或带式。

4）三重式

如图 7-3-4 所示,三重式直线感应同步器的定尺和滑尺上均有粗、中、细三组平面绕组。定尺的粗、中绕组相对于位移垂直方向倾斜不同的角度,滑尺的粗、中绕组与位移方向平行,定尺和滑尺的细绕组与标准式相同。三组绕组构成三个独立的电气通道,它们的周期分别为 4 000 mm、200 mm 和 2 mm。

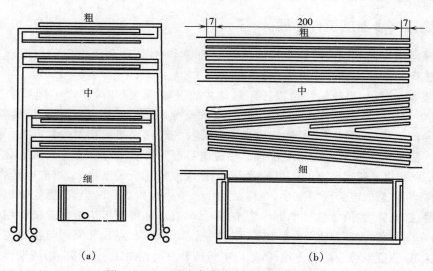

图 7-3-4　三重式直线感应同步器绕组结构
(a)滑尺绕组　(b)定尺绕组

直线感应同步器的测量范围与定尺和滑尺的相对几何尺寸有关,当需要扩大测量范围时,可将几块定尺拼接使用。拼接时应选择适当的接长方法,以使接长后的定尺组件在全程范围内的累计误差最大限度地减小。

（2）圆感应同步器

圆感应同步器也称旋转式感应同步器,由转子和定子组成。如图 7-3-5 所示,转子为单绕组,定子做成正、余弦绕组形式,两绕组的电相位相差 $\pi/2$。转子绕组为连续绕组,若转子绕组径向导体数（也称极数）为 N（N 有 360、720、1 080 和 512 等几种）,则绕组节距为

$$\beta=\frac{2\pi}{N/2}=\frac{4\pi}{N}=\frac{720°}{N} \tag{7-3-1}$$

定子上配置断续绕组,也分为正弦、余弦两部分,这两相绕组的中心距为

$$\gamma=\left(\frac{n}{2}+\frac{1}{4}\right)\beta=\frac{(2n+1)\pi}{N} \tag{7-3-2}$$

式中　n——正整数。

与直线感应同步器类似,圆感应同步器也有多重式,用于测量绝对位置。定子、转子中配置两套绕组的称为二重式;配置三套绕组的称为三重式。

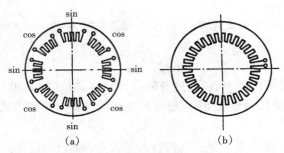

图 7-3-5　圆感应同步器绕组结构

(a)定子　(b)转子

圆感应同步器的测量信号由转子输出。工作时,转子处于旋转状态,因此信号不能由引线直接输出,可以采用滑环的直接耦合方式或变压器耦合方式等。

7.3.2　感应同步器的工作原理

直线感应同步器和圆感应同步器的工作原理基本相同,均利用电磁感应原理工作。下面以直线感应同步器为例介绍其工作原理。

如图 7-3-6 所示,当激励绕组以一定频率的正弦电压激磁时,将产生同频率的交变磁通,感应绕组与该交变磁通耦合,便产生同频率的交变电势。该电势的幅值与激磁频率、感应绕组耦合的导体组、耦合长度、激磁电流、两绕组间隙、两绕组的相对位置有关。感应同步器主要用来测量定尺和滑尺的相对位移。感应电势与两绕组相对位置的关系见图 7-3-7,当滑尺上的正弦绕组 s 和定尺上的绕组位置重合时(A 点),耦合磁通最大,感应电势也最大;当滑尺继续移动时,感应电势慢慢减小,当移动到 1/4 节距位置处(B 点),在感应绕组内的感应电势相抵消,总电势为零;继续移动到半个节距时(C 点),可得到与初始位置极性相反的最大感应电势;在 3/4 节距处(D 点)又变为零;移动一个节距时(E 点),又回到与初始位置完全相同的耦合状态,感应电势为最大。这样,感应电势随着滑尺相对定尺的移动而周期性变化。

同理可得到定尺上绕组与滑尺上余弦绕组 c 间的感应电势周期变化图像,如图 7-3-7 中感应电势曲线 2。

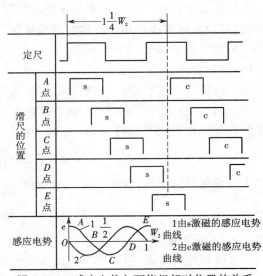

图 7-3-7　感应电势与两绕组相对位置的关系

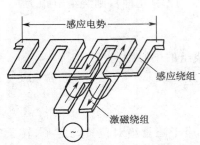

图 7-3-6　感应同步器工作原理示意图

7.3.3 感应同步器的激励和检测方式

感应同步器有两种激励(或称激磁、励磁)方式:一种以滑尺(或定子)激励,由定尺(或转子)取出感应电势信号;另一种以定尺(或转子)激励,由滑尺(或定子)引出感应电势信号。目前在实用中多采用前一种激励方式,即断续绕组激励方式。

为了在连续绕组中感应出互为正交的两个信号,作为辨向、细分的基础,需要同时把断续绕组的正弦绕组和余弦绕组作为激励绕组。感应同步器通常有以下两种测量系统。

(1)鉴相型测量系统

鉴相型测量系统根据感应电势的相位鉴别位移量。

如果滑尺上余弦和正弦绕组在绕组的配置上错开 1/4 定尺节距的距离,而且两绕组的激磁电压同频等幅,彼此相差 90°电相角,则激磁信号分别为 $\cos \omega t$ 和 $\sin \omega t$。

如果两尺的相对位移为 x,检测周期为 W(以定尺节距为准,对于标准型为 2 mm),则机械位移引起的电相角变化为 $\theta = \dfrac{2\pi}{W} x$。

当余弦绕组单独激磁(激磁电压为 $u_c = U_m \cos \omega t$)时,感应电势为

$$e_c = k\omega U_m \sin \omega t \cos \theta$$

当正弦绕组单独激磁(激磁电压为 $u_s = U_m \sin \omega t$)时,感应电势为

$$e_s = k\omega U_m \cos \omega t \sin \theta \tag{7-3-3}$$

式中,k 为电磁耦合系数。

则感应绕组的总感应电势为

$$e = e_c + e_s = k\omega U_m (\sin \omega t \cos \theta + \cos \omega t \sin \theta)$$
$$= k\omega U_m \sin(\omega t + \theta) \tag{7-3-4}$$

由上述式子可知感应同步器两尺的相对位移 x 可转换为感应电势的相位 θ 变化,经数字鉴相电路,测出相位变化即可测出位移量。

AD2S90 是美国 AD 公司生产的鉴相式感应同步器信号处理专用集成芯片,它具有成本低、功耗小、功能多、所需外围元件少等优点。该芯片采用差动输入,并以鉴相方式完成对感应同步器输出信号的数字转换,图 7-3-8 示出 AD2S90 与感应同步器的连接。

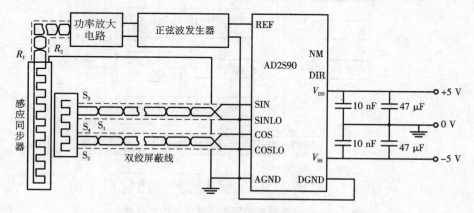

图 7-3-8 AD2S90 与感应同步器的连接

AD2S90 采用定尺激励的工作方式,由正弦波发生器和功率放大电路产生的一个大约 10 kHz 的正弦波信号作为感应同步器定尺的激励信号。随着滑尺的运动,滑尺上两个独立

绕组感应输出的两个正弦波信号将被滑尺位置对应的相位角 θ 所调相。这两个信号和正弦波发生器的参考正弦信号一起被送入 AD2S90 芯片的 SIN、COS、REF 端口，然后由 AD2S90 芯片以鉴相的方式将代表滑尺位置的相位 θ 转换为数字信号，此信号由串行数字端口输出或增量编码器端口输出。此外，AD2S90 还可以提供滑尺位移的速度和方向信号。

（2）鉴幅型测量系统

如果给滑尺上余弦、正弦绕组供以同频、同相但幅值不等的交流激磁电压，则可根据感应电势振幅鉴别信号位移量，称这种测量系统为鉴幅型测量系统。

当只在余弦绕组上加 $u_c = U_c \cos \omega t$ 激磁时，感应电势为

$$e_c = k\omega U_c \sin \omega t \cos \theta \tag{7-3-5}$$

式中：$U_c = U_m \cos \varphi$；U_m 为激磁电压幅值；φ 为给定的电相角。

当只正弦绕组上加 $u_s = U_s \cos \omega t$ 激磁时，感应电势为

$$e_s = k\omega U_s \sin \omega t \sin \theta \tag{7-3-6}$$

式中，$U_s = U_m \sin \varphi$。

幅值 U_c、U_s 是由专门设计的环节控制的，使它们分别按与系统给定的电相角 φ 成余弦、正弦规律变化。

感应绕组上的总输出感应电势为

$$e = e_c + e_s = k\omega U_m \sin \omega t (\cos \varphi \cos \theta + \sin \varphi \sin \theta)$$
$$= k\omega U_m \sin \omega t \cos(\varphi - \theta) \tag{7-3-7}$$

(7-3-7)式将感应同步器两尺的相对位移 x 转换为感应电势的幅值 $k\omega U_m \cos(\varphi - \theta)$ 变化，这就是鉴幅型感应同步器信号处理的基本原理。

图 7-3-9 所示为鉴幅型感应同步器数显表的组成框图，应用在机床上可进行点位控制、轮廓控制以及精密随动加工系统控制。

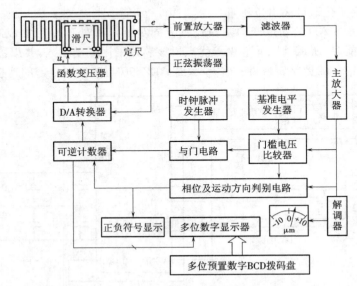

图 7-3-9　鉴幅型感应同步器数显表组成框图

初始时，定尺和滑尺处于平衡位置，即 $\varphi = \theta$，感应电势为零。当滑尺相对于定尺移动时，相位发生变化，将产生输出信号，此信号经放大、滤波后与门槛电压比较器的基准电平相比较。当滑尺的移动超过一个脉冲当量的位移时，门槛电路发出计数脉冲，此脉冲一方面经

可逆计数器、译码器后作数字显示,另一方面又送入 D/A 转换器并控制函数变压器,使激励电压的相位 $\varphi=\theta$,感应电势重新为零,系统又进入平衡状态,即可逆计数器的计数值与滑尺位移相对应。滑尺继续移动,系统就从平衡到不平衡,再到平衡,从而达到跟踪、显示位移的目的。

感应同步器也可通过输出信号的辨向和细分电路辨别位移方向和提高分辨力。辨向和细分电路与光栅数字传感器的实现方法类似,这里不再赘述。

7.4　振弦式传感器

振弦式传感器以张紧的钢弦作为敏感元件,其弦振动的固有频率与张紧力有关。当振弦长度确定后,弦的振动频率变化量的大小即可表示张紧力的大小。其输入量为力,输出量为频率信号。

7.4.1　弦振动的固有频率

图 7-4-1 为振弦式传感器的工作原理,敏感元件振弦 2 是一根张紧的金属丝,置于永久磁铁 3 形成的直流磁场中,其一端固定于支承 1 上,另一端与可动部件 4 相连。张力 T 作用于可动部件上,使弦张紧。

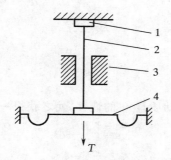

1—支承　2—振弦　3—永久磁铁　4—运动部分
图 7-4-1　振弦式传感器的工作原理

此时,振弦的固有频率 f_0 可由下式决定:

$$f_0=\frac{1}{2l}\sqrt{\frac{T}{\rho}}\qquad\qquad(7\text{-}4\text{-}1)$$

式中　l——振弦的有效长度;

ρ——振弦的线密度(单位长度的质量)。

由上式可见,对于 ρ 为定值的振弦,其固有频率 f_0 由张力 T 和有效长度 l 决定。因此,张力 T 和长度 l 可用 f_0 测量。利用振弦的固有频率与其张力的函数关系,可以制作压力、力、力矩或加速度传感器;利用振弦的固有频率与其长度 l 的函数关系,可以制作温度式、位移式传感器。

7.4.2　弦振动的激励方式

为了测量出振弦的固有频率 f_0,必须设法激发弦振动。激发弦振动的方式一般有两种。

(1)连续激励法

由于振弦被置于磁场中,当振弦中通一窄脉冲电流后,位于磁场中的弦由于电磁感应,振弦将受到一垂直于磁力线的作用力,从而激发振弦作频率等于其自振频率的周期运动。由于阻尼(如空气阻尼)的作用,振弦的自振将逐渐减弱,因此必须补充能量才能使振弦保持连续振动。可以用电流法或电磁法给振弦不断补充能量。

1)电流法

它将钢弦作为振荡器的一部分。在磁场中,当给钢弦通入电流时它便产生振动,然后输出一信号给放大器 A,经放大器放大后通过反馈网络 D 将放大器输出的一部分电流反馈到钢弦上,使钢弦连续振动。电流法激励示意图如图 7-4-2 所示。

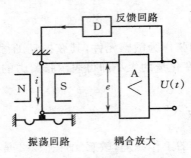

图 7-4-2　电流法激励示意图

根据图 7-4-2,我们可推导弦振动的固有频率公式。当电流 i 流过振弦时,弦受到作用力为

$$F = Bli \tag{7-4-2}$$

式中　B——磁感应强度;

　　　l——振弦的有效长度;

　　　i——通过振弦的电流。

力 F 的一部分用于克服振动质量 m 的惯性,使之获得一定速度

$$v = \int \frac{Bli_c}{m} \mathrm{d}t \tag{7-4-3}$$

式中　i_c——克服振弦惯性力所需的电流。

当振弦以速度 v 运动时便切割磁力线,产生感应电势 e,其值为

$$e = Blv = \frac{(Bl)^2}{m} \int i_c \mathrm{d}t \tag{7-4-4}$$

将上式与电容器充电公式 $e = \frac{1}{C} \int i_c \mathrm{d}t$ 比较后可看出,在磁场中运动的振弦质量 m 的作用可以等效为一只电容,其等效电容可写为

$$C = \frac{m}{(Bl)^2} \tag{7-4-5}$$

振弦一方面作为质量 m 的惯性体被加速,从而吸收了一部分电磁力 F,使之产生速度为 v 的运动;另一方面作为具有横向刚度的弹簧起作用,因此电磁力又要用于克服弹簧的反作用力 F_e。

设在时间 $t = t_x$ 时振弦偏离初始平衡位置为 δ,则其弹性反作用力为

$$F_e = k\delta \tag{7-4-6}$$

式中　k——振弦的横向刚度系数。

由于 $\frac{\mathrm{d}\delta}{\mathrm{d}t} = v, e = Blv, F_e = Bli_e$,则反电势为

$$e = Bl \frac{\mathrm{d}\delta}{\mathrm{d}t} = \frac{(Bl)^2}{k} \frac{\mathrm{d}i_e}{\mathrm{d}t} \tag{7-4-7}$$

将上式与电感反电动势公式 $e = -L \frac{\mathrm{d}i_e}{\mathrm{d}t}$ 相比可看出,位于磁场内张紧的弦产生横向振动时,其作用又相当于感性阻抗,其等效电感为

$$L = \frac{(Bl)^2}{k}$$

因此,位于磁场中一根张紧的钢弦的运动,如同一个并联的 LC 电路,其振荡频率可按 LC 回路方法计算,即

$$\omega_0 = \frac{1}{\sqrt{LC}} \tag{7-4-8}$$

将等效电容 C 和等效电感 L 代入上式,得

$$\omega_0 = \sqrt{\frac{k}{m}} \tag{7-4-9}$$

而振弦的横向刚度系数 k 和质量 m 可分别按下式求得:

$$k = \frac{T}{l}\pi^2 \tag{7-4-10}$$

$$m = \rho l \tag{7-4-11}$$

故

$$\omega_0 = \sqrt{\frac{k}{m}} = \sqrt{\frac{T\pi^2}{l}\frac{1}{\rho l}} = \frac{\pi}{l}\sqrt{\frac{T}{\rho}} \tag{7-4-12}$$

$$f_0 = \frac{1}{2l}\sqrt{\frac{T}{\rho}}$$

由上式可看出,振荡频率 f_0 与振弦张紧力 T 为非线性关系(近似为抛物线关系)。当对精度要求不太高时,可在测量范围内选择一个线性段。当对传感器的线性度要求较高时,则应进行线性化处理。

电流法的缺点是振弦连续激励容易疲劳,又因钢弦通电,所以必须考虑钢弦与外壳绝缘的问题。若绝缘材料与金属热膨胀系数差别大,则易产生温差。但这种方法可连续测量被测量的变化。

2)电磁法(或线圈法)

使用这种方法时,在振弦中无电流通过,如图 7-4-3 所示。用两组电磁线圈,一组是用来连续激励振弦的激励线圈,另一组是用来接收信号的感应线圈。测量时传感器与测量线路相连,一旦电流接通,吸引绕在振弦上的铁片,从而引起振动。与此同时,接收线圈内侧产生感应电势。经放大后的一部分信号又正好反馈到激励线圈,使振弦维持连续振动。

电磁法既可以连续测量被测对象的变化量,又不需要绝缘,但由于需使用两组线圈,因此结构尺寸较大。

(2)间歇激励法

如果在振弦 1 中装上一小片纯铁,旁边放置电磁铁 2,如图 7-4-4(a)所示。当给电磁铁的线圈通入一脉冲电流时,电磁铁通过纯铁片 5 吸引振弦;当电流断开时,电磁铁失去吸引力释放振弦,于是振弦产生振动,振动的频率即为振弦的固有频率 f_0。

在振弦的旁边还放置一个绕有线圈的永久磁铁 3,当振弦振动时,装在弦上的另一纯铁片与永久磁铁 3 的位置发生周期性变化,从而使绕在永久磁铁上的线圈感应出交变电势,由

线圈两端输入测量电路,感应电势的频率即为振弦的固有频率。这样可由输出电势的频率测得振弦的固有振动频率。

要使振弦持续振动,需不断地激发振弦,故需在电磁铁的线圈中通以一定周期的脉冲电流,使电磁铁定时地吸引振弦。

由上所述,电磁铁2的作用是激发弦振动,磁铁3的作用是把弦振动频率变换为感应电势的频率并输出给测量电路。使用这种间歇的激发方法时,由于振弦在振动过程中的振幅衰减,因此输出电势的幅值也将周期性地衰减。但是由于测量电路主要测量电势的频率,而不是幅值,因此不影响频率的测量。

在实际应用中,往往把电磁铁2和绕有感应线圈的磁铁3合并为一个电磁装置4,如图7-4-4(b)所示。

U形磁铁上绕有一个电磁线圈,当线圈中未通电流时,永久磁铁不吸引振弦;当线圈通以一脉冲电流时,永久磁铁的磁性大大增强,从而吸引振弦;当脉冲电流消失后,振弦被释放。这样一吸一放,振弦不断振动,其产生的感应电势便从该电磁线圈中输出。

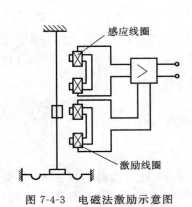

图 7-4-3　电磁法激励示意图

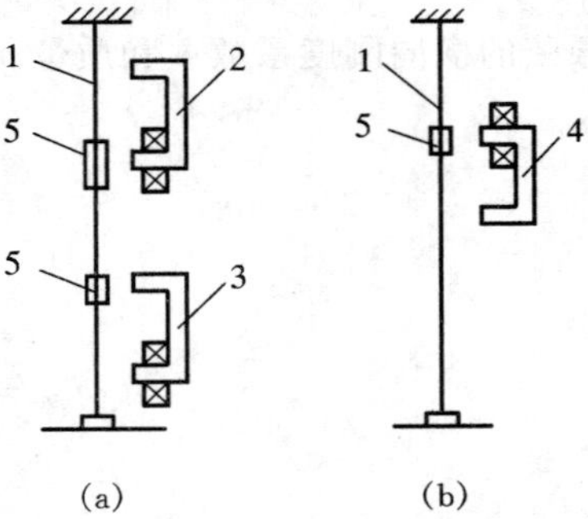

1—振弦　2—电磁铁　3—永久磁铁
4—电磁装置　5—纯铁片
图 7-4-4　间歇激励示意图

7.4.3　振弦式传感器的灵敏度和线性度

(1)灵敏度

由(7-4-1)式知

$$f_0 = \frac{1}{2l}\sqrt{\frac{T}{\rho}}$$

由于

$$T = S\sigma$$

式中　S——弦的截面积;

　　　σ——弦所受的应力。

从而有

$$f_0 = \frac{1}{2l}\sqrt{\frac{\sigma}{\rho'}} \tag{7-4-13}$$

式中　ρ'——弦的体密度。

　　　应力与应变的关系为

$$\sigma = \varepsilon E$$

式中　ε——弦的应变($\Delta l/l$);

　　　E——弦材料的弹性模量。

从而有

$$f_0 = \frac{1}{2l}\sqrt{\frac{\varepsilon E}{\rho'}} \tag{7-4-14}$$

由(7-4-14)式得

$$\frac{\mathrm{d}f_0}{\mathrm{d}\varepsilon} = \frac{E}{8l^2\rho' f_0} \tag{7-4-15}$$

我们把 $\dfrac{\mathrm{d}f_0}{\mathrm{d}\varepsilon}$ 称作振弦式传感器的灵敏度。由(7-4-15)式可知,为了提高灵敏度,振弦的基频应尽可能低,弦应尽可能短,而弦材料的弹性模量则应尽可能高。

在弦的材料、几何尺寸、基频均不变的情况下,用两根振弦接成差动式振弦式传感器,其灵敏度可提高1倍。如图7-4-5所示,设初张力为 T_0,当待测参数作用在传感器的运动部分时,使一根弦的张力增加 $\Delta T(T_1=T_0+\Delta T)$,则此弦的固有频率由 f_0 增至 f_1,即

$$f_1 = \frac{1}{2l}\sqrt{\frac{T_0+\Delta T}{\rho}}$$

而另一根弦的张力减小 $\Delta T(T_2=T_0-\Delta T)$,则此弦的固有频率 f_0 减至 f_2,即

$$f_2 = \frac{1}{2l}\sqrt{\frac{T_0-\Delta T}{\rho}}$$

当 $\Delta T\ll1$ 时,将 f_1 和 f_2 的表达式展成级数,得

$$f_1 = f_0\left[1+\frac{1}{2}\frac{\Delta T}{T_0}-\frac{1}{8}\left(\frac{\Delta T}{T_0}\right)^2+\frac{1}{16}\left(\frac{\Delta T}{T_0}\right)^3-\cdots\right] \tag{7-4-16}$$

$$f_2 = f_0\left[1+\frac{1}{2}\left(\frac{-\Delta T}{T_0}\right)-\frac{1}{8}\left(\frac{-\Delta T}{T_0}\right)^2+\frac{1}{16}\left(\frac{-\Delta T}{T_0}\right)^3-\cdots\right] \tag{7-4-17}$$

(7-4-16)式与(7-4-17)式相减并略去高次项,得

$$\Delta f \approx \frac{\Delta T}{T_0}f_0 \tag{7-4-18}$$

灵敏度为

$$\frac{\Delta f}{\Delta T} = \frac{f_0}{T_0} \tag{7-4-19}$$

而单根弦的灵敏度为

$$\frac{\Delta f}{\Delta T} = \frac{1}{2}\frac{f_0}{T_0} \tag{7-4-20}$$

可见灵敏度提高了1倍。

(2)线性度

从(7-4-1)式知,f_0 与 T 之间呈非线性关系,其函数关系曲线为抛物线。为了提高线性度,可使振弦工作在特性曲线中较直的一段。当频率变化范围不大时,这个要求可以达到。但若 Δf 的变化范围较大,引起的非线性误差则不能忽视。图7-4-6为振弦式传感器的特性曲线,当张力范围在 T_1 与 T_2 之间时,振弦振动频率为2 000～4 000 Hz,在这一小段内,f_0 与 T 之间基本上可获得线性关系,其非线性误差小于 $\pm1\%$。由此可知,为了取得特性曲线中间较直的一段,初始频率(即待测参数为零值时)不能为零,且应对振弦施加一定的初张力 T_0。

忽略(7-4-16)式中的高次项,可得特性曲线的非线性误差为

$$\delta = \frac{1}{4}\frac{\Delta T}{T_0} \tag{7-4-21}$$

同样,对于图 7-4-5 所示的差动式振弦式传感器的非线性误差可求得

$$\delta = \frac{1}{8}\left(\frac{\Delta T}{T_0}\right)^2 \tag{7-4-22}$$

比较(7-4-21)式与(7-4-22)式可知,差动式振弦式传感器比普通的振弦式传感器的非线性误差要小得多。

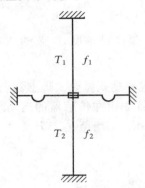

图 7-4-5 差动式振弦式传感器

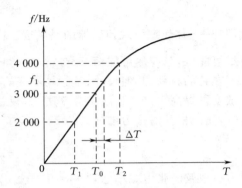

图 7-4-6 振弦式传感器的特性曲线

7.4.4 振弦式传感器的基本元件及结构

(1)振弦

在振弦式传感器中,振弦是将待测参数变化转换为频率变化的敏感元件,因此是一关键元件。它对传感器的精度、灵敏度和稳定性的影响很大。通常要求振弦材料具有以下特点。

①抗拉强度高。它决定传感器可能使用的范围,当传感器的测量范围比较大时,由于使用频率过高而使弦应力达到甚至超过其强度极限,这将影响传感器的测量精度,甚至导致其无法正常工作。

②弹性模量高。它直接影响传感器的灵敏度。

③磁性好,导电性好。

④温度系数小,尺寸随时间变化小,受拉后松弛小。这些均关系到传感器的稳定性。

实验证明,含碳量高的振弦,尤其是含钨的振弦,磁性最好,振动幅度大,衰减慢。现在常用的材料有琴钢丝、高强度冷拉钢丝、提琴弦、钨丝等。弦的直径不能太大,否则影响灵敏度和起振力。至于弦的长度如前所述,取值较小有利于提高传感器的灵敏度。

弦的应力不能太大或太小,太小会影响传感器的稳定性,不容易起振;太大则可能超过弦的屈服点,使弦产生较大的松弛,影响传感器的精度。由于弦质量不可能完全均匀,因此使用时对弦的抗拉强度应考虑一定的安全系数。

除正确地选择振弦的材料及几何尺寸外,还必须进行适当的应力及热老化处理。实验表明,一根未经热处理的弦在长期的高应力拉伸下,会逐渐松弛,并在高应力、高温度情况下加速松弛。当弦经过高应力和热老化处理后,松弛过程基本上可消除。

用电流法连续激励振弦时,必须保证振弦与壳体或支架绝缘。通常借助于陶瓷、氧化铝或其他绝缘垫片使两者绝缘。在间歇激发的振弦传感器中,振弦中只有磁通而没有电流通过,因此可以不考虑绝缘问题。

(2)磁铁

磁场可以由永久磁铁产生,也可以采用直流电磁铁。采用永久磁铁时,一般用

AlNiCoV 磁铁。在连续激励振弦的方式中,为了提高气隙中心磁通密度,磁铁可作成尖形。考虑到磁极的加工方便,磁铁可用电工纯铁制成,然后与永久磁铁连在一起。图 7-4-7(a)为振弦式传感器中的磁铁,其中部为永久磁铁,由 AlNiCoV 材料制成,F_1 和 F_2 为磁极,由纯铁制成。磁极的形状及尺寸如图 7-4-7(b)所示,其中 $\gamma = 60°$,$d = 0.5$ mm,$R = 0.5$ mm,气隙高度约为 10 mm,它的磁感应强度 $B \geqslant 0.07$ T。永久磁铁 P 和软磁铁 F_1、F_2 的接触面及磁极端部都应研磨光洁,以减少磁阻并使磁力线分布均匀。

在间歇激励振弦的方式中,常用电磁线圈激励直流电磁铁,或者加强永久磁铁的磁性。为了使电磁线圈易于装入磁铁内,常把磁铁作成 U 形,而把电磁线圈安装在 U 形磁铁的一臂上。因此磁力线通过磁铁→弦→纯铁片→磁铁,形成一个闭合磁回路,如图 7-4-8 所示。

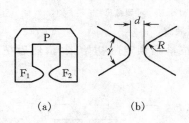

图 7-4-7　连续激励振弦中的磁铁构造及其形状、尺寸　　　　图 7-4-8　间歇激励振弦中的磁铁结构
　　　　　　(a)磁铁构造　(b)形状及尺寸

(3)振弦夹紧装置

传感器工作时,振弦处于张紧的状态,因此振弦的两端必须与支架和运动部分固接。固接方法有两种:一种是将振弦两端与支架和运动部分焊接;另一种是采用夹紧装置将振弦夹紧。常采用后一种方法,为此需设计专门的夹紧装置。

振弦夹紧装置的性能对仪器性能具有至关重要的影响。一个良好的振弦夹紧装置应当满足以下要求:

①抗滑能力强,振弦在长期受拉或反复激发振动的情况下,夹头不松动;

②加工简单,安装方便,在发生故障后易于拆卸,并能重复使用;

③能任意调整振弦的初始频率,在安装和调频时能保证振弦不发生转动。

以上要求中,以抗滑能力最重要。一个抗滑能力不够的振弦夹紧装置可能使仪器根本不能工作,或者给测量带来误差。

目前使用的振弦式传感器中,振弦夹紧装置有如下几种。

①销钉式夹紧装置。这种夹紧装置用螺钉产生夹紧力,如图 7-4-9 所示。固定螺钉 3 将振弦 1 压紧于振弦栓套 4 与振弦栓 2 的上方,然后将它放入支架 6 预留的缺口中。缺口上方为圆形,用来放置夹紧套,下方连有一个小方槽,安装时将螺钉嵌入其中。这样可以防止弦栓套与支架的相对转动。振弦的拉紧与放松用可调螺母 5 来调节,拧动可调螺母可使振弦栓套与支架产生相对位移,从而使振弦拉紧或放松。

②锥形栓式夹紧装置。该夹紧装置的工作特点是将振弦夹紧于两半圆形的锥形轴心中,如图 7-4-10 所示。锥形轴心 2 放置于一个开有锥形圆孔的夹紧套 4 中,夹紧套外表面有螺纹。因此当转动支架外侧的可调螺母 3 时,夹紧套与支架 5 产生相对移动,从而使夹在夹紧套中间的振弦 6 拉紧。支架内侧的固定螺母 1 的作用是锁紧夹紧套与支架的相对位置。

③剪式夹紧装置。这种夹紧装置是在支架上开一条细槽,然后将振弦放在槽中,用螺钉

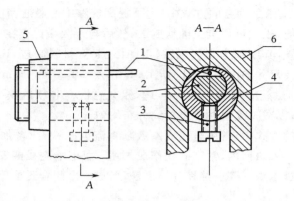

1—振弦　2—振弦栓　3—固定螺钉　4—振弦套栓　5—可调螺母　6—支架
图 7-4-9　销钉式夹紧装置

将支架夹紧,如图 7-4-11 所示。在装配时,可将振弦拉紧到预定的初始张力,然后把螺母拧紧以夹紧振弦。

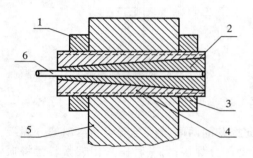

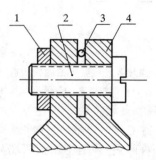

1—固定螺母　2—轴心　3—可调螺母
4—夹紧套　5—支架　6—振弦
图 7-4-10　锥形栓式夹紧装置

1—螺母　2—夹紧螺钉
3—振弦　4—支架
图 7-4-11　剪式夹紧装置

上述三种夹紧装置中,销钉式夹紧装置安装方便灵活,初频也可自动调整,夹头对弦的损伤小;缺点是加工精度要求较高,零件较多,加工程序较复杂。锥形栓式夹紧装置的加工要求较销钉式低一些,初频也可自由调整,夹紧力大,但在调整与安装时易使振弦发生扭转。剪式夹紧装置最为简单,但安装时拉紧振弦比较困难,初频不能调整。上述三种装置各有优缺点,可根据加工条件、精度要求、调频及装拆情况等选择,也可设计其他形式的结构。

（4）结构

图 7-4-12 是美国福克斯波罗(Foxboro)公司研制的振弦式电动差压变送器结构示意图。一根张紧的弦置于永久磁场中,振弦的一端连接在靠近高压侧,即连接在由变送器体所附有的金属管的一端,振弦的另一端通过振弦丝的调整螺栓和垫圈,连接到低压侧膜片上。预张力弹簧对振弦施加一定的初始张力,高低压侧膜片与膜片基底之间的空隙、流体传导管和金属管中均充硅油密封。

当差压变化时,高压侧膜片受力向内侧移动,低压侧膜片背面受力向外侧扩张移动。于是振弦的张力增大,输出频率增加。

振弦式电动差压变送器可用于测量锅炉、反应炉及化工设备管道中气、液体的差压、压力及流量,精度可达±0.2%。

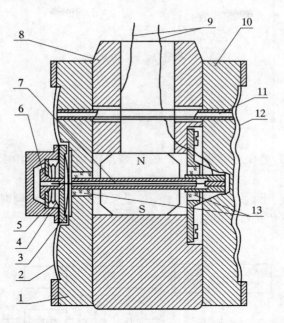

1—低压侧支板　2—低压膜片　3—预张力弹簧　4—过载弹簧　5—垫圈　6—弦端调整螺栓　7—振弦
8—元件本体　9—信号引线　10—高压侧支板　11—硅油传导管　12—高压膜片　13—绝缘支承环

图 7-4-12　振弦式电动差压变送器结构示意图

7.4.5　振弦式传感器的测量电路

由于振弦式传感器输出频率 f 与被测力 T 之间是非线性关系,所以即使取特性曲线较直的一段作为工作范围,上述测量电路的非线性误差也会高达 $5\%\sim6\%$。为此必须寻求一种变换精度更高的测量电路。

对(7-4-1)式两边平方得

$$f^2 = kT \tag{7-4-23}$$

式中 $k = \dfrac{1}{4l^2\rho}$。当振弦材料和尺寸一定时,k 为常数。

由(7-4-23)式可见,f^2 与 T 之间为线性关系。实验证明,以 f^2 为传感器输出信号,其线性度可达 $0.5\%\sim2.5\%$。为了将振弦式传感器输出的频率信号 f 转换成与 f^2 成正比的电压或电流信号,可采用如图 7-4-13 所示原理框图。

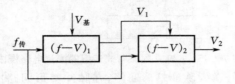

图 7-4-13　变换电路原理框图

由图可知,

$$V_1 = k_1 f_{传} V_{基} \tag{7-4-24}$$

式中　k_1——$(f-V)_1$ 单元转换系数;

　　　$V_{基}$——幅值恒定的基准电压。

$$V_2 = k_2 f_{传} V_1 \tag{7-4-25}$$

式中　k_2——$(f—V)_2$ 单元转换系数。

将(7-4-24)式代入(7-4-25)式,得

$$V_2 = k_1 k_2 f_传^2 V_基 = k_3 f_传^2 \qquad (7\text{-}4\text{-}26)$$

式中 $k_3 = k_1 k_2 V_基$ 为定值。

将(7-4-23)式代入(7-4-26)式,得

$$V_2 = k_3 k T = k_4 T \qquad (7\text{-}4\text{-}27)$$

式中 $k_4 = k_3 k$ 为定值。

由(7-4-27)式可知,经上述变换后,振弦传感器输出的电压信号 V_2 与被测力呈线性关系。

为了提高变换精度,由(7-4-26)式可知,必须保证 k_3 为常数,同时对 $f_传$ 也需进行适当处理。实用的变换电路原理框图如图 7-4-14 所示。

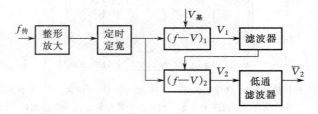

图 7-4-14　实用的变换电路原理框图

图 7-4-15 是美国 Foxboro 公司生产的 820 系列振弦式传感器测量电路框图。

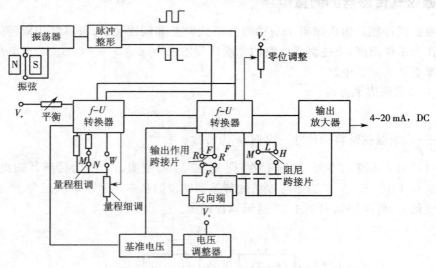

图 7-4-15　820 系列振弦式传感器测量电路框图

振荡器的输出频率信号送入脉冲整形回路,在脉冲整形回路中处理后输出两个互补的频率信号,分别加至两个 f-U 转换器。每个转换器产生一个正比于输入频率和输入电压乘积的输出电压信号,则第二级转换器输出的电压信号正比于频率的平方,因此正比于振弦上的张力。

第二级转换器的输出电压经输出放大器转换为 4~20 mA 的直流标准信号。

电压调整器用来保持工作电压稳定和给转换器提供稳定的基准电压。所有这些电路,均封装在一个电子模块中。

第8章 热电式传感器

热电式传感器是一种将温度变化转换为电量变化的装置。在各种热电式传感器中,把温度量转换为电势和电阻的方法最为普遍。其中将温度转换为电势的热电式传感器叫热电偶,将温度转换为电阻值的热电式传感器叫热电阻。这两种传感器目前在工业生产中得到了广泛的应用,并且可以选用定型的显示仪表和记录仪进行显示和记录。

8.1 热电偶

8.1.1 热电效应

热电偶是利用热电效应制成的温度传感器。如图 8-1-1 所示,把两种不同的导体或半导体材料 A、B 连接成闭合回路,将它们的两个接点分别置于温度为 T 及 T_0(设 $T > T_0$)的热源中,则在该回路内就会产生热电动势(简称热电势),以 $E_{AB}(T, T_0)$ 表示,这种现象称作热电效应。将两种不同导体或半导体的这种组合称为热电偶,A 和 B 称为热电极,温度高的接点称为热端(或工作端),温度低的接点称为冷端(或自由端)。

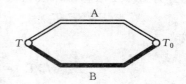

图 8-1-1 热电效应原理图

图 8-1-1 所示的热电偶回路中所产生的热电势由两种导体的接触电势和单一导体的温差电势所组成。

(1)接触电势

所有金属中均有大量自由电子,而对于不同的金属材料,其自由电子密度不同。当两种

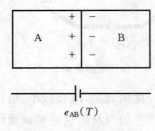

图 8-1-2 接触电势

不同的金属导体接触时,在接触面上因自由电子密度不同而发生电子扩散,电子扩散速率与两导体的电子密度有关,并和接触区的温度成正比。设导体 A 和 B 的自由电子密度分别为 n_A 和 n_B,且有 $n_A > n_B$,则在接触面上由 A 扩散到 B 的电子必然比由 B 扩散到 A 的电子数多。因此,导体 A 失去电子而带正电荷,导体 B 获得电子而带负电荷,在 A、B 的接触面上便形成一个从 A 到 B 的静电场,如图 8-1-2 所示。这个电场阻碍了电子的继续扩散,当达到动态平衡时,在接触区形成一个稳定的电位差,即接触电势,其大小可以表示为

$$e_{AB}(T) = \frac{kT}{e} \ln \frac{n_A}{n_B} \qquad (8-1-1)$$

式中 $e_{AB}(T)$——导体 A 和 B 的接点在温度 T 时形成的接触电势;

e——电子电荷,$e = 1.6 \times 10^{-19}$ C;

k——玻耳兹曼常数,$k = 1.38 \times 10^{-23}$ J/K。

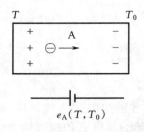

图 8-1-3　温差电势

(2)温差电势

在单一导体中,如果两端温度不同,在两端之间会产生电势,即单一导体的温差电势。这是由于导体内自由电子在高温端具有较大的动能,因而向低温端扩散,结果高温端因失去电子而带正电荷,低温端因得到电子而带负电荷,从而形成一个静电场,如图 8-1-3 所示。该电场阻碍电子的继续扩散,当达到动态平衡时,在导体的两端便产生一个相应的电位差,该电位差称为温差电势。温差电势的大小可表示为

$$e_A(T,T_0)=\int_{T_0}^{T}\sigma\mathrm{d}T \tag{8-1-2}$$

式中　$e_A(T,T_0)$——导体 A 两端温度为 T、T_0 时形成的温差电势;

　　σ——汤姆逊系数,表示单一导体两端温度差为 1 ℃时所产生的温差电势,其值与材料性质及两端温度有关。

(3)热电偶回路热电势

对于由导体 A、B 组成的热电偶闭合回路,当温度 $T>T_0$,$n_A>n_B$ 时,闭合回路总的热电势为 $E_{AB}(T,T_0)$,如图 8-1-4 所示。并可用下式表示:

$$E_{AB}(T,T_0)=[e_{AB}(T)-e_{AB}(T_0)]+[-e_A(T,T_0)+e_B(T,T_0)] \tag{8-1-3}$$

或者

$$E_{AB}(T,T_0)=\frac{kT}{e}\ln\frac{n_{AT}}{n_{BT}}-\frac{kT_0}{e}\ln\frac{n_{AT_0}}{n_{BT_0}}+\int_{T_0}^{T}(\sigma_B-\sigma_A)\mathrm{d}T \tag{8-1-4}$$

式中　n_{AT}、n_{AT_0}——导体 A 在接点温度为 T 和 T_0 时的电子密度;

　　n_{BT}、n_{BT_0}——导体 B 在接点温度为 T 和 T_0 时的电子密度;

　　σ_A、σ_B——导体 A 和 B 的汤姆逊系数。

由此可以得出如下结论:

①如果热电偶两电极材料相同,即 $n_A=n_B$,$\sigma_A=\sigma_B$,虽然两端温度不同,但闭合回路的总热电势仍为零,因此热电偶必须用两种不同材料作为热电极;

②如果热电偶两电极材料不同,而热电偶两端的温度相同,即 $T=T_0$,闭合回路中也不产生热电势。

应当指出的是,在金属导体中自由电子很多,以

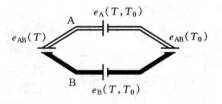

图 8-1-4　回路总电势

致温度不能显著地改变它的自由电子浓度,所以,在同一种金属导体内,温差电势极小,可以忽略。因此,在一个热电偶回路中起决定作用的,是两个接点处产生的与材料性质和该点所处温度有关的接触电势。故上式可以近似改变为

$$E_{AB}(T,T_0)=e_{AB}(T)-e_{AB}(T_0)$$

$$=e_{AB}(T)+e_{BA}(T_0) \tag{8-1-5}$$

在工程中,常用(8-1-5)式表征热电偶回路的总热电势。从该式可以看出,回路的总电势是随 T 和 T_0 而变化的,即总电势为 T 和 T_0 的函数差,这在实际使用中很不方便。为此,在标定热电偶时,使 T_0 为常数,即

$$e_{AB}(T_0)=f(T_0)=C(常数)$$

则(8-1-5)式可以改写成

$$E_{AB}(T,T_0)=e_{AB}(T)-f(T_0)=f(T)-C \qquad (8\text{-}1\text{-}6)$$

(8-1-6)式表示,当热电偶回路的一个端点保持温度不变,则热电势 $E_{AB}(T,T_0)$ 只随另一个端点的温度变化而变化。两个端点温差越大,回路总热电势 $E_{AB}(T,T_0)$ 也就越大,这样回路总热电势就可以看成温度 T 的单值函数,这给工程中用热电偶测量温度带来了极大的方便。

8.1.2　热电偶基本定律

(1)中间导体定律

在图 8-1-5 所示的热电偶中,回路总电势为

$$E_{ABC}(T,T_0)=e_{AB}(T)+e_{BC}(T_0)+e_{CA}(T_0)-\int_{T_0}^{T}\sigma_A dT+\int_{T_0}^{T}\sigma_B dT$$

$$=e_{AB}(T)+e_{BC}(T_0)+e_{CA}(T_0)+\int_{T_0}^{T}(\sigma_B-\sigma_A)dT \qquad (8\text{-}1\text{-}7)$$

如果设三个接点温度相等均为 T_0,则有

$$E_{ABC}(T,T_0)=e_{AB}(T_0)+e_{BC}(T_0)+e_{CA}(T_0)+\int_{T_0}^{T_0}(\sigma_B-\sigma_A)dT=0$$

而

$$\int_{T_0}^{T_0}(\sigma_B-\sigma_A)dT=0$$

所以

$$e_{AB}(T_0)+e_{BC}(T_0)+e_{CA}(T_0)=0$$

或

$$-e_{AB}(T_0)=e_{BC}(T_0)+e_{CA}(T_0) \qquad (8\text{-}1\text{-}8)$$

将(8-1-8)式代入(8-1-7)式则有

$$E_{ABC}(T,T_0)=e_{AB}(T)-e_{AB}(T_0)+\int_{T_0}^{T}(\sigma_B-\sigma_A)dT=E_{AB}(T,T_0) \qquad (8\text{-}1\text{-}9)$$

(8-1-9)式即为中间导体定律表达式。

(2)标准电极定律

当接点温度为 T、T_0 时,用导体 A、B 组成热电偶产生的热电势等于 A、C 热电偶和 C、B 热电偶热电势的代数和,即

$$E_{AB}(T,T_0)=E_{AC}(T,T_0)+E_{CB}(T,T_0) \qquad (8\text{-}1\text{-}10)$$

导体 C 称为标准电极(一般由铂制成)。这一规律称为标准电极定律。三种导体分别构成的热电偶如图 8-1-6 所示。对 A、B 热电偶有

$$E_{AB}(T,T_0)=e_{AB}(T)-e_{AB}(T_0)+\int_{T_0}^{T}(\sigma_B-\sigma_A)dT$$

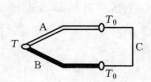

图 8-1-5　中间导体定律

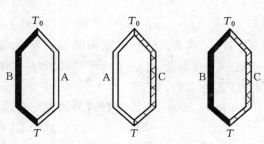

图 8-1-6　三种导体分别组成的热电偶

对 A、C 热电偶有

$$E_{AC}(T, T_0) = e_{AC}(T) - e_{AC}(T_0) + \int_{T_0}^{T} (\sigma_C - \sigma_A) dT$$

对 B、C 热电偶有

$$E_{BC}(T, T_0) = e_{BC}(T) - e_{BC}(T_0) + \int_{T_0}^{T} (\sigma_C - \sigma_B) dT$$

所以得到
$$E_{AC}(T, T_0) + E_{CB}(T, T_0) = E_{AC}(T, T_0) - E_{BC}(T, T_0)$$

$$= \frac{kT}{e} \ln \frac{n_{AT}}{n_{CT}} - \frac{kT_0}{e} \ln \frac{n_{AT_0}}{n_{CT_0}} + \int_{T_0}^{T} (\sigma_C - \sigma_A) dT -$$

$$\frac{kT}{e} \ln \frac{n_{BT}}{n_{CT}} + \frac{kT_0}{e} \ln \frac{n_{BT_0}}{n_{CT_0}} - \int_{T_0}^{T} (\sigma_C - \sigma_B) dT$$

$$= \frac{kT}{e} \ln \frac{n_{AT}}{n_{BT}} - \frac{kT_0}{e} \ln \frac{n_{AT_0}}{n_{BT_0}} + \int_{T_0}^{T} (\sigma_B - \sigma_A) dT$$

$$= E_{AB}(T, T_0) \tag{8-1-11}$$

（3）连接导体定律与中间温度定律

在热电偶回路中，若导体 A、B 分别与连接导线 A'、B' 相接，接点温度分别为 T、T_n、T_0，如图 8-1-7 所示，则回路的总热电势为

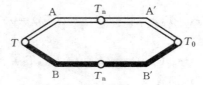

图 8-1-7   热电偶连接导线示意图

$$E_{ABB'A'}(T, T_n, T_0) = e_{AB}(T) + e_{BB'}(T_n) + e_{B'A'}(T_0) + e_{A'A}(T_n) + \int_{T_n}^{T} \sigma_A dT +$$

$$\int_{T_0}^{T_n} \sigma_{A'} dT - \int_{T_0}^{T_n} \sigma_{B'} dT - \int_{T_n}^{T} \sigma_B dT \tag{8-1-12}$$

因为

$$e_{BB'}(T_n) + e_{A'A}(T_n) = \frac{kT_n}{e} \left[\ln \frac{n_{BT_n}}{n_{B'T_n}} + \ln \frac{n_{A'T_n}}{n_{AT_n}} \right] = \frac{kT_n}{e} \left[\ln \frac{n_{A'T_n}}{n_{B'T_n}} - \ln \frac{n_{AT_n}}{n_{BT_n}} \right]$$

$$= e_{A'B'}(T_n) - e_{AB}(T_n) \tag{8-1-13}$$

同时

$$e_{B'A'}(T_0) = -e_{A'B'}(T_0) \tag{8-1-14}$$

将(8-1-13)、(8-1-14)式代入(8-1-12)式化简可得

$$E_{ABB'A'}(T, T_n, T_0) = E_{AB}(T, T_n) + E_{A'B'}(T_n, T_0) \tag{8-1-15}$$

(8-1-15)式为连接导体定律的数学表达式，即回路总热电势等于热电偶电势 $E_{AB}(T, T_n)$ 与连接导线电势 $E_{A'B'}(T_n, T_0)$ 的代数和。连接导线定律是工业上运用补偿导线进行温度测量的理论基础。

当导体 A 与 A'、B 与 B' 材料分别相同时，则(8-1-15)式可写为

$$E_{AB}(T, T_n, T_0) = E_{AB}(T, T_n) + E_{AB}(T_n, T_0) \tag{8-1-16}$$

(8-1-16)式为中间温度定律的数学表达式，即回路总热电势等于 $E_{AB}(T, T_n)$ 与 $E_{AB}(T_n, T_0)$ 的代数和。T_n 称为中间温度。中间温度定律为制定热电势分度表奠定了理论

基础,只要求得到参考端温度 0 ℃时的热电势与温度关系,就可根据(8-1-16)式求出参考温度不等于 0 ℃时的热电势。

8.1.3 常用热电偶及结构

从理论上讲,任何两种不同导体(或半导体)均可制成热电偶,但是作为实用的测温元件,对它的要求是多方面的。为了保证工程技术中的可靠性,以及足够的测量精度,并不是所有材料均可组成热电偶,一般对热电偶的电极材料有以下基本要求:

①在测温范围内,热电性质稳定,不随时间而变化,有足够的物理化学稳定性,不易被氧化或腐蚀;

②电阻温度系数小,电导率高,比热小;

③测温中产生热电势要大,并且热电势与温度之间呈线性或接近线性的单值函数关系;

④材料复制性好,力学强度高,制造工艺简单,价格便宜。

(1)常用热电偶

目前,常用的热电极材料分贵金属和普通金属两大类,在我国被广泛使用的热电偶有以下几种。

1)铂铑—铂热电偶

该热电偶由 $\phi 0.5$ mm 的纯铂丝和相同直径的铂铑丝(铂 90%,铑 10%)制成,其分度号为 S。在 S 型热电偶中铂铑丝为正极,铂丝为负极。此种热电偶在 1 300 ℃以下范围内可长期使用,在良好的使用环境下可短期测量 1 600 ℃高温。由于容易得到高纯度的铂和铂铑,故 S 型热电偶的复制精度和测量准确性较高,可用于精密温度测量和用作标准热电偶,它在氧化性或中性介质中具有较高的物理化学稳定性。其主要缺点是:热电势较小;在高温时易受还原性气体发出的蒸气和金属蒸气的侵害而变质;铂铑丝中铑分子在长期使用后受高温作用产生挥发现象,使铂丝受到污染而变质,从而引起热电偶特性变化,失去测量的准确性。另外,S 型热电偶的材料系贵重金属,成本较高。

2)镍铬—镍硅热电偶

在该热电偶中,镍铬为正极,镍硅为负极,热偶丝直径为 $\phi 1.2 \sim 2.5$ mm,分度号为 K。K 型热电偶化学稳定性较高,可在氧化性或中性介质中长时间地测量 900 ℃以下温度,短期可测 1 200 ℃。其复制性好,产生的热电势大,线性好,价格便宜。但它在还原性介质中易受腐蚀,只能测 500 ℃以下的温度,测量精度较低,但完全能满足工业测温要求,是工业生产中最常用的一种热电偶。

3)镍铬—考铜热电偶

它由镍铬材料与镍、铜合金材料组成。镍铬为正极,考铜为负极,热偶丝直径为 $\phi 1.2 \sim 2$ mm,分度号为 E。E 型热电偶适用于还原性和中性介质,长期使用温度不超过 600 ℃,短期测温可达 800 ℃。该热电偶灵敏度高,价格便宜,但测温范围窄而低,考铜合金丝易受氧化而变质,由于材质坚硬而不易得到均匀线径。

4)铂铑$_{30}$—铂铑$_6$热电偶

在该热电偶中,铂铑$_{30}$丝(铂 70%,铑 30%)为正极,铂铑$_6$(铂 94%,铑 6%)为负极,分度号为 B。可长期测 1 600 ℃高温,短期可测 1 800 ℃。B 型热电偶性能稳定,精度高,适用于氧化性或中性介质的使用,但其输出热电势小,价格高。B 型热电偶由于在低温时热电势极小,因此冷端在 40 ℃以下范围内对热电势值可不必修正。

5）铜—康铜热电偶

铜—康铜热电偶是非标准分度热电偶中应用较多的一种，尤其在低温下使用更为普遍，测量范围为$-200\sim+200$ ℃，多用于实验室和科研中，其分度号为T。

由于康铜电极热电特性复制性差，所以做出的各种铜—康铜热电偶的热电势不一致。铜—康铜热电偶的热电势与温度的关系可以近似地由下式决定：

$$E_t = at + bt^2 \qquad\qquad (8\text{-}1\text{-}17)$$

式中　E_t——热电势（冷端为 0 ℃时）；

　　　a、b——常数，用该热电偶测负温时 $a\approx-39.5$，$b\approx-0.05$。

由于铜—康铜热电偶在低温下有较好的稳定性，所以在低温技术中应用较多。

现将我国常用的热电偶型号、测温范围及允许偏差列于表 8-1-1 中，以供参考。

表 8-1-1　我国常用的热电偶型号、测温范围及允许偏差

名称	型号	分度号	测温范围/℃		允许偏差			
			长期	短期	温度/℃	偏差	温度/℃	偏差
铂铑₃₀—铂铑₆	WRLL	B	0~1 600	0~1 800	1 000~1 500	±0.5 %	>1 500	±7.5 %
铂铑—铂	WRLB	S	0~1 300	0~1 600	0~600	±2.4 %	>600	±0.4 %
镍铬—镍硅	WREU	K	0~1 000	0~1 300	0~300	±4 %	>400	±1 %
镍铬—考铜	WREA	E	0~600	0~800	0~300	±4 %	>300	±1 %
铜—康铜	—	T	0~600 1 000	0~900 0~1 200 0~400	—	—	—	—

在热电偶的实际使用中，人们编制了针对各种热电偶的热电势与温度对照表，称为"分度表"，表中温度按 10 ℃分挡，其中间值可按内插法计算。各表皆按参考端温度为 0 ℃的条件取值。

（2）热电偶的结构

工程上实际使用的热电偶大多数由热电极、绝缘套管、保护套管和接线盒等几部分构成，如图 8-1-8 所示。

1）热电极

热电极的直径是由材料的价格、力学强度、电导率以及热电偶的用途和测量范围等决定的。贵金属热电偶的热电极多采用直径为 0.35~0.65 mm 的细导线，不仅保证了必要的强度，而且整个热电偶的阻值不会太大。非贵重金属热电极的直径一般是 0.5~3.2 mm，热电极的长度由安装条件，特别是工作端在介质中插入的深度决定，通常为 350~2 000 mm，最长可达 3 500 mm。

热电偶热电极的工作端牢固地焊接在一起，焊接后的热电偶均需经过退火处理。

2）绝缘套管

绝缘套管又叫绝缘子，用来防止热电偶的两个电极之间短路。绝缘材料种类很多，应根据测量范围选择。

3）保护套管

为了使热电偶有较长的使用寿命和保证测量的准确度，需要为热电偶配备适当的保护装置，这样不仅可以防止热电极直接和被测介质接触，避免各种有害气体和物质的侵蚀，还可以避免火焰和气流的直接冲击。保护套管采用的材料须根据各种热电偶的类型和实际使

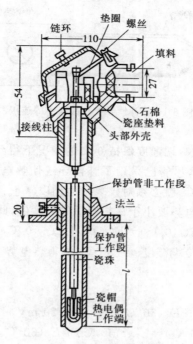

图 8-1-8　热电偶的结构

用时热电偶所处介质情况而定。

4)接线盒

热电偶接线盒供热电偶和测量仪表之间连接使用,多采用铝合金制成,为防止灰尘及有害气体进入内部,接线盒出线孔和接线盒都具有密闭用的垫片和垫圈。

8.1.4　热电偶冷端温度补偿

由热电偶测温原理可知,只有当热电偶冷端温度保持不变时,热电势才是被测温度的单值函数。实际应用时,由于热电偶工作端与冷端距离很近,冷端又暴露于空间中,容易受到周围环境温度的影响,因而冷端温度难以保持恒定,为此可采用下述几种方法进行补偿。

(1)补偿导线法

为了使热电偶的冷端温度保持恒定(最好为 0 ℃),可以把热电偶做得很长,使冷端远离工作端,并连同测量仪表一起放置到恒温或温度波动较小的地方。但这种方法一方面安装使用不方便,另一方面多耗费贵重金属材料。因此一般用一导线(称之为补偿导线)将热电偶的冷端延伸出来,如图 8-1-9 所示。图中 A′、B′ 为补偿导线,t_0' 为原冷端温度,t_0 为新冷端温度。这种补偿导线要求在 0～100 ℃范围内和所连接的热电偶具有相同的热电性能,而其材料又是廉价金属。对于常用的热电偶,例如铂铑—铂热电偶,补偿导线用铜—镍铜;对于镍铬—镍硅热电偶,补偿导线用铜—康铜;对于镍铬—考铜、铜—康铜等用廉价金属制成的热电偶,则可用其本身的材料做补偿导线将冷端延伸到温度恒定的地方。

必须指出的是,只有当冷端温度恒定或配用仪表本身具有冷端温度自动补偿装置时,应用补偿导线才有意义。此外,热电偶和补偿导线连接处温度不应超过 100 ℃,同时所用的补偿导线不应选错,否则会由于热电特性不同而带来新的误差。

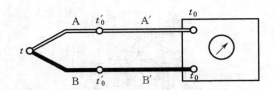

图 8-1-9　补偿导线在回路中的连接

（2）冷端温度计算校正法

由于热电偶的分度表是在冷端温度保持 0 ℃的情况下得到，与它配套使用的仪表又是根据分度表进行刻度的，因此，尽管已采用了补偿导线使热电偶冷端延伸到温度恒定的地方，但只要冷端温度不等于 0 ℃，就必须对仪表示值加以修正。例如，冷端温度高于 0 ℃，但恒定于 t_0，则测得的热电偶热电势要小于该热电偶的分度值，此时可用下式进行修正：

$$E(t,0 \text{ ℃})=E(t,t_0)+E(t_0,0 \text{ ℃})$$

例：K 型热电偶在工作时冷端温度 $t_0=30$ ℃，测得热电势 $E_K(t,t_0)=39.17$ mV。求被测介质的实际温度 t。

解：由分度表查出

$$E_K(30 \text{ ℃},0 \text{ ℃})=1.20 \text{ mV}$$

则
$$\begin{aligned}
E_K(t,0 \text{ ℃})&=E_K(t,30 \text{ ℃})+E_K(30 \text{ ℃},0 \text{ ℃})\\
&=39.17+1.20\\
&=40.37(\text{mV})
\end{aligned}$$

查分度表求出真实温度 $t=977$ ℃。

（3）冰浴法

为避免经常校正的麻烦，可采用冰浴法使冷端保持 0 ℃，如图 8-1-10 所示。这种办法最为妥善，但是不够方便，所以仅限于科学实验和实验室使用。

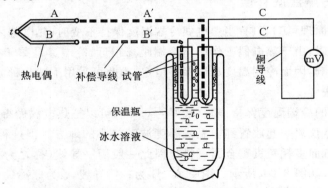

图 8-1-10　冷端处理冰点槽法

（4）补偿电桥法

如图 8-1-11 所示，在补偿电桥的 4 个桥臂中，有一个铜电阻 R_{Cu}，铜的电阻温度系数较大，阻值随温度而变，其余 3 个臂由阻值恒定的锰铜电阻制成，铜电阻必须和热电偶冷端靠近，使之处于同一温度。

设计时使 R_{Cu} 在 20 ℃下的阻值和其余 3 个桥臂电阻完全相等，即 $R_{Cu20}=R_1=R_2=R_3$，这种情况下电桥处于平衡状态，图中 a 和 b 之间电压 $U_{ab}=0$，对热电势没有补偿作用。

当冷端温度 $t_0>20$ ℃时，热电势将减小，但这时 R_{Cu} 将增大，使电桥不平衡，并且 U_{ab} 的方向与热电势相同，即 a 点为负，b 点为正，此时回路总电压 $U=E(t,t_0)+U_{ab}$。若 $t_0<$

20 ℃,则 U_{ab} 电压方向为 a 点为正,b 点为负,此时回路总电压 $U = E(t,t_0) - U_{ab}$。

　　如果铜电阻选择合适,可使电桥产生的不平衡电压 U_{ab} 正好补偿由于冷端温度变化而引起的热电势变化量,仪表即可指示出正确温度。由于电桥是在 20 ℃ 时平衡的,所以采用这种补偿电桥需把仪表机械零位调到 20 ℃。

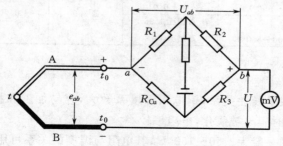

图 8-1-11　补偿电桥法

8.2　热电阻

　　绝大多数金属具有正的电阻温度系数 α_t,温度越高,电阻越大。利用这一规律可制成温度传感器,与热电偶对应,称为"热电阻"。用于制造热电阻的金属材料应满足以下要求:

　　①电阻温度系数大,电阻随温度变化保持单值关系并且最好呈线性关系;

　　②热容量小;

　　③电阻率尽量大,这样可以在同样灵敏度情况下使元件尺寸做得小一些;

　　④在工作范围内,物理和化学性质稳定;

　　⑤容易获得较纯的物质,材料复制性好,价格便宜。

　　根据以上要求,目前世界上大都采用铂和铜两种金属作为制造热电阻的材料。

8.2.1　常用热电阻

　　(1)铂电阻

　　在氧化性介质中,甚至在高温下,铂的物理、化学性质都很稳定;但在还原性介质中,特别是在高温下,很容易被氧化物中还原成金属的金属蒸气所玷污,以致铂丝变脆,并改变电阻与温度的关系特性。另外,铂是贵金属,价格较高。尽管如此,从对热电阻的要求衡量,铂在极大程度上能满足上述要求,所以它是制造基准热电阻、标准热电阻和工业用热电阻的最好材料。至于它的缺点,可以用保护套管设法避免或克服。

　　铂电阻与温度的关系可以用下式表示。

　　-200 ℃ $\leqslant t \leqslant 0$ ℃:

$$R_t = R_0 [1 + At + Bt^2 + Ct^3(t - 100)] \tag{8-2-1}$$

　　0 ℃ $\leqslant t \leqslant 650$ ℃:

$$R_t = R_0(1 + At + Bt^2)$$

式中:$A = 3.908\ 02 \times 10^{-3}$ ℃$^{-1}$;$B = -5.802 \times 10^{-7}$ ℃$^{-2}$;$C = -4.273\ 50 \times 10^{-12}$ ℃$^{-4}$。

　　铂电阻的分度号如表 8-2-1 所示,表中 $\dfrac{R_{100}}{R_{10}}$ 代表温度范围为 $0 \sim 100$ ℃ 内阻值变化的倍数。

表 8-2-1　铂电阻分度号

材　质	分度号	0 ℃时电阻值 R_0/Ω		电阻比 R_{100}/R_0		温度范围/℃
		名义值	允许误差	名义值	允许误差	
铂	Pt10	10 （0～850 ℃）	A 级±0.006 B 级±0.012	1.385	±0.001	−200～850
	Pt100	100 （−200～850 ℃）	A 级±0.06 B 级±0.12			

（2）铜电阻

铜电阻与温度近似呈线性关系,铜电阻温度系数大,容易加工和提纯,价格低廉;缺点是,当温度超过 100 ℃时容易被氧化,电阻率较小。

铜电阻的测温范围一般为−50～150 ℃,其电阻与温度的关系可用下式表示。

−50 ℃≤t≤150 ℃:

$$R_t=R_0(1+At+Bt^2+Ct^3) \tag{8-2-2}$$

式中:$A=4.288\,99\times10^{-3}℃^{-1}$;$B=-2.133\times10^{-7}℃^{-2}$;$C=1.233\times10^{-9}℃^{-3}$。

铜电阻分度号如表 8-2-2 所示。

表 8-2-2　铜电阻分度号

材　质	分度号	0 ℃时电阻值 R_0/Ω		电阻比 R_{100}/R_0		温度范围/℃
		名义值	允许误差	名义值	允许误差	
铜	Cu50	50	±0.05	1.428	±0.002	−50～150
	Cu100	100	±0.1			

8.2.2　热电阻测温线路

工业用热电阻安装在生产现场,而其指示或记录仪表安装在控制室,其间的引线很长,如果仅用两根导线接在热电阻两端,导线本身的阻值必然和热电阻的阻值串联在一起,造成测量误差。如果每根导线的阻值是 r,测量结果中必然含有绝对误差 $2r$。实际上这种误差很难修正,因为导线阻值 r 是随其所处环境温度而变的,由此引起测量误差,因而两线制连接方式不宜在工业热电阻上应用。

（1）三线制

为避免或减小导线电阻对测温的影响,工业热电阻多采用三线制接法,即热电阻的一端与一根导线相接,另一端同时接两根导线。当热电阻与电桥配合时,三线制的优越性可用图 8-2-1 说明。图中热电阻 R_t 的三根连接导线的直径和长度均相同,阻值都是 r。其中一根串联在电桥的电源上,对电桥的平衡毫无影响,另外两根分别串联在电桥的相邻两臂里,则相邻两臂的阻值均增加相同的阻值 r。

当电桥平衡时,可写出下列关系式,即

$$(R_t+r)R_2=(R_3+r)R_1$$

由此可以得出

$$R_t=\frac{R_3R_1}{R_2}+\left(\frac{R_1}{R_2}-1\right)r \tag{8-2-3}$$

设计电桥时如满足 $R_1=R_2$，则(8-2-3)式中右边含有 r 的项完全消去，这种情况下连线电阻 r 对桥路平衡毫无影响，即可以消除热电阻测量过程中 r 的影响。但必须注意，只有在对称电桥($R_1=R_2$ 的电桥)处于平衡状态下才如此。

工业热电阻有时用不平衡电桥指示温度，例如动圈仪表是采用不平衡电桥指示温度的。这种情况下，虽然不能完全消除连接导线电阻 r 对测温的影响，但采用三线制接法肯定会减小它的影响。

(2)四线制

在四线制接法中，热电阻两端各用两根导线连到仪表上，一般用直流电位差计作为指示或记录仪表，其接线方式如图 8-2-2 所示。

由恒流源供给已知电流 I 流过热电阻 R_t，使其产生压降 U，再用电位差计测出 U，便可利用欧姆定律得

$$R_t=\frac{U}{I} \tag{8-2-4}$$

此处供给电流和测量电压分别使用热电阻上 4 根导线，尽管导线有电阻 r，但电流在导线上形成的压降 rI 不在测量范围之内。电压导线上虽有电阻但无电流，因为电位差计测量时不取电流，所以 4 根导线的电阻 r 对测量均无影响。四线制和电位差计配合测量热电阻是比较完善的方法，它不受任何条件的约束，总能消除连接导线电阻对测量的影响，当然恒流源必须保证电流 I 的稳定不变，而且其值的精确度应该和 R_t 的测量精度相适应。

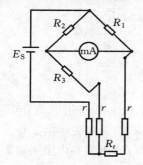

图 8-2-1　热电阻的三线制电桥测量电路

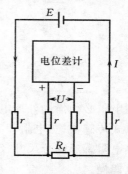

图 8-2-2　热电阻的四线制接法

根据以上对三线制原理的分析，设计热电阻三线制测量电路如图 8-2-3 所示，电路由恒流源电路和差动放大电路两部分组成。其中恒流源电路主要由电压基准 U_1、运算放大器 U_2 与三极管 Q_1、Q_2 以及外围阻容元件组成。差动放大电路主要由运算放大器 U_3 以及电阻 $R_4\sim R_9$ 组成。经运放 U_3 差动放大后的信号经 R_{10}、C_3 进行低通滤波后送到 AD 转换器进行数字化测量，根据测出的 R_T 值查找 PT100 分度表并经插值运算即可得到温度值。电路中运算放大器选用常用的 OP07 低噪声低温漂精密运算放大器。

8.2.3　热电阻的特点

热电阻与热电偶相比有以下特点。

①同样温度下输出信号较大，易于测量。以 0～100 ℃ 为例，如用 K 型热电偶，输出为 4.095 mV；用 S 型热电偶，输出只有 0.643 mV；用铂热电阻测量 0 ℃ 时阻值为 100 Ω，则 100 ℃ 时为 139.1 Ω，电阻增量为 39.1 Ω；如用铜热电阻，增量可达 42.8 Ω。测量毫伏级电动势，显然不如测几十欧姆电阻增量容易。

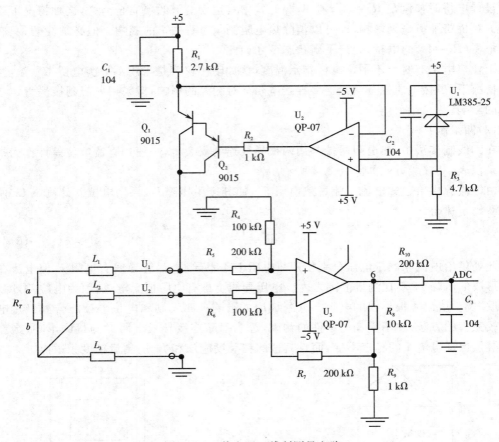

图 8-2-3　热电阻三线制测量电路

②测电阻必须借助外加电源。热电偶只要热端和冷端有温差,即产生电动势,不需要电源的发电式传感器;热电阻却必须通过电流才能体现出电阻变化,无电源不能工作。

③热电阻感温部分尺寸较大,而热电偶工作端是很小的焊点,因而热电阻测温的反应速度比热电偶慢。

④热电阻的测温上限不如由同类材料制成的热电偶高。由于热电阻必须用细导线绕在绝缘支架上,支架材质在高温下的物理性质限制了其温度上限范围。

8.3　集成温度传感器

8.3.1　基本原理

集成温度传感器是利用 PN 结的伏安特性与温度之间的关系研制成的一种固态传感器。

PN 结伏安特性可用下式表示:

$$I = I_s \left(\exp \frac{qU}{kT} - 1 \right) \tag{8-3-1}$$

式中　I——PN 结正向电流;

　　　　U——PN 结正向压降;

I_S——PN 结反向饱和电流；

q——电子电荷，$q = 1.59 \times 10^{-19}$ C；

k——玻耳兹曼常数，$k = 1.38 \times 10^{-23}$ J/K；

T——绝对温度。

当 $\exp\left(\dfrac{qU}{kT}\right) \gg 1$ 时，则上式为

$$I = I_S \exp \frac{qU}{kT}$$

则

$$U = \frac{kT}{q} \ln \frac{I}{I_S} \tag{8-3-2}$$

可见只要通过 PN 结的正向电流 I 恒定，则 PN 结的正向压降 U 与温度 T 的线性关系只受反向饱和电流 I_S 的影响。I_S 是温度的缓变函数，只要选择合适的掺杂浓度，可认为在不太宽的温度范围内，I_S 近似为常数。因此，正向压降 U 与温度 T 呈线性关系。

$$\frac{\mathrm{d}U}{\mathrm{d}T} = \frac{k}{q} \ln \frac{I}{I_S} \approx 常数$$

实际使用中二极管作为温度传感器虽然工艺简单，但线性差，因而选用把 NPN 晶体三极管的 bc 结短接，利用 be 结作为感温元件。通常这种三极管形式更接近理想 PN 结，其线性更接近理论推导值。

如图 8-3-1 所示，一只晶体管的发射极电流密度 J_e 可用下式表示：

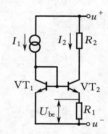

$$J_e = \frac{1}{a} J_S \left(\exp \frac{qU_{be}}{kT} - 1 \right)$$

式中　U_{be}——基、射极电位差；

J_S——发射极反向饱和电流密度；

a——共基极接法的短路电流增益。

通常 $a \approx 1$，$J_e \gg J_S$，将上式化简、取对数后得

$$U_{be} = \frac{kT}{q} \ln \frac{aJ_e}{J_S}$$

图 8-3-1　晶体管温度
传感器

如果图中两晶体管满足条件 $a_1 = a_2$，$J_{S1} = J_{S2}$，$J_{e1}/J_{e2} = \gamma$（γ 是 VT$_1$ 和 VT$_2$ 发射极面积比因子，由设计和制造决定，为一常数），则两晶体管基、射极电位差 U_{be} 之差 ΔU_{be}，即 R_1 两端之压降为

$$\Delta U_{be} = U_{be1} - U_{be2} = \frac{kT}{q} \ln \gamma \tag{8-3-3}$$

由（8-3-3）式可知，ΔU_{be} 正比于绝对温度 T，这就是集成电路温度传感器的基本原理。

8.3.2　两类集成电路温度传感器

集成电路温度传感器的典型工作温度范围是 $-50 \sim 150$ ℃。目前大量生产和应用的集成电路温度传感器按输出量不同可分为电压型、电流型和脉冲信号型（也称频率输出型）三类。电压输出型的优点是直接输出电压，且输出阻抗低，易于读出或控制电路接口；电流输出型的输出阻抗极高，因此可以简单地使用双绞线进行数百米远的精密温度遥感或遥测，而不必考虑长馈线上引起的信号损失和噪声问题，也可以用于多点温度测量系统中，而不必考

虑选择开关或多路转换器引入的接触电阻造成的误差；频率输出型与电流输出型具有相似的优点。

（1）电压输出型

LM135、LM235、LM335 系列是精密的、易于标定的三端电压输出型集成电路温度传感器。当其作为两端器件工作时，相当于一个齐纳二极管，其击穿电压正比于热力学温度。其灵敏度为 10 mV/K，工作温度范围分别是 $-55\sim155$ ℃、$-40\sim125$ ℃、$-10\sim100$ ℃。图 8-3-2(a) 和图 8-3-2(b) 分别给出了 LM135 系列两种封装接线图。这种传感器内部的基本部分包括一个感温部分和一个运算放大器。外部一个端子接 U^+，一个端子接 U^-，第三个端子为调整端，供传感器作外部标定时使用。

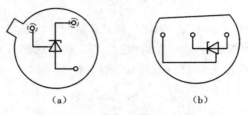

（a）　　　　　　　　　（b）

图 8-3-2　LM135 系列封装接线图

(a)TO-46 金属壳　(b)TO-92 塑料壳

把传感器作为一个两端器件与一个电阻串联，加上适当的电压，如图 8-3-3 所示，就可以得到灵敏度为 10 mV/K、直接正比于热力学温度的电压输出。

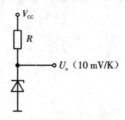

图 8-3-3　基本温度检测电路

（2）电流输出型

电流输出型集成温度传感器的典型代表是 AD590 型温度传感器，这种传感器具有灵敏度高、体积小、反应快、测量精度高、稳定性好、校准方便、价格低廉、使用简单等优点。另外，电流输出可通过一个外加电阻很容易变为电压输出。

AD590 常分为 I、J、K、L、M 几挡，其温度校正误差随分挡的不同而不同。

图 8-3-4 所示为 AD590 的伏安特性，U 为作用于 AD590 两端的电压，I 为其中的电流。由图可见，在 $4\sim30$ V 时，该器件为一个温控电流源，且电流值与 T 成正比，即

$$I=k_T T$$

其中，k_T 为标度因子，在器件制造时已标定，为每一度对应 1 μA，其标定精度因器件的挡位而异。图 8-3-5 所示为其温度特性，它在 $-55\sim150$ ℃温域中有较好的线性度，若略去非线性项，则有关系式

$$I=k_T T_c+273.2 \ \mu A$$

将 AD590 与一个 1 kΩ 电阻串联，即得到基本温度检测电路，如图 8-3-6 所示。在 1 kΩ电阻上得到正比于热力学温度的电压输出，其灵敏度为 1 mV/K。可见，利用这样一个简单

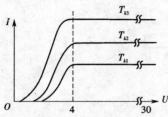

图 8-3-4 AD590 的伏安特性

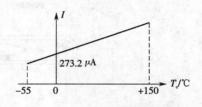

图 8-3-5 AD590 的温度特性

的电路,很容易把传感器的电流输出转换为电压输出。

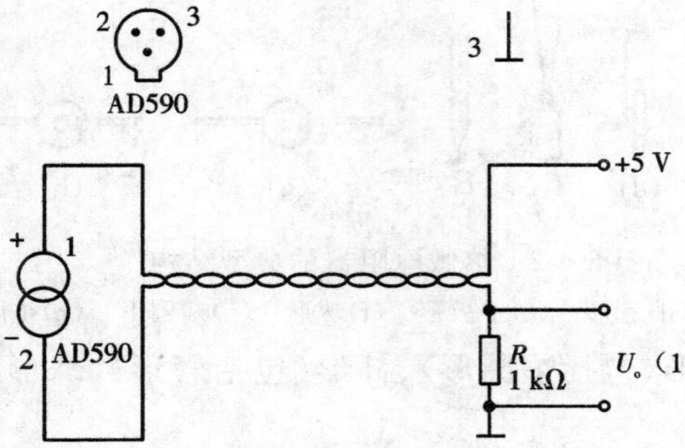

图 8-3-6 基本温度检测电路

近年来美国 Dallas 半导体公司推出的数字式温度传感器 DS18B20,是 DS1820 的更新产品。它能直接读出被测温度,通过简单的编程实现 9～12 位的数字读数方式,并且仅需要一根口线(单线接口)就可以从 DS18B20 读出信息或向 DS18B20 中写入信息。温度变换功率来源于数据总线,总线本身也可以向所挂接的 DS18B20 供电,而不需要额外电源,因而使用 DS18B20 可使系统结构更趋简单、灵活,可靠性更高。

8.4 热敏电阻

热敏电阻是一种用半导体材料制成的敏感元件,其主要特点如下。

①灵敏度高。通常温度变化 1 ℃,热敏电阻的阻值变化 1％～6％,其电阻温度系数绝对值比一般金属电阻高 10～100 倍。

②体积小。珠形热敏电阻探头的最小尺寸达 0.2 mm,可测量热电偶和其他温度计无法测量的空隙、腔体、内孔等处的温度,如人体血管内温度等。

③使用方便。阻值范围在 $10^2 \sim 10^3$ Ω 之间的热敏电阻可任意挑选,热惯性小,而且不像热电偶需要冷端补偿,不必考虑线路引线电阻和接线方式,容易实现远距离测量,功耗小。

热敏电阻的主要缺点是阻值与温度变化呈非线性关系,元件稳定性和互换性较差。

8.4.1 热敏电阻的结构与材料

(1)结构

热敏电阻主要由热敏探头 1、引线 2、壳体 3 等构成,如图 8-4-1 所示。

热敏电阻一般做成二端器件,也有做成三端或四端器件的。二端和三端器件为直热式,即热敏电阻直接由连接的电路中获得功率。四端器件则是旁热式的。

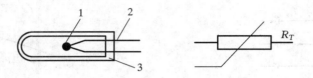

1—热敏探头 2—引线 3—壳体

图 8-4-1 热敏电阻器的结构及符号

根据不同的使用要求,可以把热敏电阻做成不同的形状和结构,其典型结构如图 8-4-2 所示。

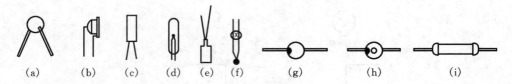

图 8-4-2 热敏电阻器的典型结构

(a)圆片形 (b)薄膜形 (c)杆形 (d)管形 (e)平板形 (f)珠形 (g)扁圆形 (h)垫圈形 (i)杆形(金属帽引出)

热敏电阻器的形状有片形(包括垫圈形)、杆形(包括管形)、珠形、线形、薄膜形等,其特点如下。

片形:通过粉末压制、烧结成形,适于大批生产。由于体积大,功率也较大。在圆片形热敏电阻器中心留一个圆孔,便成为垫圈形,它便于用螺丝固定散热片,因此功率可以更大,也便于把多个元件进行串、并联。

杆形:用挤压工艺可做成杆形或管形,杆形比片形容易制成高阻值元件。管形内部加电极又易于得到低阻值,因此,其阻值调整方便,阻值范围广。

线形:在金属管的中心(管的中心有一金属丝)灌注已烧结好的粉状热敏材料后,将金属管拉伸而成,适于缠绕、贴附在物体上作温度控制或报警用。

珠形:在两根丝间滴上糊状热敏材料的小珠后烧结而成。铂丝作为电极一般用玻璃壳或金属壳密封。其特点是热惰性小,稳定性好,但使用功率小。

薄膜形:用溅射法或真空蒸镀成形。其热容量和时间常数很小,一般可作为红外探测器使用和用于流量检测用。

(2)材料

最常见的热敏电阻是用金属氧化物半导体材料制成的。将各种氧化物在不同条件下烧成半导体陶瓷,可获得热敏特性。

以 Mn_3O_4、CuO、NiO、Co_3O_4、Fe_2O_3、TiO_2、MgO、V_2O_5、ZnO 等两种或两种以上的材料进行混合、成形、烧结,可制成具有负温度系数的热敏电阻,其电阻率(ρ)和材料常数(B)随制备材料的成分比例、烧结温度、烧结气氛和结构状态不同而变化。

8.4.2 基本参数

(1)标称电阻值 $R_{25}(\Omega)$

标称电阻值是热敏电阻在 25 ℃时的阻值。标称电阻值的大小由热敏电阻的材料和几何尺寸决定。如果环境温度 t 不是(25±0.2)℃而在 25～27 ℃之间,则可按下式换算成 25 ℃时的阻值。

$$R_{25} = \frac{R_t}{1 + \alpha_{25}(t - 25)} \tag{8-4-1}$$

式中　R_{25}——温度为 25 ℃时的阻值；

R_t——温度为 t ℃时的实际电阻值；

α_{25}——被测热电阻在 25 ℃时的电阻温度系数。

（2）材料常数 B（K）

材料常数 B 是描述热敏材料物理特性的一个常数，其大小取决于热敏电阻材料的激活能 ΔE，且 $B = \Delta E / 2k$，k 为玻耳兹曼常数。一般 B 值越大，则阻值越大，灵敏度越高。在工作温度范围内，B 值并不是一个严格的常数，它随着温度升高略有增加。

（3）电阻温度系数 α_t（%/℃）

电阻温度系数是指热敏电阻的温度变化 1 ℃时其阻值变化率与其值之比，即

$$\alpha_t = \frac{1}{R_T} \frac{dR_T}{dT} \tag{8-4-2}$$

式中 α_t 和 R_T 是与温度 T（K）相对应的电阻温度系数和阻值。α_t 决定热敏电阻在全部工作范围内的温度灵敏度。一般说来，电阻率越大，电阻温度系数也就越大。

（4）时间常数 τ（s）

时间常数定义为热容量 C 与耗散系数 H 之比，即

$$\tau = \frac{C}{H} \tag{8-4-3}$$

其数值等于热敏电阻在零功率测量状态下，当环境温度突变时热敏电阻随温度变化量从起始到最终变量的 63.2% 所需的时间。时间常数表征热敏电阻加热或冷却的速度。

（5）耗散系数 H（mW/℃）

耗散系数是指热敏电阻温度变化 1 ℃所耗散的功率。其大小与热敏电阻的结构、形状以及所处介质的种类、状态等有关。

（6）最高工作温度 T_{max}（K）

最高工作温度是指热敏电阻在规定的技术条件下长期连续工作所允许的温度。

$$T_{max} = T_0 + P_E / H \tag{8-4-4}$$

式中　T_0——环境温度（K）；

P_E——环境温度 T_0 时的额定功率；

H——耗散系数。

（7）额定功率 P_E（W）

额定功率是热敏电阻在规定的技术条件下长期连续工作所允许的耗散功率，在此条件下热敏电阻自身温度不应超过 T_{max}。

（8）测量功率 P_C（W）

测量功率是指热敏电阻在规定的环境温度下，电阻体由测量电流加热而引起的电阻值变化不超过 0.1% 时所消耗的功率，即

$$P_C \leqslant \frac{H}{1\,000\alpha_t} \tag{8-4-5}$$

8.4.3　主要特性

（1）热敏电阻的电阻—温度特性（$R_T - T$）

电阻—温度特性与热敏电阻器的电阻率 ρ 和温度 T 的关系是一致的，它表示热敏电阻

的阻值 R_T 随温度的变化规律,一般用 R_T—T 特性曲线表示。

1)负温度系数热敏电阻的电阻—温度特性

负温度系数热敏电阻的电阻—温度曲线如图 8-4-3 中曲线 1 所示,其一般数学表达式为

$$R_T = R_{T_0} \exp B_n \left(\frac{1}{T} - \frac{1}{T_0} \right) \tag{8-4-6}$$

式中 R_T、R_{T_0}——温度为 T、T_0 时热敏电阻的阻值;

B_n——负温度系数热敏电阻的材料常数。

此式为经验公式。测试结果表明,无论是由氧化材料还是由单晶体材料制成的负温度系数热敏电阻器,在不太宽的测温范围(<450 ℃)内,均可用该式表示。

为使用方便,常取环境温度为 25 ℃作为参考温度(即 $T_0 = 298$ K),则负温度系数热敏电阻的电阻—温度特性可写成

$$\frac{R_T}{R_{25}} = \exp B_n \left(\frac{1}{T} - \frac{1}{298} \right)$$

如果用 R_T/R_{25} 和 T 分别表示纵、横坐标,则负温度系数热敏电阻的 R_T/R_{25}—T 曲线如图 8-4-4所示。

如果对(8-4-6)式两边取对数,则

$$\ln R_T = B_n \left(\frac{1}{T} - \frac{1}{T_0} \right) + \ln R_{T_0} \tag{8-4-7}$$

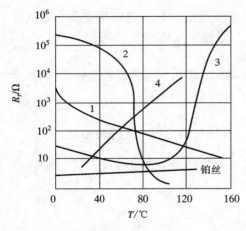

1—负温度系数热敏电阻的 R_T—T 曲线
2—临界负温度系数热敏电阻的 R_T—T 曲线
3—开关型热敏电阻的 R_T—T 曲线
4—缓变型正温度系数热敏电阻的 R_T—T 曲线

图 8-4-3 热敏电阻的电阻—温度特性曲线

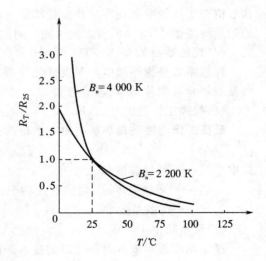

图 8-4-4 R_T/R_{25}—T 特性曲线

如果取 $\ln R_T$、$\frac{1}{T}$ 分别作为纵坐标和横坐标,可知(8-4-7)式代表斜率为 B_n、通过点 $\left(\frac{1}{T_0}, \ln R_{T_0} \right)$ 的一条直线,如图 8-4-5 所示。用 $\ln R_T$—$\frac{1}{T}$ 表示负温度系数热敏电阻的电阻—温度特性,实际应用中比较方便。材料不同或配方比例不同,则 B_n 也不同。图 8-4-5 中画出了不同 B_n 对应的 5 条 $\ln R_T$—$\frac{1}{T}$ 曲线。

2)正温度系数热敏电阻的电阻—温度特性

正温度系数热敏电阻的电阻—温度特性,是利用正温度系数热敏材料在居里点附近结构发生相变而引起电导率的突变而取得的,其典型的电阻—温度曲线如图 8-4-6 所示。

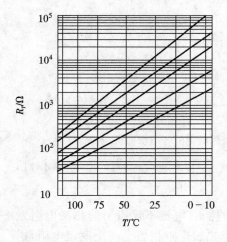

图 8-4-5　用 $\ln R_T - \dfrac{1}{T}$ 表示的负温度

系数热敏电阻的电阻—温度曲线

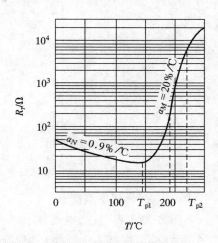

图 8-4-6　正温度系数热敏电阻
的电阻—温度曲线

正温度系数热敏电阻的工作温度范围较窄,在工作区两端,电阻—温度曲线上有两个拐点,其横坐标即温度分别为 T_{p1} 和 T_{p2}。当温度低于 T_{p1} 时,温度灵敏度低;当温度升高到 T_{p2} 后,电阻值随温度升高按指数规律迅速增大。正温度系数热敏电阻在工作温度范围 T_{p1} 至 T_{p2} 内存在温度 T_c,对应较大的温度系数 α_T。经实验证实,在工作温度范围内,正温度系数热敏电阻的电阻—温度特性可近似地用下面的经验公式表示:

$$R_T = R_{T_0} \exp B_p (T - T_0) \tag{8-4-8}$$

式中　R_T、R_{T_0}——温度为 T、T_0 的电阻值;

　　　B_p——正温度系数热敏电阻的材料常数。

对(8-4-8)式两边取对数,则

$$\ln R_T = B_p (T - T_0) + \ln R_{T_0} \tag{8-4-9}$$

以 $\ln R_T$、T 分别为纵坐标和横坐标得到图 8-4-7 中曲线。由下式可求得正温度系数热敏电阻的电阻温度系数 α_{tp},即

$$\alpha_{tp} = \frac{1}{R_T} \frac{\mathrm{d} R_T}{\mathrm{d} T} = B_p \tag{8-4-10}$$

可见,正温度系数热敏电阻的电阻温度系数 α_{tp} 恰好等于它的材料常数 B_p 值。

(2)热敏电阻的伏安特性

伏安特性也是热敏电阻的重要特性之一,它表示加在热敏电阻上的端电压和通过电阻电流在热敏电阻和周围介质热平衡时的相互关系。

1)负温度系数热敏电阻的伏安特性

其伏安特性曲线如图 8-4-8 所示。该曲线是在环境温度为 T_0 时的静态介质中测出的静态伏安曲线。

热敏电阻的端电压 U_T 和通过它的电流 I 之间有如下关系:

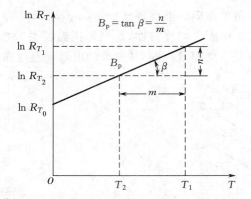

图 8-4-7　$\ln R_T - T$ 表示的正温度系数热敏电阻的电阻—温度曲线

$$U_T = IR_T = IR_{T_0} \exp B_n \left(\frac{1}{T} - \frac{1}{T_0} \right) \tag{8-4-11}$$

式中　T_0——环境温度。

图 8-4-8 表明：当电流很小（如小于 I_a）时，元件的功耗小，电流不足以引起热敏电阻发热，元件的温度基本上就是环境温度 T_0。在这种情况下，热敏电阻相当于一个固定电阻，电压与电流之间的关系符合欧姆定律，所以 Oa 段为线性工作区域。随着电流的增加，热敏电阻的耗散功率增加，工作电流引起热敏电阻的自然温升超过介质温度，则热敏电阻的阻值减小。当电流继续增加时，电压的增加逐渐缓慢，因此出现非线性正阻区 ab 段。当电流为 I_m 时，其电压达到最大 U_m。若电流继续增加，热敏电阻自身加温更剧烈，使其阻值迅速减小，其阻值减小的速度超过电流增加的速度，因此热敏电阻的电压随电流的增加而降低，形成 cd 段负阻区。当电流超过某一允许值时，热敏电阻将被烧坏。

2）正温度系数热敏电阻的伏安特性

其伏安曲线见图 8-4-9 所示，它与负温度系数热敏电阻一样，曲线的起始段为直线，其斜率与热敏电阻在环境温度下的电阻值相等。这是因为流过的电流很小时，耗散功率引起的温升可以忽略不计。当热敏电阻的温度超过环境温度时，引起阻值增大，直线开始弯曲，当电压增至 U_m 时，存在一个电流最大值 I_m，如电压继续增加，由于温升引起电阻值增加的速度超过电压增加的速度，电流反而减小，曲线斜率由正变负。

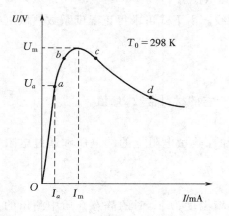

图 8-4-8　负温度系数热敏电阻的
静态伏安特性

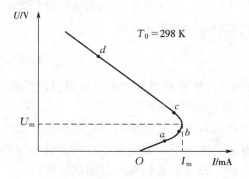

图 8-4-9　正温度系数热敏电阻的
静态伏安特性

8.4.4　热敏电阻的测温电路

高精度的热敏电阻温度测量系统由精密信号调理、模数转换、线性化和补偿模块组成，如图 8-4-10 所示。

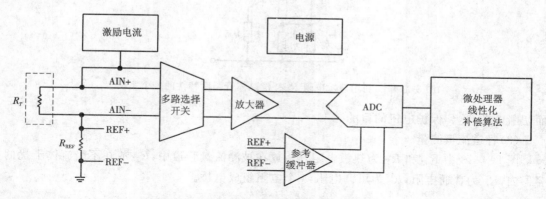

图 8-4-10　典型 NTC 热敏电阻测量模块图

8.4.5　热敏电阻的应用

热敏电阻的用途主要分成两大类，一类是作为检测元件，另一类是作为电路元件。从元件的电负荷观点看，热敏电阻工作在伏安特性曲线 Oa 段（见图 8-4-8）时，流过热敏电阻的电流很小。当外界温度发生变化时，尽管热敏电阻的耗散系数也发生变化，但电阻体温度并不发生变化，而接近环境温度。属于这一类的应用有温度测量、各种电路元件的温度补偿、空气的湿度测量、热电偶冷端温度补偿等。当热敏电阻工作在伏安特性曲线 bc 段（见图 8-4-8）时，热敏电阻伏安特性曲线的峰值电压 U_m 随环境温度和耗散系数的变化而变化。利用这个特性，可用热敏电阻制作各种开关元件。当热敏电阻工作在伏安特性曲线 cd 段（见图 8-4-8）时，热敏电阻由于所施加的耗散功率使电阻体温度大大超过环境温度，这一区域内热敏电阻器用作低频振荡器、启动电阻、时间继电器以及用于流量测量。

下面介绍 NTC 和 PTC 热敏电阻的几个应用实例。

（1）温度补偿

温度补偿是热敏电阻应用的一个重要方面。温度补偿的工作原理是利用热敏电阻的电阻温度特性来补偿电路中某些具有相反温度系数的元件，从而改善该电路对环境温度变化的适应能力。

图 8-4-11 是利用负温度系数热敏电阻 R_t 补偿晶体管温度特性的一个实例。当温度升高时，晶体管集电极电流 I_c 增大，同时 NTC 热敏电阻 R_t 的阻值相应地减小，则晶体管基极电位 U_b 下降，从而使基极电流 I_b 减小，达到稳定静态工作点的目的。

（2）电机过热保护

利用 PTC 热敏电阻的特性可以对特定的温度进行监控，如用于电机的过热保护。

电机在运行中由于过载往往会过热，破坏电机绕组的绝缘，缩短电机的使用寿命。图 8-4-12 所示为 PTC 元件用于电机过热保护的示意图。图中的 3 个 PTC 热敏电阻串联使用，并与辅助继电器串联。电机正常运行时 PTC 热敏电阻处于低阻状态，控制主继电器使之吸合。一旦电机过热，PTC 热敏电阻突变为高阻状态，辅助继电器切断主继电器回路，从

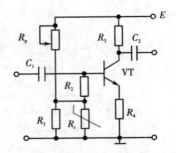

图 8-4-11　利用热敏电阻 R_t 补偿晶体管温度特性的一个案例

而切断电源,达到保护电机的目的。

(3)管道流量测量

图 8-4-13 中 R_{T1} 和 R_{T2} 为热敏电阻,R_{T1} 放在被测流量管道中,R_{T2} 放在不受流体干扰的容器内,R_1 为普通电阻,R_2 为可调电阻,4 个电阻组成电桥。

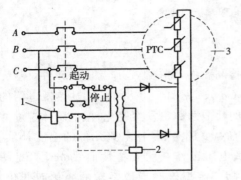

1—主继电器　2—辅助继电器　3—电机

图 8-4-12　电机过热保护示意图

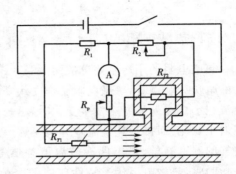

图 8-4-13　管道流量测量示意图

当流体静止时,电桥处于平衡状态。当流体流动时,带走热量,R_{T1} 因温度变化引起阻值变化,使电桥失去平衡,电流表有指示。因为 R_{T1} 的散热条件取决于流量的大小,因此测量结果反映流量的变化。

第 9 章　光电式传感器

9.1　光电传感器

　　光电器件是将光信号的变化转换为电信号的一种传感器件,其工作的物理基础是光电效应。光电式传感器是以光电器件为转换元件的传感器,可用于检测直接引起光量变化的非电量,如光强、光照度、辐射测温等非电量,也可检测应变、位移、振动、速度等能转换成光量变化的其他非电量。光电式传感器具有非接触、响应快、性能可靠等特点,因此在检测和控制领域获得了广泛的应用。

9.1.1　光电效应

　　光电效应通常分为外光电效应和内光电效应两大类。

　　(1)外光电效应

　　在光线作用下,物体内的电子逸出物体表面,向外发射的现象称为外光电效应。基于外光电效应的光电器件有光电管、光电倍增管等。

　　我们知道,光子是具有能量的粒子,每个光子具有的能量由下式确定:

$$E = h\nu \tag{9-1-1}$$

式中　h——普朗克常数,$h = 6.626 \times 10^{-34} \text{J} \cdot \text{s}$;

　　　　ν——光的频率(s^{-1})。

　　若物体中电子吸收的入射光子能量足以克服表面逸出功 A_0 时,电子便逸出物体表面,产生光电子发射。故要使一个电子逸出,则光子能量 $h\nu$ 必须超过逸出功 A_0,超过部分的能量,表现为逸出电子的动能,即

$$h\nu = \frac{1}{2}mv_0^2 + A_0 \tag{9-1-2}$$

式中　m——电子质量;

　　　　v_0——电子逸出速度。

　　(9-1-2)式即爱因斯坦光电效应方程。由该式可知:

　　①光电子能否产生,取决于光子的能量是否大于该物体的表面逸出功。这意味着每一种物体均有一个对应的光频阈值,称为红限频率。光线的频率低于红限频率,光子的能量不足以使物体内的电子逸出,因而小于红限频率的入射光,光强再大也不会产生光电子发射;反之,入射光的频率高于红限频率,即使光线微弱,也会有光电子发射。

　　②入射光的频谱成分不变,产生的光电与光强成正比。光愈强,意味着入射光子数目多,逸出的电子数也越多。

　　③光电子逸出物体表面时具有初始动能,因此光电管即便没加阳极电压,也会有光电流产生。为使光电流为零,必须加负的截止电压,而截止电压与入射光的频率成正比。

　　(2)内光电效应

　　受光照的物体的电导率发生变化,或产生光生电动势的效应称为内光电效应。内光电

效应又可分为以下两类。

1)光电导效应

在光线作用下,电子吸收光子能量从键合状态过渡到自由状态,从而引起材料电阻率的变化,这种现象称为光电导效应。基于这种效应的光电器件有光敏电阻。

要产生光电导效应,光子能量 $h\nu$ 必须大于半导体材料的禁带宽度 E_g(单位 eV),由此入射光能导出光电导效应的临界波长(单位 μm)为

$$\lambda_0 \approx \frac{1.24}{E_g} \tag{9-1-3}$$

2)光生伏特效应

在光线作用下,物体产生一定方向电动势的现象叫光生伏特效应。基于该效应的光电器件有光电池和光敏晶体管。

本节重点介绍基于半导体内光电效应的光电转换器件。

9.1.2 光敏电阻

光敏电阻又称光导管,是一种均质半导体光电器件。它具有灵敏度高、光谱响应范围宽、体积小、质量轻、力学强度高、耐冲击、耐振动、抗过载能力强和寿命长等特点。

(1)光敏电阻的原理和结构

当光照射到光电导体上时,若光电导体为本征半导体材料,而且光辐射能量足够强,光导材料价带上的电子将激发到导带上去,从而使导带的电子和价带的空穴增加,致使光电导体的电导率变大。为实现能级的跃迁,入射光的能量必须大于光导材料的禁带宽度 E_g,即

$$h\nu = \frac{hc}{\lambda} = \frac{1.24}{\lambda} \geq E_g$$

式中 ν 和 λ——入射光的频率(s^{-1})和波长(μm)。

也就是说,一种光电导体,存在一个照射光的波长限 λ_c,只有波长小于 λ_c 的光照射在光电导体上,才能产生电子在能级间的跃迁,从而使光电导体的电导率增大。

光敏电阻的结构很简单,图 9-1-1(a)所示为金属封装的 CdS 光敏电阻的结构。管心是一块安装在绝缘衬底上的带有两个欧姆接触电极的光电导体。光电导体吸收光子而产生的光电效应,只限于光照的表面薄层。虽然产生的载流子也有少数扩散到内部去,但扩散深度

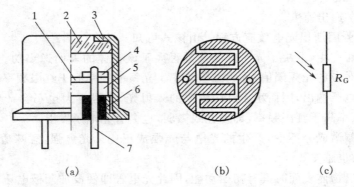

(a)　　　　　　　　　(b)　　　　　　(c)

1—光导层　2—玻璃窗口　3—金属外壳　4—电极　5—陶瓷基座　6—黑色绝缘玻璃　7—电极引线

图 9-1-1　CdS 光敏电阻的结构和符号

(a)结构　(b)电极图案　(c)符号

有限,因此光电导体一般做成薄层。为了获得高的灵敏度,光敏电阻的电极一般采用梳状图案,见图 9-1-1(b)。它是在一定的掩模下向光电导体薄膜上蒸镀金或铟等金属形成的。这种梳状电极,由于在间距很近的电极之间有可能采用大的灵敏面积,所以提高了光敏电阻的灵敏度。图 9-1-1(c)是光敏电阻的符号。

光敏电阻的灵敏度易受湿度的影响,因此要将光电导体严密封装在玻璃壳体中。

光敏电阻具有很高的灵敏度和很好的光谱特性,光谱响应可从紫外区到红外区范围,而且光敏电阻体积小,质量轻,性能稳定,价格便宜,因此应用比较广泛。

(2)光敏电阻的主要参数和基本特性

1)主要参数

光敏电阻在室温条件下,全暗后经过一定时间测量的电阻值,称为暗电阻。此时流过的电流,称为暗电流。

光敏电阻在某一光照下的阻值,称为该光照下的亮电阻。此时流过的电流称为亮电流。亮电流与暗电流之差,称为光电流。

光敏电阻的暗电阻越大,而亮电阻越小,则性能越好。也就是说,暗电流要小,光电流要大,这样的光敏电阻灵敏度高。实际上,大多数光敏电阻的暗电阻往往超过 1 MΩ,甚至高达 100 MΩ,而亮电阻即使在正常白昼条件下也可降到 1 kΩ 以下,可见光敏电阻的灵敏度是相当高的。

2)光照特性

图 9-1-2(a)表示 CdS 光敏电阻的光照特性。不同类型光敏电阻的光照特性不同,但是光照特性曲线均呈非线性。因此光敏电阻不宜作为测量元件,这是其不足之处。光敏电阻一般在自动控制系统中作为开关式光电信号传感元件。

3)光谱特性

光谱特性与光敏电阻的材料有关。图 9-1-2(b)中的曲线 1、2、3 分别表示 CdS、CdSe、PbS 三种光敏电阻的光谱特性。从图中可知,PbS 光敏电阻在较宽的光谱范围内均有较高的灵敏度。光敏电阻的光谱分布,不仅与材料的性质有关,而且与制造工艺有关。例如,CdS 光敏电阻随着掺铜浓度的增加,光谱峰值由 0.5 μm 移到 0.64 μm;PbS 光敏电阻随薄层的厚度减小,光谱峰值位置向短波方向移动。

4)伏安特性

在一定照度下,光敏电阻两端所加的电压与光电流之间的关系称为伏安特性。图 9-1-2(c)中曲线 1、2 分别表示照度为零及照度为某值时的伏安特性。由曲线可知,在给定偏压下,光照度越大,光电流越大。在一定光照度下,所加的电压越大,光电流越大,而且无饱和现象。但是电压不能无限地增大,因为任何光敏电阻都受额定功率、最高工作电压和额定电流的限制。

5)频率特性

图 9-1-2(d)中曲线 1 和 2 分别表示 CdS 和 PbS 光敏电阻的频率特性,从图中可看出,这两种光敏电阻的频率特性较差。这是因为光敏电阻的导电性与被俘获的载流子有关。当入射光强上升时,被俘获的自由载流子达到相应的数值需要一定时间;同样,当入射光强下降时,被俘获的电荷释放比较慢。光敏电阻的阻值要经一段时间后才能达到相应的数值(新的平衡值),故其频率特性较差。有时以时间常数的大小说明频率响应的快慢。当光敏电阻突然受到光照时,电导率上升到饱和值的 63% 所用的时间,被称为上升时间常数;同样地,

下降时间常数是指器件突然变暗时,其电导率降到饱和值的 37%(即降低 63%)所用的时间。

6)稳定性

图 9-1-2(e)曲线 1、2 分别表示不同型号的两种 CdS 光敏电阻的稳定性。初制成的光敏电阻,由于体内机构工作不稳定,以及电阻体与其介质的作用还没有达到平衡,所以性能不够稳定。但在人为地加温、光照及加负载情况下,经一至两个星期的老化,性能可达到稳定。光敏电阻在一段时间的老化过程中,有些样品阻值上升,有些样品阻值下降,但最后达到一个稳定值后不再变化。这是光敏电阻的主要优点。

光敏电阻的使用寿命,在密封良好、使用合理的情况下,几乎是无限长的。

7)温度特性

光敏电阻和其他的半导体器件一样,它的性能受温度的影响较大。随着温度的升高,其

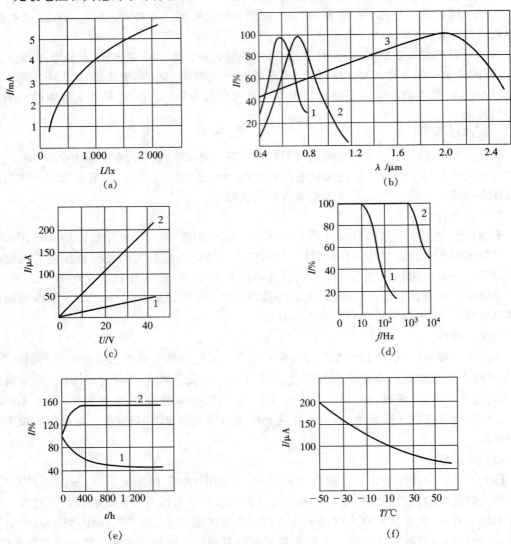

图 9-1-2 光敏电阻的基本特性曲线

(a)光照特性 (b)光谱特性 (c)伏安特性 (d)频率特性 (e)稳定性 (f)温度特性

灵敏度下降。CdS 的光电流 I 和温度 T 的关系如图 9-1-2(f)所示。有时为了提高灵敏度，将元件降温使用。例如，可利用制冷器使光敏电阻的温度降低。

随着温度的升高，光敏电阻的暗电流上升，但是亮电流增加不多。因此，它的光电流下降，即光电灵敏度下降。不同材料的光敏电阻，其温度特性是不同的，一般 CdS 的温度特性比 CdSe 好，PbS 的温度特性比 PbSe 好。

光敏电阻的光谱特性也随温度变化。例如 PbS 光敏电阻，在 $-20\sim20$ ℃温度下，随着温度的升高，其光谱特性向短波方向移动。因此为了使元件对波长较长的光有较高的响应，有时也采用降温措施。

(3)光敏电阻与负载的匹配

每一光敏电阻都有允许的最大耗散功率 P_{max}。如果超过这一数值，则光敏电阻容易损坏。因此，光敏电阻工作在任何照度下都必须满足

$$IU \leqslant P_{max} \text{ 或 } I \leqslant \frac{P_{max}}{U} \tag{9-1-4}$$

上式中的 I 和 U 分别为通过光敏电阻的电流和其两端的电压。因 P_{max} 数值一定，满足 (9-1-4)式的图形为双曲线。图 9-1-3(b)中 P_{max} 双曲线左下部分为允许的工作区域。

由光敏电阻测量电路[图 9-1-3(a)]得电流为

$$I = \frac{E}{R_L + R_G} \tag{9-1-5}$$

式中 R_L——负载电阻；

R_G——光敏电阻；

E——电源电压。

图 9-1-3(b)中绘出了光敏电阻的负载线 $NBQA$ 及伏安特性曲线 OB、OQ、OA，它们分别对应的照度为 L'、L_Q、L''。设光敏电阻工作在 L_Q 照度下，当照度变化时，工作点 Q 将变至 A 或 B，它的电流和电压都改变。设照度变化时，光敏电阻值的变化 ΔR_G，则此时电流为

$$I + \Delta I = \frac{E}{R_L + R_G + \Delta R_G} \tag{9-1-6}$$

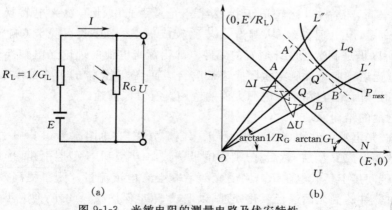

(a)   (b)

图 9-1-3 光敏电阻的测量电路及伏安特性

(a)测量电路 (b)伏安特性

由(9-1-5)式与(9-1-6)式可解得信号电流为

$$\Delta I = \frac{E}{R_L + R_G + \Delta R_G} - \frac{E}{R_L + R_G} \approx \frac{-E\Delta R_G}{(R_L + R_G)^2} \tag{9-1-7}$$

式中负号所表示的物理意义是：当照度增加时，光敏电阻的阻值减小，即 $\Delta R_G < 0$，而信号电流却增加，即 $\Delta I > 0$。

当电流为 I 时，由图 9-1-3(a)可求得输出电压 U 为

$$U = E - IR_L$$

当电流为 $I + \Delta I$ 时，其输出电压为

$$U + \Delta U = E - (I + \Delta I)R_L \tag{9-1-8}$$

由(9-1-7)式与(9-1-8)式解得信号电压为

$$\Delta U = -\Delta IR_L = \frac{E\Delta R_G}{(R_L + R_G)^2}R_L \tag{9-1-9}$$

光敏电阻的 R_G 和 ΔR_G 可由实验或伏安特性曲线求得。由(9-1-7)式和(9-1-9)式可以看出，当照度的变化相同时，ΔR_G 越大，其输出信号电流 ΔI 及信号电压 ΔU 也越大。

当光敏电阻的 R_G 和 ΔR_G 及电源电压 E 已知，则选择最佳的负载电阻 R_L 有可能获得最大的信号电压 ΔU，这不难由(9-1-9)式求得。

令

$$\frac{\partial(\Delta U)}{\partial R_L} = \frac{\partial}{\partial R_L}\left[\frac{ER_L\Delta R_G}{(R_L + R_G)^2}\right] = 0$$

解得

$$R_L = R_G$$

即选负载电阻 R_L 与光电阻 R_G 相等时，可获得最大的信号电压。

当光敏电阻在较高频率下工作时，除选用高频响应好的光敏电阻外，负载 R_L 应取较小值，否则时间常数较大，对高频响应不利。

9.1.3　光电池

光电池是利用光生伏特效应将光直接转变成电能的器件。由于它广泛用于将太阳能直接转变为电能，因此又称之为太阳能电池。通常，将光电池的半导体材料的名称冠于光电池（或太阳能电池）名称之前以示区别。例如，硒光电池、砷化镓光电池、硅光电池等。一般用于制造光电阻器件的半导体材料，如Ⅳ族、Ⅵ族单元素半导体和Ⅱ～Ⅵ族化合物半导体，均可用于制造光电池。目前，应用最广、最有发展前途的是硅光电池。硅光电池的价格低廉，光电转换效率高，寿命长，比较适于接收红外光。硒光电池虽然光电转换效率低（只有0.02%），寿命短，但出现得最早，制造工艺比较成熟，适于接收可见光（响应峰值波长为0.56 μm），所以仍是制造照度计适宜的元件。砷化镓光电池的理论光电转换效率比硅光电池稍高一点，光谱响应特性则与太阳光谱最吻合。而且，砷化镓的工作温度最高，更耐受宇宙射线的辐射。因此，它在宇宙电源方面的应用具有发展前途。

（1）光电池的结构原理

常用的硅光电池的结构如图 9-1-4 所示。制造方法：在电阻率为 0.1～1 $\Omega \cdot$ cm 的 N 型硅片上，扩散硼形成 P 型层；然后，分别用电极引线将 P 型和 N 型层引出，形成正、负电极。如果在两电极间接上负载电阻 R_L，则受光照后就会有电流流过。为了提高效率，防止表面反射光，需对器件的受光面进行氧化处理，以形成 SiO_2 保护膜。此外，向 P 型硅单晶片扩散 N 型杂质，也可以制成硅光电池。

器件的价格与原材料消耗量密切相关。把光电池做成圆形时硅材料的利用率最高。为了满足电源电压、容量的要求，需要将单个光电池串、并联组成电池组使用。在容量相同的条件下，用圆形光电池片组装电池组，占地面积最大，为了减少占地面积，往往把单个光电池

做成矩形或六角形。综上所述,光电池的形状,应根据实
际需要确定。例如:可制成方形、矩形、三角形和环形;也
可在一块硅单晶片上制作多个光电池,形成多电极光电
池。圆片形多电极硅光电池又可以是对称、四象限、双环
及多环等形式。

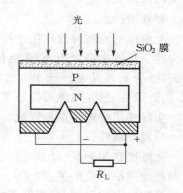

图 9-1-4　常用的硅光电池的结构

光电池工作原理如图 9-1-5 所示,当 N 型半导体和 P
型半导体结合在一起构成一块晶体时,由于热运动,N 区
中的电子向 P 区扩散,而 P 区中的空穴则向 N 区扩散,结
果在 N 区靠近交界处聚集起较多的空穴,而在 P 区靠近
交界处聚集起较多的电子,于是在过渡区形成了一个电
场。电场的方向由 N 区指向 P 区。这个电场阻止电子进
一步由 N 区向 P 区扩散,阻止空穴进一步由 P 区向 N 区
扩散。但它却能推动 N 区中的空穴(少数载流子)和 P 区中的电子(也是少数载流子)分别
向对方运动。

当光照到 PN 结区时,如果光子能量足够大,就会在结区附近激发出电子—空穴对。在
PN 结电场的作用下,N 区的光生空穴被拉向 P 区,P 区的光生电子被拉向 N 区,结果,在 N
区就聚积了负电荷,P 区聚积了正电荷,这样,N 区和 P 区之间就出现了电位差。若将 PN
结两端用导线连起来,电路中就有电流流过,电流的方向由 P 区流经外电路至 N 区。若将
外电路断开,便可测出光生电动势。

光电池的表示符号、基本电路及等效电路如图 9-1-6(a)、(b)、(c)所示。

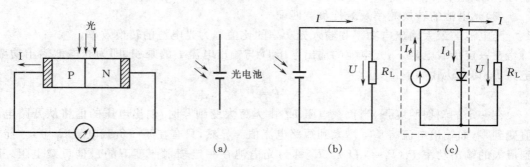

图 9-1-5　光电池工作原理

图 9-1-6　光电池符号及其电路
(a)表示符号　(b)基本电路　(c)等效电路

(2)基本特性

1)光照特性

图 9-1-7(a)、(b)分别表示硅光电池和硒光电池的光照特性,即光生电动势和光电流与
照度的关系。由图可看出光电池的电动势,即开路电压 U_{oc} 与照度 L 为非线性关系,当照度
为 2 000 lx 时便趋向饱和。光电池的短路电流 I_{sc} 与照度呈线性关系,而且受光面积越大,
短路电流也越大。所以,当光电池作为测量元件时应取短路电流的形式。

所谓光电池的短路电流,指外接负载相对于光电池内阻而言是很小的。光电池在不同
照度下,其内阻也不同,因而应选取适当的外接负载近似地满足"短路"条件。图 9-1-7(c)表
示硒光电池在不同负载电阻时的光照特性,从图中可以看出,负载电阻 R_L 越小,光电流与

强度的线性关系越好,且线性范围越宽。

2)光谱特性

光电池的光谱特性取决于材料,图 9-1-7(d)中曲线 1 和 2 分别表示硒和硅光电池的光谱特性。从图中可看出,硒光电池在可见光谱范围内有较高的灵敏度,峰值波长在 $0.54~\mu m$ 附近,适合测可见光。硅光电池应用的光谱范围是 $0.4 \sim 1.1~\mu m$,峰值波长在 $0.85~\mu m$ 附近,由此可见,硅光电池可以在很宽的范围内应用。

实际使用中既可以根据光源性质选择光电池,也可根据现有的光电池选择光源。

3)频率响应

光电池作为测量、计算、接收元件时常用调制光输入。光电池的频率响应是指输出电流随调制光频率变化的关系。图 9-1-7(e)为光电池的频率响应曲线。由图可知,硅光电池具有较高的频率响应,如曲线 2 所示;而硒光电池则较差,如曲线 1 所示。因此,在高速计算器中一般采用硅光电池。

4)温度特性

光电池的温度特性是指开路电压和短路电流随温度变化的关系。由于它关系到应用光电池的仪器设备的温度漂移,影响到测量精度和控制精度等重要指标,因此,温度特性是光电池的重要特性之一。

图 9-1-7(f)为硅光电池在 1 000 lx 照度下的温度特性曲线。从图中可以看出,开路电压随温度上升下降很快,当温度上升 1 ℃时,开路电压约降低 3 mV。但短路电流随温度的变化却是缓慢的,例如温度上升 1 ℃时,短路电流只增加 2×10^{-6} A。

由于温度对光电池的工作有很大影响,因此当它作为测量元件使用时,最好保证温度恒定,或采取温度补偿措施。

(3)光电池的转换效率及最佳负载匹配

光电池的最大输出电功率和输入光功率的比值称为光电池的转换效率。

在一定负载电阻下,光电池的输出电压 U 与输出电流 I 的乘积,即为光电池输出功率,记为 P,其表达式如下:

$$P = IU$$

在一定的辐射照度下,当负载电阻 R_L 由无穷大变到零时,输出电压的值将从开路电压值变到零,而输出电流将从零增大到短路电流值。显然,只有在某一负载电阻 R_j 下,才能得到最大的输出功率 $P_j(P_j = I_j U_j)$。R_j 称为光电池在一定辐射照度下的最佳负载电阻。同一光电池的 R_j 值随辐射照度的增强而稍微减少。

P_j 与入射光功率的比值,即为光电池的转换效率 η。硅光电池转换效率的理论值,最大可达 24%,而实际上只达到 10%~15%。

可以利用光电池的输出特性曲线直观地表示出输出功率值。在图 9-1-8 中,通过原点、斜率为 $\tan \theta = I_H/U_H = 1/R_L$ 的直线,即为未加偏压的光电池的负载线。此负载线与某一照度下的伏安特性曲线交于 P_H 点。P_H 点在 I 轴和 U 轴上的投影即分别为负载电阻为 R_L 时的输出电流 I_H 和输出电压 U_H。此时,输出功率等于矩形 $OI_HP_HU_H$ 的面积。

为了求取某一照度下最佳负载电阻,可以分别从该照度下的电压—电流特性曲线与两坐标轴交点(U_{oc}, I_{sc})作该特性曲线的切线,两切线交于 P_m 点,连接 P_mO 的直线即为负载线。此负载线所确定的阻值$(R_j = 1/\tan \theta')$即为取得最大功率的最佳负载电阻 R_j。上述负载线与特性曲线交点 P_j 在两坐标轴上的投影 U_j、I_j 分别为相应的输出电压和电流值。图 9-1-8 中画阴影线部分的面积等于最大输出功率值。

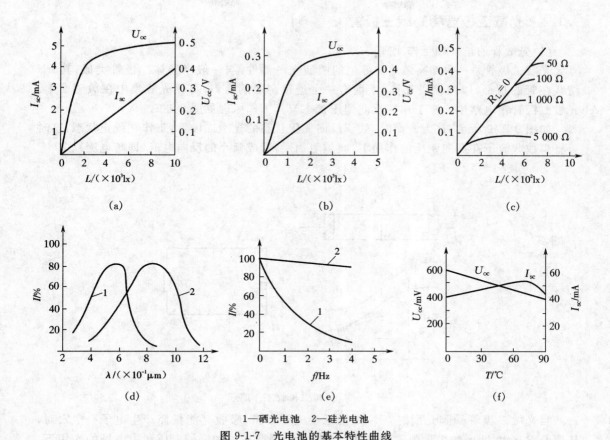

1—硒光电池　2—硅光电池

图 9-1-7　光电池的基本特性曲线

（a）硅光电池的光照特性　　（b）硒光电池的光照特性　　（c）硒光电池在不同负载电阻时的光照特性

（d）硒、硅光电池的光谱特性　　（e）硒、硅光电池的频率响应曲线　　（f）硅光电池的温度特性

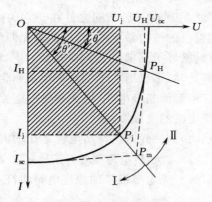

图 9-1-8　光电池的伏安特性及负载线

　　由图 9-1-8 可看出，R_j 负载线把电压—电流特性曲线分成Ⅰ、Ⅱ两部分，在第Ⅰ部分中，$R_L < R_j$，负载变化将引起输出电压大幅度变化，而输出电流变化却很小；在第Ⅱ部分中，$R_L > R_j$，负载变化将引起输出电流大幅度变化，而输出电压却几乎不变。

　　应该指出的是，光电池的最佳负载电阻随入射光照度的增大而减小，由于在不同照度下电压—电流曲线不同，所以对应的最佳负载线也不同。因此，每个光电池的最佳负载线不是一条，而是一簇。

9.1.4　光敏二极管和光敏三极管

（1）光敏管的结构和工作原理

光敏二极管是一种 PN 结单向导电的结型光电器件，与一般半导体二极管类似，其 PN 结装在管的顶部，以便接受光照，上面有一个透镜制成的窗口，可使光线集中在敏感面上。光敏二极管在电路中通常工作在反向偏压状态。其工作原理见图 9-1-9。

如图 9-1-9 所示，在无光照时，处于反向偏压状态的光敏二极管，工作在截止状态，这时只有少数载流子在反向偏压的作用下，渡越阻挡层，形成微小的反向电流（即暗电流）。

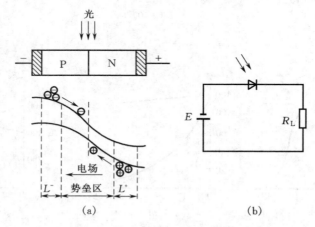

图 9-1-9　光敏二极管工作原理

当光敏二极管受到光照时，PN 结附近受光子轰击，吸收其能量而产生电子—空穴对，从而使 P 区和 N 区的少数载流子浓度大大增加。因此在外加反偏电压和内电场的作用下，P 区少数载流子渡越阻挡层进入 N 区，N 区的少数载流子渡越阻挡层进入 P 区，从而使通过 PN 结的反向电流大为增加，形成了光电流。

光敏三极管的结构与光敏二极管相似，不同之处在于它的内部有两个 PN 结。和一般三极管不同，光敏三极管的发射极的一边做得很小，以扩大光照面积。

当基极开路时，基极—集电极处于反偏状态。在光照射下，PN 结附近产生电子—空穴对，在内电场作用下，它们定向运动，形成增大了的反向电流（即光电流）。由于光照射集电结产生的光电流相当于一般三极管的基极电流，因此集电极电流被放大了（$\beta+1$）倍，从而使光敏三极管具有比光敏二极管更高的灵敏度。

锗光敏三极管的暗电流较大，为使光电流与暗电流之比增大，常在发射极与基极之间接一电阻（约 5 kΩ）。硅光敏三极管，由于暗电流很小（小于 10^{-9} A），一般不备有基极外接引线，仅有发射极、集电极两根引线。光敏三极管的原理电路和符号见图9-1-10。

（2）光敏管的基本特性

1）光谱特性

在照度一定时，输出的光电流（或相对灵敏度）随光波波长的变化而变化的性质即为光敏管的光谱特性。

如果照射在光敏二（三）极管上的为波长一定的单色光，当具有相同的入射功率（或光子流密度）时，则输出的光电流会随波长而变化。用一定材料和工艺做成的光敏管，只对一定波长范围（即光谱）的入射光产生响应，这就是光敏管的光谱响应。图 9-1-11 为硅和锗光敏

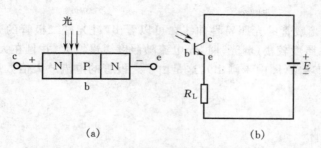

图 9-1-10 光敏三极管的原理电路和符号

(a)原理电路 (b)符号

二(三)极管的光谱特性曲线。由图 9-1-11 可见,硅光敏二(三)极管的响应光谱的长波限为 1.1 μm,锗为 1.8 μm,而短波限一般在 0.4~0.5 μm。

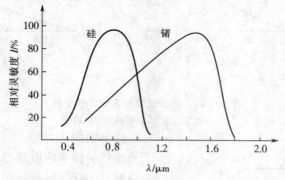

图 9-1-11 硅和锗光敏二(三)极管的光谱特性曲线

两类材料的光敏二(三)极管的光谱响应峰值所对应的波长各不相同。以硅为材料的为 0.8~0.9 μm,以锗为材料的为 1.4~1.5 μm,为近红外光。

2)伏安特性

图 9-1-12 为硅光敏管在不同照度下的伏安特性曲线。由图可见,光敏三极管的光电流比相同管型的二极管大上百倍。此外,从曲线还可以看出,在零偏压时,二极管仍有光电流输出,而三极管则没有,这是由于光电二极管存在光生伏特效应。

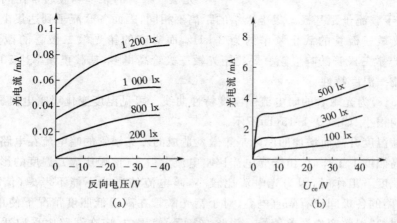

图 9-1-12 硅光敏管的伏安特性曲线

(a)硅光敏二极管 (b)硅光敏三极管

3）光照特性

图 9-1-13 为硅光敏管的光照特性曲线。可以看出,硅光敏二极管的光照特性曲线的线性较好,而三极管在照度较小(弱光)时,光电流随照度缓慢增大,并且在大电流(光照度为几千勒克斯)时有饱和现象(图中未画出),这是由于三极管的电流放大倍数在小电流和大电流时均下降。

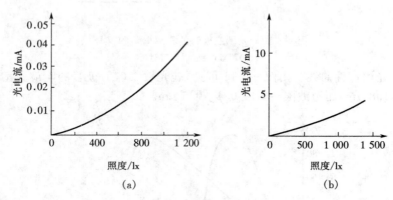

（a） （b）

图 9-1-13 硅光敏管的光照特性曲线

(a)硅光敏二极管 (b)硅光敏三极管

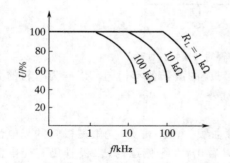

图 9-1-14 硅光敏三极管的频率响应曲线

4）频率响应

光敏管的频率响应是指在具有一定频率的调制光照射下,光敏管输出的光电流(或负载上的电压)随频率的变化关系。光敏管的频率响应与本身的物理结构、工作状态、负载以及入射光波长等因素有关。图 9-1-14 为硅光敏三极管的频率响应曲线。由曲线可知,减小负载电阻 R_L 可以提高响应频率,但同时却使输出降低。因此在实际使用中,应根据频率选择最佳的负载电阻。

光敏三极管的频率响应通常比同类二极管差得多,这是由于载流子距基极—集电极结的距离不相同,因而各载流子到达集电极的时间也不相同。锗光敏三极管的截止频率约为 3 kHz,而对应的锗光敏二极管的截止频率约为 50 kHz。硅光敏三极管的响应频率要比锗光敏三极管高得多,其截止频率达 50 kHz 左右。

5）暗电流—温度特性

图 9-1-15(a)为光敏管的暗电流—温度特性曲线。可见温度变化对暗电流影响很大,而对光电流影响很小,如图 9-1-15(b)所示。

暗电流随温度升高而增加的原因是热激发造成的。光敏管的暗电流在电路中是一种噪声电流。在高照度下工作时,由于光电流比暗电流大得多(信噪比大),温度的影响相对比较小。但在低照度下工作时,因为光电流比较小,暗电流的影响不能不考虑(信噪比小的情况)。如果电路的各极间没有隔直电容,对于锗光敏管在高温低照度情况下使用时,输出信号的稳定性很差,以致产生误差信号。为此,在实际使用中,应在线路中采取适当的温度补偿措施。对于调制光交流放大电路,由于隔直电容存在,可使暗电流隔断,消除温度影响。

6）光电流—温度特性

图 9-1-15(b)为光敏三极管的光电流—温度特性曲线。在一定温度范围内,温度变化对光电流的影响较小,其光电流主要是由光照强度决定的。

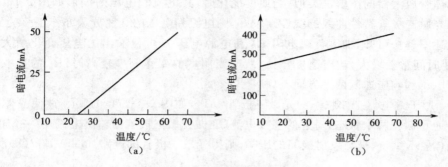

图 9-1-15　光敏管的温度特性曲线
(a)光敏管的暗电流—温度特性　(b)光敏管的光电流—温度特性

（3）光敏晶体管电路的分析方法

光敏晶体管的原理和伏安特性与一般晶体管类似,其差别仅在于前者由光照度或光通量控制光电流,后者则由基极电流控制集电极电流。因此,其分析、计算方法可仿照共射极晶体管放大器进行。

例 1　光敏二极管 VD 的连接电路和伏安特性如图 9-1-16(a)和(b)所示。若光敏二极管上的照度（单位为 lx）发生变化,$L=100+100\sin\omega t$,为使光敏二极管上有 10 V 的电压变化,求所需的负载电阻 R_L 和电源电压 E,并绘出电流和电压的变化曲线。

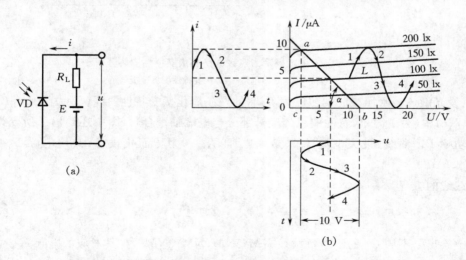

图 9-1-16　光敏二极管 VD 的连接电路和伏安特性图解分析
（a)连接电路　(b)伏安特性图解分析

解:与晶体管的图解法类似,找出照度为 200 lx 这条伏安特性曲线上的弯曲处 a 点,它在电压 U 轴（X 轴)上的投影 c 点设为 2 V。因为照度变至零时改变电压 10 V,所以电源电压

$$E=2+10=12 \text{ V}$$

在电压 U 轴上找到 12 V 的 b 点。连接 a、b 两点的直线即为所求负载线。从图上可得 a 点的电流为 10 μA,所需负载电阻

$$R_L = \frac{1}{\tan \alpha} = \frac{bc}{ac} = \frac{12-2}{10 \times 10^{-6}} = 10^6 \ \Omega$$

与晶体管放大器的图解法类似,当照度变化时,其电流和电压的波形如图 9-1-16(b)所示。如果光敏二极管特性曲线的线性度较好,则电流和电压的交变分量亦作正弦变化。

从上述图解法可知,加大负载电阻 R_L 和电源电压 E 可使输出的电压变化增大。由于 R_L 增大使时间常数增大,响应速度降低,所以当照度的变化频率较高时,R_L 的选取要同时照顾输出电压和响应速度两个方面。

例 2 用于继电器工作状态的光敏三极管 VT_1,如图 9-1-17(a)所示,欲使晶体管 VT_2 工作于导通和截止两个状态,对它的基极电流(亦即光敏三极管的输出电流)有一定的要求。若忽略晶体管 VT_2 基极与发射极间的压降,则得光敏三极管的电路如图 9-1-17(b)所示。

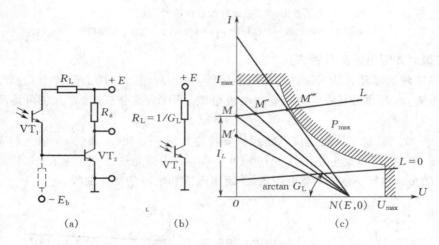

图 9-1-17 光敏三极管的连接电路和伏安特性图解分析
(a)连接电路 (b)电路 (c)伏安特性图解分析

解:设光敏三极管照亮时的照度为 L,它的两条简化伏安特性曲线($L=0$ 和 $L=L$)示于图 9-1-17(c)中(为了简单,特性曲线的上升部分与电流轴重合)。图中还绘出了所允许的最大耗散功率 P_{max} 曲线、最大电流 I_{max}、最大电压 U_{max}。为了简化设备,共用电源 E 一般为已知。

负载线的方程为

$$U = E - IR_L = E - \frac{1}{G_L}I \tag{9-1-10}$$

图中绘出了不同 G_L 的 4 条负载线 NM'、NM、NM''、NM''',与其对应的电导 $G'_L < G_L < G''_L < G'''_L$。从图上可看出,光照为 L 时,为使光敏三极管的光电流增大,负载线应在 NM 直线的右边,由于不允许超过它的最大耗散功率,又必须在 NM''' 的左边。对应于负载线 NM 的电阻和电导可按如下方法求出:将 M 点的 $U=0$,$I=I_L$(照度 L 时的 M 点光电流)代入 (9-1-10)式可得

$$R_L = \frac{E}{I_L} \ \text{或} \ G_L = \frac{I_L}{E} \tag{9-1-11}$$

负载电导必须略大于 $G_L = \dfrac{I_L}{E}$。

知道光照时的电流 I_L 即 I_b 后,使晶体管 VT_2 饱和的电阻 R_a 即可求出,即

$$R_a \geqslant \frac{E}{\beta I_L} \tag{9-1-12}$$

式中　β——晶体管 VT_2 的电流放大系数。

设图 9-1-17(a)中的 $E = 18$ V,光敏三极管采用 3DU13,它在照度 1 000 lx 时的电流 $I_L = 0.7$ mA。晶体管 VT_2 采用 3DG6B,$\beta = 30$。

根据(9-1-11)式

$$R_L = \frac{18}{0.7 \times 10^{-3}} = 25.7 \text{ k}\Omega \quad (\text{取 } 24 \text{ k}\Omega)$$

根据(9-1-12)式

$$R_a \geqslant \frac{18}{30 \times 0.7 \times 10^{-3}} = 857 \text{ }\Omega \quad (\text{取 } 910 \text{ }\Omega)$$

由于光敏三极管存在暗电流,不能使晶体管 VT_2 完全截止,为此可在晶体管基极加反向偏压 $-E_b$[如图 9-1-17(a)中虚线表示],当然照度为 L 时,应保证晶体管饱和导通。

9.1.5　光电耦合器

光电耦合器是由一发光元件和一光电元件同时封装在一个外壳内组合而成的转换元件。

(1)光电耦合器的结构

光电耦合器的结构有金属密封型和塑料密封型两种。

金属密封型见图 9-1-18(a),是采用金属外壳和玻璃绝缘的结构。在其中部对接,采用环焊以保证发光二极管和光敏二极管对准,以此提高灵敏度。

塑料密封型见图 9-1-18(b),是采用双立直插式塑料封装的结构。管芯先装于管脚上,中间再用透明树脂固定,具有集光作用,故此种结构灵敏度较高。

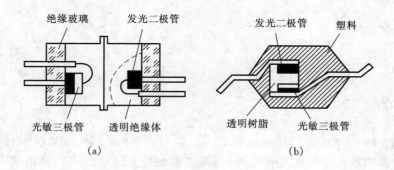

图 9-1-18　光电耦合器结构
(a)金属密封型　(b)塑料密封型

(2)砷化镓发光二极管

光电耦合器中的发光元件采用了砷化镓发光二极管,它是一种半导体发光器件,与普通二极管一样,管芯由一个 PN 结组成,具有单向导电的特性。当给 PN 结加以正向电压后,

空间电荷区势垒下降,引起载流子的注入,P区的空穴注入N区,注入的电子和空穴相遇而产生复合,释放出能量。对于发光二极管,复合时放出的能量大部分以光的形式呈现。此光为单色光,对于砷化镓发光二极管,波长为 $0.94~\mu m$ 左右。随正向电压的提高,正向电流增加,发光二极管产生的光通量亦增加,其最大值受发光二极管最大允许电流的限制。

(3)光电耦合器的组合形式

光电耦合器的组合形式有4种,如图9-1-19所示。

图9-1-19(a)所示的形式结构简单、成本低,通常用于工作频率在50 kHz以下的装置内。

图9-1-19(b)为采用高速开关管构成的高速光电耦合器,适用于较高频率的装置中。

图9-1-19(c)为采用放大三极管构成的具有高传输效率的光电耦合器,适用于直接驱动和较低频率的装置中。

图9-1-19(d)为采用固体功能器件构成的具有高传输效率的高速光电耦合器。

近年来,已有将发光元件和光敏元件做在同一个半导体基片上构成的全集成化的光电耦合器。

无论哪一种组合形式,均要使发光元件与光敏元件对波长响应得到最佳匹配,以保证其灵敏度最高。

(4)光电耦合器的特性曲线

光电耦合器的特性曲线是由输入发光元件和输出光电元件的特性曲线合成的。作为输入元件的砷化镓发光二极管与输出元件的硅光敏三极管合成的光电耦合器的特性曲线如图9-1-20所示。

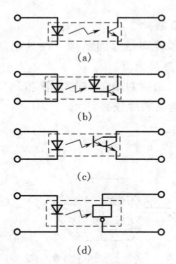

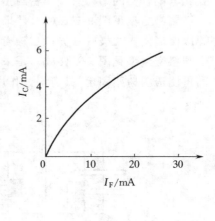

图9-1-19 光电耦合器的组合形式　　　　图9-1-20 光电耦合器的特性曲线

光电耦合器的输入量是直流电流 I_F,而输出量也是直流电流 I_C。从图中可以看出,该器件的直线性较差,但可采用反馈技术对其非线性失真进行校正。

9.1.6 光电传感器的类型及应用

光电传感器可用于测量多种非电量。依据光通量对光电元件的不同作用原理制成的光电传感器是多种多样的,按其输出量性质可分为以下两类:

（1）模拟式光电传感器

这类光电传感器测量系统是把被测量转换成连续变化的光电流，光电流与被测量间呈单值对应关系。一般有下列几种情形。

①光源本身是被测物，见图 9-1-21(a)，被测物发出的光通量射向光电元件。这种形式的光电传感器可用于光电比色高温计中，它的光通量和光谱的强度分布均为被测温度的函数。

②恒光源是白炽灯（或其他任何光源），见图 9-1-21(b)，光通量穿过被测物，部分被吸收后到达光电元件上。吸收量取决于被测物介质中被测的参数。例如，测量液体、气体的透明度、混浊度的光电比色计。

③恒光源发出的光通量射到被测物，见图 9-1-21(c)，再从被测物表面反射后投射到光电元件上。被测物表面反射条件取决于表面性质或状态，因此光电元件的输出信号是被测非电量的函数。例如，测量表面光洁度、粗糙度等的仪器中的传感器等。

④从恒光源发射到光电元件的光通量遇到被测物，被遮蔽了一部分，见图 9-1-21(d)，由此改变了照射到光电元件上的光通量。在某些测量尺寸或振动等的仪器中，常采用这种传感器。

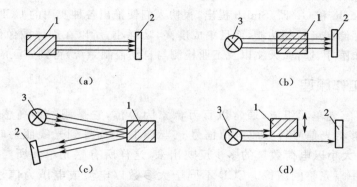

1—被测物　2—光电元件　3—恒光源

图 9-1-21　光电元件的应用形式

(a)被测物是光源　(b)被测物能吸收光通量　(c)被测物表面有反射能力　(d)被测物遮蔽光通量

（2）开关式光电传感器

开关式光电传感器利用光电元件受光照或无关照时有或无电信号输出的特性，将被测量转换成断续变化的开关信号。开关式光电传感器对光电元件灵敏度要求较高，而对光照特性曲线的线性要求不高。此类传感器主要应用于零件或产品自动记数器、光控开关、电子计算机的光电输入设备、光电编码器以及光电报警装置中。

图 9-1-22 为光电式数字转速表工作原理。电动机转轴转动时，将带动调制盘转动，发光二极管发出的恒定光被调制成随时间变化的调制光，透光与不透光交替出现，光敏管将间断地接收到透射光信号，输出电脉冲。经放大整形电路转换成方波信号，由数字频率计测得电机的转速。频率计用于计数，若频率计的计数频率为 f，则电机转速为

$$n = 60f/z \qquad (9\text{-}1\text{-}13)$$

式中　z——调制盘齿数。

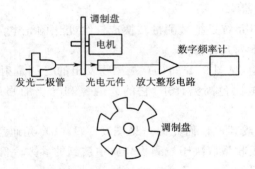

图 9-1-22　光电式数字转速表工作原理

9.2　电荷耦合器件图像传感器

电荷耦合器件(charge coupled device,CCD)图像传感器以电荷转移为核心,是一种应用非常广泛的固体图像传感器,它是以电荷包的形式存储和传递信息的半导体表面器件,是在 MOS 结构电荷存储器的基础上发展起来的。CCD 的概念最初于 1970 年由美国贝尔实验室的 W. S. Boyle 和 G. E. Smith 提出,很快人们便推出各种实用的 CCD。由于它具有光电转换、信息存储和延时等功能,而且集成度高,功耗小,所以在固体图像传感、信息存储和处理方面(诸如医疗、通信、天文以及工业检测与自动控制系统)得到广泛应用。

9.2.1　CCD 工作原理

CCD 由许多感光单元组成,通常以百万像素为单位,它是用一种高感光度的半导体材料制成的,能够将光信号转变成电荷信号。当 CCD 表面受到光线照射时,每个感光单元将入射光强的大小以电荷数量的多少反映出来,这样所有感光单元所产生的信号叠加在一起,构成了一幅完整的图像。CCD 不同于大多数以电流或电压为信号的器件,它是以电荷作为信号载体的。CCD 的基本功能表现为信号电荷的产生、存储、转移和检出(即输出)。

(1)光电荷的产生

光电荷产生的方法主要分为光注入和电注入两类,CCD 一般采用光注入方式。当光照射到 CCD 硅片上时,在栅极附近的半导体体内产生电子—空穴对,其多数载流子被栅极电压所排斥,少数载流子则被收集在势阱中形成信号电荷。

(2)光电荷的存储

CCD 的基本单元是 MOS 结构,其作用是对产生的光电荷进行存储。图 9-2-1(a)中,栅极 G 电压为零,P 型半导体中的空穴(多数载流子)的分布是均匀的;图 9-2-1(b)中,施加了正偏压 U_G(此时 U_G 小于 P 型半导体的阈值电压 U_{th}),在图 9-2-1(a)中的空穴中产生了耗尽区;施加的电压继续增加,则耗尽区将进一步向半导体内延伸,如图 9-2-1(c)所示。当 $U_G > U_{th}$ 时,以 Φ_S 表示半导体与绝缘体界面上的电势,称为表面势;Φ_S 变得很高,以至于将半导体内的电子(少数载流子)吸引到表面,形成一层很薄但电荷浓度很高的反型层。反型层电荷的存在表明 MOS 结构具有存储电荷的功能。

表面势 Φ_S 与反型层的电荷浓度 Q_{INV}、栅极电压 U_G 有关,Φ_S 与 Q_{INV} 之间存在反比例线性关系,由于氧化物与半导体的交界面处的势能最低,可以形象地说,半导体表面形成了对

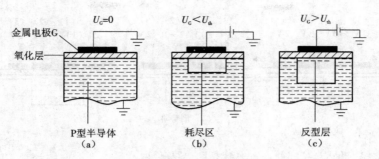

图 9-2-1　单个 CCD 栅极电压变化对耗尽区的影响
(a)栅极电压为零　(b)栅极电压小于阈值电压　(c)栅极电压大于阈值电压

电子的"势阱"。电子被加有栅极电压的 MOS 结构吸引过去,没有反型层时,势阱的深度和 U_G 成正比,如图 9-2-2(a)所示;当反型层电荷填充势阱时,表面势收缩,如图9-2-2(b)所示;随着反型层电荷浓度的继续增加,势阱被填充得更多,此时表面不再束缚多余的电子,电子将产生"溢出"现象,如图 9-2-2(c)所示。

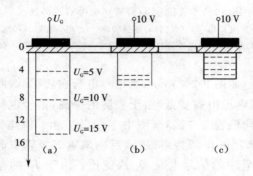

图 9-2-2　势阱
(a)空势阱　(b)填充1/3的势阱　(c)全满势阱

(3)光电荷的转移

按一定的时序在电极上施加高低电平,可以实现光电荷在相邻势阱间的转移。图 9-2-3 表示三相 CCD 势阱中电荷的转移过程。

图 9-2-3 中 CCD 的 4 个电极彼此靠得很近,假定开始在偏压为 10 V 的(1)电极下面有深势阱,给其他电极施加大于阈值的较低电压(例如 2 V),如图 9-2-3(a)所示;一定时间后,(2)电极由 2 V 变为 10 V,其余电极保持不变,如图 9-2-3(b)所示;因为(1)、(2)电极靠得很近(间隔只有几微米),它们各自对应的势阱将合并在一起,原来在(1)电极下的电荷变为(1)、(2) 2 个电极共有,如图 9-2-3(c)所示;此后,(1)电极上电压由 10 V 变为 2 V,(2)电极上 10 V 不变,如图 9-2-3(d)所示,电荷将慢慢转移到(2)电极下的势阱中;最后(1)电极下的电荷转移到了(2)电极下,如图 9-2-3(e)所示,由此深势阱及电荷包向右转移了一个位置。

为了实现转移,CCD 电极间的间隙必须很小,电荷才能不受阻碍地从一个电极转移到相邻电极下,电极间的间隙由电极结构、表面态密度等因素决定。

(4)光电荷的输出

光电荷的输出是指在光电荷转移通道的末端,将电荷信号转换为电压或电流信号输出,也称为光电荷的检出。目前 CCD 的主要输出方式有电流输出、浮置扩散放大输出和浮置栅

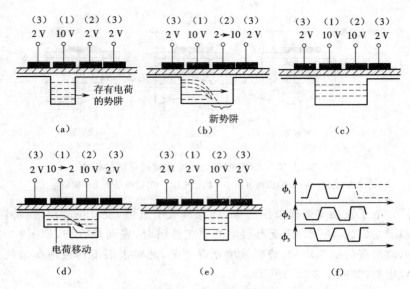

图 9-2-3　三相 CCD 势阱中电荷的转移过程

(a)初始状态　(b)电荷由(1)电极向(2)电极转移　(c)电荷在(1)(2)电极下均匀分布

(d)电荷继续由(1)电极向(2)电极转移　(e)电荷完全转移到(2)电极　(f)三相转移脉冲

极放大输出。

　　以电流输出方式为例,如图 9-2-4 所示,当信号电荷在转移脉冲的驱动下向右转移到末电极的势阱中后,Φ_2 电极电压由高变低,由于势阱的提高,信号电荷将通过输出栅(加有恒定电压)下的势阱进入反向偏置的二极管(图中 N^+ 区)。由 U_D、电阻 R、衬底 P 和 N^+ 区构成的反向偏置二极管相当于一个深势阱,进入反向偏置二极管中的电荷,将产生输出电流 I_D,I_D 的大小与注入二极管中的信号电荷 Q_S 成正比。由于 I_D 的存在,A 点的电位发生变化;I_D 增大,A 点的电位降低,CCD 的电流输出模式即是用隔直电容将 A 点的电位变化取出,经放大器输出。

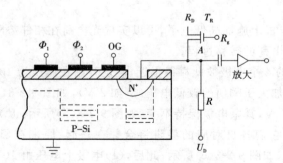

图 9-2-4　CCD 电流输出模式结构示意图

9.2.2　CCD 图像传感器

（1）CCD 图像传感器的原理

　　CCD 图像传感器是利用 CCD 的光电转移和电荷转移的双重功能进行工作的。当一定波长的入射光照射 CCD 时,若 CCD 的电极下形成势阱,则光生少数载流子积聚到势阱中,其数目与光照时间和光强度成正比。使用时钟控制将 CCD 的每一位下的光生电荷依次转移出来,用同一输出电路检测,则可以得到幅度与各光生电荷包成正比的电脉冲序列,从而将照射在 CCD 上的光学图像转移成了电信号"图像"。由于 CCD 能实现低噪声的电荷转移,并且所有光生电荷均通过一个输出电路检测,具有良好的一致性,因此,对图像的传感具有优越的性能。

（2）CCD 图像传感器的分类

CCD 图像传感器可以分为线列和面阵两大类,它们各具有不同的结构和用途。

1）CCD 线列图像器件

CCD 线列图像器件由光敏区、转移栅、模拟移位寄存器（即 CCD）、"胖零"（即偏置）电荷注入电路、信号读出电路等几部分组成。图 9-2-5 是一个有 N 个光敏单元的线列 CCD 图像传感器件。器件中各部分的功能及器件的工作过程分述如下。

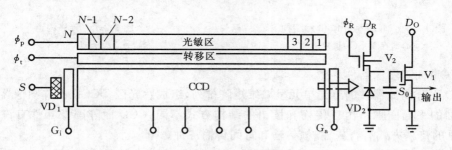

图 9-2-5　线列 CCD 图像器件

①光敏区。在光敏区,N 个光敏单元排成一列。如图 9-2-6 所示,光敏单元为 MOS 电容结构（目前普遍采用 P-N 结构）。透明的低阻多晶硅薄条作为 N 个 MOS 电容（即光敏单元）的共同电极,称为光栅 ϕ_P。MOS 电容的低电极为半导体 P 型单晶硅,在硅表面,相邻两光敏单元之间用沟阻隔开,以保证 N 个 MOS 电容互相独立。

器件其余部分的栅极也为多晶硅栅,但为避免非光敏区"感光",除光栅外,器件的所有栅区均以铝层覆盖,以实现光屏蔽。

②转移栅 ϕ_t。转移栅 ϕ_t 与光栅 ϕ_P 一样,同样是狭长细条,位于光栅和 CCD 之间,它用以控制光敏单元势阱中的信号电荷向 CCD 中转移。

③模拟移位寄存器。前面已提到过,CCD 有二相、三相、四相几种结构,现以四相结构为例进行讨论。一、三相为转移相,二、四相为存储相。在排列上,N 位 CCD 与 N 个光敏单元一一对齐,最靠近输出端的那位 CCD 称第一位,对应的光敏单元为第一个光敏单元,依此类推。各光敏单元通向 CCD 的各转移沟道之间由沟阻隔开,而且只能通向每位 CCD 中某一个相,如图 9-2-7 所示,只通向每位 CCD 的第二相,这样可防止各信号电荷包转移时可能引起的混淆。

④偏置电荷电路。由输入二极管 VD_1（通称为源）和输入栅 G_i 组成的偏置电荷注入回路,用来注入"胖零"信号,以减小界面态的影响,提高转移效率。

⑤输出栅 G_a。输出栅工作在直流偏置电压状态,起着交流旁路作用,用来屏蔽时钟脉冲对输出信号的干扰。

⑥输出电路 CCD 输出电路由放大管 V_1、复位管 V_2、输出二极管 VD_2 组成,它的功能是将信号电荷转移为信号电压,然后输出。

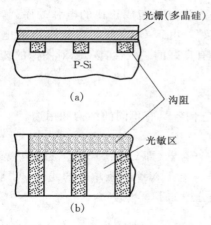

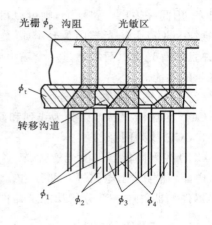

图 9-2-6　MOS 型光敏单元结构
(a)剖视图　(b)顶视图

图 9-2-7　转移沟道

2)CCD 面阵图像器件

CCD 面阵图像器件的感光单元呈二维矩阵排列,组成感光区。CCD 面阵图像器件能够检测二维的平面图像。由于传输和读出的结构方式不同,CCD 面阵图像器件有许多种类型。常见的传输方式有行传输、帧传输和行间传输三种。

行传输(LT)面阵 CCD 的结构如图 9-2-8(a)所示,它由行选址电路、感光区、输出寄存器(即普通结构的 CCD)组成。当感光区光积分结束后,由行选址电路分别将信息电荷一行一行地通过输出寄存器转移到输出端。行传输的缺点是所需要的时钟电路(即行选址电路)比较复杂,并且在电荷传输转移过程中,光积分还在进行,会产生"拖影"现象,因此,这种结构采用较少。

帧传输(FT)面阵 CCD 的结构如图 9-2-8(b)所示,它由感光区、暂存区、输出寄存器组成。工作时,在感光区光积分结束后,先将信号电荷从感光区迅速转移到暂存区,暂存区表面具有不透光的覆盖层。再从暂存区一行一行地将信号电荷通过输出寄存器转移到输出端。这种结构的时钟要求比较简单,它的"拖影"现象比行传输虽有所改善,但同样是存在的。

行间传输(ILT)面阵 CCD 的结构如图 9-2-8(c)所示,感光区和暂存区行行相间排列。在感光区结束光积分后,同时将每列信号电荷转移入相邻的暂存列中,然后进行下一帧图像的光积分,同时将暂存区中的信号电荷逐列通过输出寄存器转移到输出端。行间传输结构具有良好的图像抗混淆性能,即图像不存在"拖影"现象,但不透光的暂存转移区降低了器件的收光效率,并且这种结构对光从背面照射的情况不适用。

9.2.3　光电阵列器件的应用

光电阵列器件包括光电二极管阵列器件、光电三极管阵列器件和 CCD 成像器件。它们均具有图像传感功能,可广泛地应用于摄像、信号检测等领域。如前所述,这些光敏阵列器件有线列和面阵两种,线列传感一维的图像,面阵则可以感受二维的平面图像,它们各具有不同的用途。

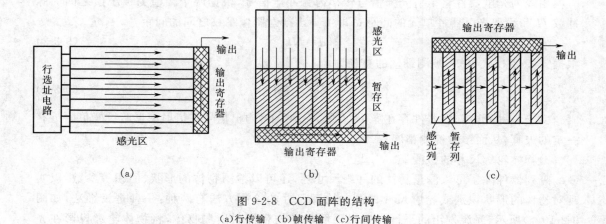

图 9-2-8　CCD 面阵的结构

(a)行传输　(b)帧传输　(c)行间传输

(1)尺寸检测

在自动化生产线上,经常需要对物体尺寸进行在线检测。例如零件的尺寸检验、轧钢厂钢板宽度的在线检测和控制等。利用光电阵列器件,即可实现物体尺寸的高精度非接触检测。

1)微小尺寸的检测

微小尺寸的检测通常指对微隙、细丝或小孔的尺寸进行的检测。例如,在游丝轧制的精密机械加工中,要求对游丝的厚度进行精密的在线检测和控制。而游丝的厚度通常只有$10 \sim 20\ \mu m$。

对微小尺寸的检测一般采用激光衍射的方法。当激光照射细丝或小孔时,会产生衍射图像,用阵列光电器件对衍射图像进行接收,测出暗纹的间距,即可计算出细丝或小孔的尺寸。

细丝直径检测系统的结构如图 9-2-9 所示。由于 He-Ne 激光器具有良好的单色性和方向性,当激光照射到细丝时,满足远场条件,在 $L \gg a^2/\lambda$ 时,就会得到夫琅禾费衍射图像,由夫琅禾费衍射理论及互补定理可推导出衍射图像暗纹的间距为

$$d = \frac{L\lambda}{a} \tag{9-2-1}$$

式中　L——细丝到接收光敏阵列器件的距离;

　　　λ——入射激光的波长;

　　　a——被测细丝的直径。

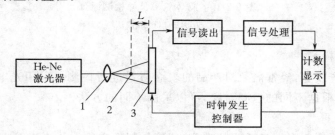

1—透镜　2—细丝截面　3—线列光敏器件

图 9-2-9　细丝直径检测系统的结构

用线列光电器件将衍射光强信号转移为脉冲电信号,根据两个幅值为极小值之间的脉冲数 N 和线列光电器件单元的间距 l,即可算出衍射图像暗纹之间的间距

$$d = Nl \qquad (9\text{-}2\text{-}2)$$

根据式(9-2-1)式可知,被测细丝的直径为

$$a = \frac{L\lambda}{d} = \frac{L\lambda}{Nl} \qquad (9\text{-}2\text{-}3)$$

由于各种光电阵列器件存在噪声,在噪声影响下,输出信号在衍射图形暗纹峰值附近有一定的失真,从而影响检测精度。

2)物体轮廓尺寸的检测

阵列器件除了可以测量物体的一维尺寸外,还可以检测物体的形状、面积等参数,以实现对物体的形状识别或轮廓尺寸检测。轮廓尺寸的检测方法有两种:一种是投影法,如图9-2-10(a)所示,光源发出的平行光透过透明的传送带照射所测物体,将物体轮廓投影在光电阵列器件上,对阵列器件的输出信号进行处理后即可得到被测物体的形状和尺寸;另一种是成像法,如图 9-2-10(b)所示,通过成像系统将被测物体成像在光电阵列上,同样可以测出被测物体的尺寸和形状。投影法的特点是图像清晰,信噪比高,但需要设计产生平行光的光源。成像法不需要专门的光源,但被测物要有一定的辉度,并且需要设计成像光学系统。

用于轮廓尺寸检测的光电阵列器件可以是线列,也可以是面阵。在用线列器件时,传送带必须以恒定速度传送工件,并向阵列器件提供同步检测信号,由线列器件逐行扫描,到物件完全经过后得到一幅完整的输出图像。采用面阵器件时,只需要进行一次"曝光"。并且,只要物像不超出面阵的边缘,则检测精度不受物体与阵列器件之间相对位置的影响。因此,采用面阵器件不仅可以提高检测速度,而且其检测精度也比用线列器件高得多。

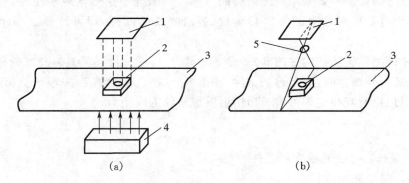

1—光电阵列器件 2—被测物体 3—传送带 4—光源 5—成像透镜

图 9-2-10 物体轮廓尺寸检测原理

(a)投影法 (b)成像法

(2)表面缺陷检测

在自动化生产线上,经常需要对产品的表面质量进行检测。采用光电阵列器件对物体表面进行检测时,根据不同的检测对象,可以采用不同的方法。

1)透射法

透明体的缺陷检测常用于透明胶带、玻璃等拉制生产线中。检测方法可用透射法,如图9-2-11 所示。它类似于物件轮廓尺寸的检测,用一平行光源照射被测物体,透射光由成像系统的线阵光电器件接收。当被测物体以一定的速度经过时,线阵进行连续的扫描。若被测

物体中存在气泡、针孔或夹杂物时,线阵的输出将会出现"毛刺"或尖峰信号,采用微型计算机对数据进行适当的处理即可进行质量检验或发出控制信号。该方法还可应用于非透明体和磁带上的针孔检测。

　　2)反射法

　　用反射法进行表面缺陷检测的系统结构如图 9-2-12 所示。光源发出的光照射被测物体的表面,反射光经成像系统成像到线阵光敏器件上。被测物体的表面若存在划痕或疵点将由线阵器件检出。若检测环境有足够的亮度,也可不用光源照明,直接用成像系统将被测物体的表面成

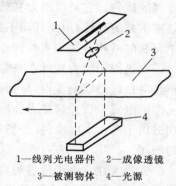

1—线列光电器件　2—成像透镜
3—被测物体　4—光源
图 9-2-11　透明体的缺陷检测

像在光电阵列上。图 9-2-13 示出了用成像法检验零件表面质量的系统结构,用两个线阵器件同时监视一对零件。假设在两个零件表面的同样位置不可能出现相同的疵点,则可以将两个线阵的输出进行比较,若两个线阵的输出出现明显的不同,则说明这两个零件中至少有一个零件的表面存在疵点。实际应用中,可将两个线阵的输出用比较器比较,若比较器的输出超过某一阈值,则说明被检测的一对零件中至少有一个的表面质量不符合要求。

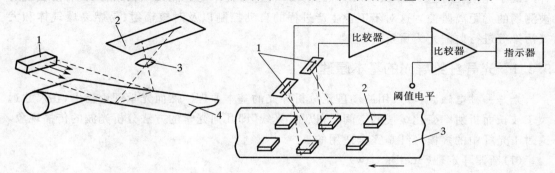

1—光源　2—线阵光敏器件
3—成像透镜　4—被测物体

图 9-2-12　用反射法进行表面缺陷检测的系统的结构

1—线阵光敏器件　2—零件　3—传送带

图 9-2-13　用成像法检验零件表面质量的系统结构

　　在需要照明的检测场合,理想的光源是发光均匀的直流光源,但直流光源需要大功率的直流电源,因此也可采用交流供电的钨光源代替直流光源。此时,应在线阵的输出信号后加上滤波器,以滤掉 50 Hz 的光强变化。

　　表面缺陷检测系统的分辨力取决于缺陷与背景之间的反差、成像系统的分辨力和线阵像元的间距。假设缺陷周围图像间有明显的反差,则一般要求缺陷图像应至少覆盖两个光敏单元。例如,铝带上的划痕或疤痕能否检出取决于划痕与周围金属的镜面反射特性的差异程度。如果要检出的最小缺陷宽度为 0.4 mm,成像系统放大率为 2 倍,则要求线阵器件的光敏单元间距应小于 0.1 mm。

9.3　光纤传感器

　　光纤传感器是 20 世纪 70 年代中期发展起来的一种传感器。它是光纤和光通信技术迅

速发展的产物。它与以电为基础的传感器相比有本质的区别：光纤传感器用光而不用电作为敏感信息的载体；用光纤而不用导线作为传递敏感信息的媒质。因此，它同时具有光纤及光学测量的一些极其宝贵的特点。

①电绝缘。因为光纤本身是电介质，而且敏感元件也可用电介质材料制作，因此光纤传感器具有良好的电绝缘性，特别适用于高压供电系统及大容量电机的测试。

②抗电磁干扰。这是光纤测量及光纤传感器的极其独特的性能特征，因此光纤传感器特别适用于高压大电流、强磁场噪声、强辐射等恶劣环境中，可解决许多传统传感器无法解决的问题。

③非侵入性。由于传感头可做成电绝缘的，而且其体积可以做得极小，因此，它不仅对电磁场是非侵入式的，而且对速度场也是非侵入式的，故对被测场不产生干扰。这对于弱电磁场及小管道内流速、流量等的监测特别具有实用价值。

④高灵敏度。高灵敏度是光学测量的优点之一。利用光作为信息载体的光纤传感器的灵敏度很高，它是进行某些精密测量与控制必不可少的工具。

⑤容易实现对被测信号的远距离监控。由于光纤的传输损耗很小（目前石英玻璃系光纤的最小光损耗可达 0.16 dB/km），因此光纤传感器技术与遥测技术相结合，很容易实现对被测场的远距离监控。这对于工业生产过程的自动控制以及对核辐射、易燃易爆气体和大气污染等进行监测尤为重要。

9.3.1　光导纤维导光的基本原理

光是一种电磁波，可采用波动理论分析导光的基本原理。然而光学理论指出，在尺寸远大于波长而折射率变化缓慢的空间，可以用"光线"即几何光学的方法分析光波的传播现象，这对于光纤中的多模光纤是完全适用的。

(1)斯涅耳定理(Snell's Law)

斯涅耳定理指出，当光由光密物质(折射率大)射出至光疏物质(折射率小)时，发生折射，如图 9-3-1(a)所示，其折射角大于入射角，即 $n_1 > n_2$ 时，$\theta_r > \theta_i$。

n_1、n_2、θ_r、θ_i 之间的数学关系为

$$n_1 \sin \theta_i = n_2 \sin \theta_r \tag{9-3-1}$$

由(9-3-1)式可以看出：入射角 θ_i 增大时，折射角 θ_r 随之增大，且始终 $\theta_r > \theta_i$。当 $\theta_r = 90°$ 时，θ_i 仍小于 90°，此时，出射光线沿界面传播，如图 9-3-1(b)所示，称为临界状态。这时有

$$\sin \theta_r = \sin 90° = 1$$

$$\sin \theta_{i_0} = \frac{n_2}{n_1} \tag{9-3-2}$$

$$\theta_{i_0} = \arcsin \frac{n_2}{n_1} \tag{9-3-3}$$

式中　θ_{i_0}——临界角。

当 $\theta_i > \theta_{i_0}$ 时，$\theta_r > 90°$，这时便发生全反射现象，如图 9-3-1(c)所示，其出射光不再折射而全部反射回来。

(2)光纤结构

光纤呈圆柱形，它通常由玻璃纤维芯(纤芯)和玻璃包皮(包层)两个同心圆柱的双层结构组成，如图 9-3-2 所示。

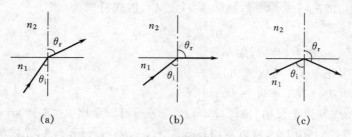

图 9-3-1　光在不同物质分界面的传播

（a）光的折射示意图　（b）临界状态示意图　（c）光的全反射示意图

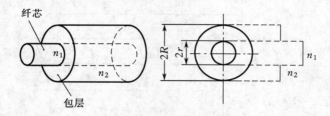

图 9-3-2　光纤结构

纤芯位于光纤的中心部位,光主要在这里传输。纤芯折射率 n_1 比包层折射率 n_2 稍大些,两层之间形成良好的光学界面。光线在此界面上反射传播。

（3）光纤导光原理及数值孔径 NA

由图 9-3-3 可以看出,入射光线 AB 与纤维轴线 OO 相交角为 θ_i,入射后折射（折射角为 θ_j）至纤芯与包层界面 C 点,与 C 点界面法线 DE 成 θ_k 角,并由界面折射至包层,CK 与 DE 夹角为 θ_r。由图 9-3-3 可得出

$$n_0 \sin \theta_i = n_1 \sin \theta_j \tag{9-3-4}$$

$$n_1 \sin \theta_k = n_2 \sin \theta_r \tag{9-3-5}$$

由（9-3-4）式可以推出

$$\sin \theta_i = \frac{n_1}{n_0} \sin \theta_j$$

因

$$\theta_j = 90° - \theta_k$$

所以

$$\sin \theta_i = \frac{n_1}{n_0} \sin(90° - \theta_k) = \frac{n_1}{n_0} \cos \theta_k = \frac{n_1}{n_0} \sqrt{1 - \sin^2 \theta_k} \tag{9-3-6}$$

由（9-3-5）式可推出 $\sin \theta_k = \dfrac{n_2}{n_1} \sin \theta_r$ 并代入（9-3-6）式得

$$\sin \theta_i = \frac{n_1}{n_0} \sqrt{1 - \left(\frac{n_2}{n_1} \sin \theta_r\right)^2} = \frac{1}{n_0} \sqrt{n_1^2 - n_2^2 \sin^2 \theta_r} \tag{9-3-7}$$

（9-3-7）式中 n_0 为入射光线 AB 所在空间的折射率,一般为空气,故 $n_0 \approx 1$;n_1 为纤芯折射率,n_2 为包层折射率。当 $n_0 = 1$ 时,由（9-3-7）式得

$$\sin \theta_i = \sqrt{n_1^2 - n_2^2 \sin^2 \theta_r} \tag{9-3-8}$$

当 $\theta_r = 90°$ 的临界状态时,$\theta_i = \theta_{i_0}$,则

$$\sin \theta_{i_0} = \sqrt{n_1^2 - n_2^2} \tag{9-3-9}$$

纤维光学中把（9-3-9）式中 $\sin \theta_{i_0}$ 定义为"数值孔径"NA（Numerical Aperture）。由于

n_1 与 n_2 相差较小,即 $n_1 + n_2 \approx 2n_1$,故(9-3-9)式又可因式分解为

$$\sin \theta_{i_0} \approx n_1 \sqrt{2\Delta} \qquad (9\text{-}3\text{-}10)$$

式中 $\Delta = (n_1 - n_2)/n_1$ 称为相对折射率差。

由(9-3-8)式及图 9-3-3 可以看出:

$\theta_r = 90°$ 时,$\sin \theta_{i_0} = NA$ 或 $\theta_{i_0} = \arcsin NA$;

$\theta_r > 90°$ 时,光线发生全反射,由图 9-3-3 夹角关系可以看出 $\theta_i < \theta_{i_0} = \arcsin NA$;

$\theta_r < 90°$ 时,(9-3-8)式成立,可以看出,$\sin \theta_i > NA$,$\theta_i > \arcsin NA$,光线消失。

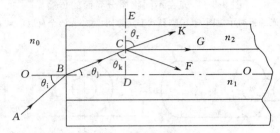

图 9-3-3　光纤导光示意图

这说明 $\arcsin NA$ 是一个临界角,凡入射角 $\theta_i > \arcsin NA$ 的那些光线进入光纤后将不能传播而在包层消失;相反,只有入射角 $\theta_i < \arcsin NA$ 的那些光线才可以进入光纤被全反射传播。

9.3.2　光纤传感器结构原理及分类

(1)光纤传感器结构原理

以电为基础的传统传感器是一种把测量的状态转变为可测的电信号的装置。电源、敏感元件、信号接收和信号处理系统以及传输信息均用金属导线组成,见图 9-3-4(a)。光纤传感器则是一种把被测量的状态转变为可测的光信号的装置,由光发送器、敏感元件(光纤或非光纤的)、光接收器、信号处理系统以及光纤构成,见图 9-3-4(b)。由光发送器发出的光经光纤引导至敏感元件。在这里,光的某一性质受到被测量的调制,已调光经接收光纤耦合到光接收器,使光信号变为电信号,最后经信号处理系统处理得到所需要的被测量。

由图 9-3-4 可见,光纤传感器与以电为基础的传统传感器比较,在测量原理上有本质的差别。传统传感器以机—电测量为基础,而光纤传感器则以光学测量为基础。

从本质上分析,光就是一种电磁波,其波长范围从极远红外线的 1 mm 到极远紫外线的 10 nm。电磁波的物理作用和生物化学作用主要因其中的电场而引起。因此,讨论光的敏感测量时必须考虑光的电矢量 E 的振动。通常用下式表示:

$$E = A\sin(\omega t + \varphi) \qquad (9\text{-}3\text{-}11)$$

式中　A——电场 E 的振幅矢量;

　　　ω——光波的振动频率;

　　　φ——光相位;

　　　t——光的传播时间。

由(9-3-11)式可见,只要使光的强度、偏振态(矢量 A 的方向)、频率和相位等参量之一随被测量状态的变化而变化,或者说受被测量调制,那么可通过对光的强度调制、偏振调制、频率调制或相位调制等进行解调,获得所需要的被测量的信息。

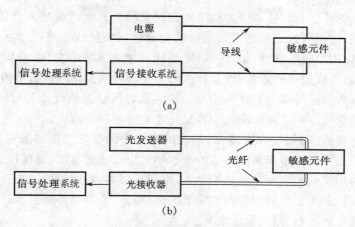

图 9-3-4 传统传感器与光纤传感器示意图
(a)传统传感器 (b)光纤传感器

（2）光纤传感器的分类

1）根据光纤在传感器中的作用分类

光纤传感器分为功能型、非功能型和拾光型三大类（见图 9-3-5）。

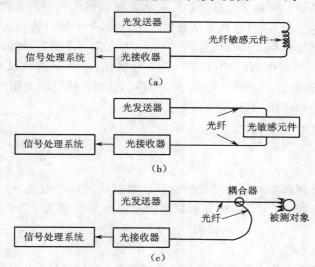

图 9-3-5 根据光纤在传感器中的作用分类
(a)功能型光纤传感器 (b)非功能型光纤传感器 (c)拾光型光纤传感器

①功能型（全光纤型）光纤传感器。光纤在其中不仅是导光媒质，而且是敏感元件，光在光纤内受被测量调制。此类传感器的优点是结构紧凑、灵敏度高。但是它需用特殊光纤和先进的检测技术，因此成本高。其典型例子如光纤陀螺、光纤水听器等。

②非功能型（或称传光型）光纤传感器。光纤在其中仅起导光作用，光照在非光纤型敏感元件上受被测量调制。此类光纤传感器不需要特殊光纤及其他特殊技术，比较容易实现，成本低。灵敏度也较低，用于对灵敏度要求不太高的场合。

③拾光型光纤传感器。用光纤作为探头，接收由被测对象辐射的光或被其反射、散射的光。其典型例子如光纤激光多普勒速度计、辐射式光纤温度传感器等。

2）根据光受被测对象的调制形式分类

光纤传感器可分为以下四种不同的调制形式。

①强度调制光纤传感器。这是一种利用被测对象的变化引起敏感元件的折射、吸收或反射等参数的变化,进而导致光强度变化的现象实现敏感测量的传感器。常见的有利用光纤的微弯损耗,各物质的吸收特性,振动膜或液晶的反射光强度的变化,物质因各种粒子射线或化学、机械的激励而发光的现象,以及物质的荧光辐射或光路的遮断等构成压力、振动、温度、位移、气体等各种强度调制光纤传感器。这类光纤传感器的优点是结构简单、容易实现、成本低,缺点是受光源强度波动和连接器损耗变化等的影响较大。

②偏振调制光纤传感器。这是一种利用光的偏振态的变化传递被测对象信息的传感器。常见的有利用光在磁场中媒质内传播的法拉第效应做成的电流、磁场传感器,利用光在电场中压电晶体内传播的泡克耳斯做成的电场、电压传感器,利用物质的光弹效应构成的压力、振动或声传感器,利用光纤的双折射性构成的温度、压力、振动传感器等。这类传感器可以避免光源强度变化的影响,因此灵敏度高。

③频率调制光纤传感器。这是一种利用由被测对象引起的光频率的变化进行监测的传感器。通常有利用运动物体反射光和散射光的多普勒效应的光纤速度、流速、振动、压力、加速度传感器,利用物质受强光照射时的拉曼散射构成的测量气体浓度或监测大气污染的气敏传感器,利用光致发光的温度传感器等。

④相位调制传感器。其基本原理是利用被测对象对敏感元件的作用,使敏感元件的折射率或传播常数发生变化,从而导致光的相位变化,然后用干涉仪检测这种相位变化而得到被测对象的信息。例如利用光弹效应做成的声、压力或振动传感器,利用磁致伸缩效应做成的电流、磁场传感器;利用电致伸缩效应做成的电场、电压传感器以及利用萨格纳克(Sagnac)效应做成的旋转角速度传感器(光纤陀螺)等。这类传感器的灵敏度很高,但由于需用特殊光纤及高精度检测系统,因此成本高。

9.3.3 光纤传感器的主要元器件

(1)光纤

光纤是制造光纤传感器必不可少的原材料。目前我国生产的光纤,常见的有阶跃型和梯度型多模光纤及单模光纤,其结构及折射率分布的剖面图如图9-3-6所示。选用光纤时需考虑以下因素。

1)光纤的数值孔径 NA

NA 是衡量光纤聚光能力的参量。从提高光源与光纤之间耦合效率的角度分析,要求用大 NA 光纤。但 NA 越大,光纤的模色散越严重,传输信息的容量越小。然而对大多数光纤传感器应用,不存在信息容量的问题。因此,传感器所用光纤以具有最大孔径为宜。一般要求是

$$0.2 \leqslant NA < 0.4$$

2)光纤传输损耗

对于光纤通信,光纤传输损耗是光纤最重要的光学参量,它在很大程度上决定了远距离光纤通信中继站的跨距。但是,光纤传感系统中,除了远距离监测用传感器外,其他绝大部分传感器所用的光纤,特别是作为敏感元件使用的光纤,长者不足 4 m,短者只有数毫米。为此,传感器用光纤,尤其是作为敏感元件使用的特殊光纤,可放宽对其传输损耗的要求。一般传输损耗小于 10 dB/km 的光纤均可采用,这样的光纤价格较低。

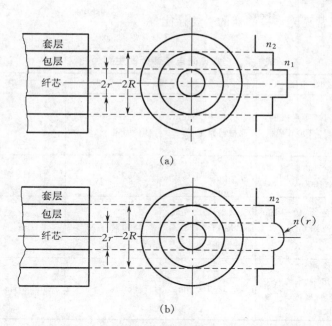

图 9-3-6　常用光纤的结构及其折射率分布的剖面图
(a)阶跃型多模(单模)光纤　(b)梯度型多模(单模)光纤

3)色散

色散是影响光纤信息容量的重要参量。但正如前面所指出的,大多数传感器不存在信息容量的问题,因而可以放宽对光纤色散的要求。

4)光纤的强度

无论是通信还是传感器,毫无例外地要求光纤有较高的强度。

(2)光源

由于光纤传感器工作环境的特殊性,对光源的要求不同于一般光源,概括起来有如下几点:体积小,便于和光纤耦合;辐射波长适当,以减小在光纤中传输的损耗;有足够的亮度;稳定性好;噪声小;连续工作寿命长等。

此外,许多光纤传感器还要求光源的相干性好。

光纤传感器用的光源有很多种,按照光的相干性可分为相干光源和非相干光源。常用的非相干光源有白炽光源和发光二极管光源。相干光源有各种激光器,如半导体激光二极管(LD)和氦氖激光器等。

(3)检测器

由于在光纤中发生损耗,经过长距离传输后的光信号一般十分微弱,因此要求光检测器必须具有较好的性能。

①在工作波长上应该有高的响应度或灵敏度,对较小的入射光功率应能产生较大的光电流;

②响应速度要快,频带要宽,噪声应该尽可能小,对温度变化不敏感,同时线性度要好,具有高保真性;

③在外观上体积与光纤尺寸匹配,使用寿命长,价格合理等。

能够满足这些要求,适应光纤通信实际需要的光检测器主要是光电检测器。其中最基本的光电检测器有光电二极管(PIN)和雪崩光电二极管(APD)。

表 9-3-1 列出了常见光电检测器的主要性能。

表 9-3-1　常见光电检测器的主要性能

光电检测器	功率范围	波　　段	量子效率	响应频率	暗电流
光电二极管 （PIN）	受闪烁噪声限制，一般 $P>100$ nW	$0.4 \sim 1.6 \mu m$，视材料而定	$60\% \sim 90\%$，视材料而定	>16 Hz	Si-PIN 100 pA$\sim$1 μA Ge-PIN $1 \sim 10 \mu$A
微型组件 （PIN-FET）	受热噪声限制，一般 $P<100$ nW	$0.8 \sim 0.9 \mu m$，可用于 $1.3 \sim 1.5 \mu m$	$>50\%$	>1 GHz	—
雪崩光电二极管 （APD）	增益为 $10 \sim 100$ 时，$P<100$ nW	$0.8 \sim 0.9 \mu m$，可用于 $1.3 \sim 1.5 \mu m$	$>90\%$	>1 GHz	Si-APD 500 pA$\sim$5 μA Ge-APD 5 nA$\sim$5 μA
光电倍增管 （PMT）	能检测 10^{-19} W，通常用于功率小于 1 nW 的情况，过高会损坏阴极	$0.1 \sim 1.0 \mu m$	$<50\%$	~ 100 MHz	—

（4）光纤器件连接

1）光纤接头

接头是光纤传感器中必须使用的一种器件。如光源与光纤、探测器与光纤以及光纤与光纤之间的连接均离不开接头。接头有活接头与死接头两种。选用接头最重要的原则是插入损耗越小越好。活接头主要用于光源与光纤耦合，如图 9-3-7 所示。这种接头的光耦合效率为10%～20%。另一种是利用聚焦透镜耦合的光耦合器，是一组五维调节支架，透镜与光纤固定在支架两端，它的耦合效率可达 70%。死接头多用于光纤对接或者带"尾"的发光二极管光源与光纤连接。这种连接有专用的工具——光纤融接器。

2）光纤耦合器

光纤耦合器将光源射出的光束分别耦合进两条以上的光纤，或者将两束光纤的出射光同时耦合给探测器。光纤耦合器有两种：分立式耦合器和固定式耦合器。分立式耦合器主要由一块传输损耗 $A=3$ dB 的半透半反射棱形分束器以及聚焦透镜和调节支架等组成。固定式耦合器是由两块基板嵌入光纤加工后用匹配胶黏合而成的，图 9-3-8 是其制作工艺过程示意图。这种耦合器可将一束光按要求分成两束，具有插入损耗。

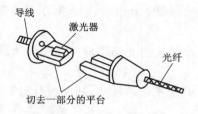

图 9-3-7　固体激光器与光纤平台连接的活接头

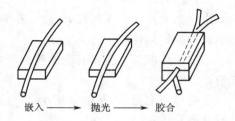

图 9-3-8　光纤耦合器制作工艺过程示意图

9.4 光纤传感器的应用

(1)温度的检测

光纤温度传感器的种类很多,有功能型的,也有传光型的。这里介绍两种典型的已实用化的光纤温度传感器的原理、性能及特征。

1)遮光式光纤温度计

图 9-4-1 所示为利用双金属热变形的遮光式光纤温度计。当温度升高时,双金属的变形量增大,带动遮光板在垂直方向产生位移从而使输出光强发生变化。这种形式的光纤温度计能测量

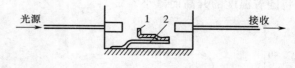

1—遮光板 2—双金属片

图 9-4-1 遮光式光纤温度计

10～50 ℃的温度。检测精度约为 0.5 ℃。它的缺点是输出光强受壳体振动的影响,且响应时间较长,一般需几分钟。

2)透射型半导体光纤温度传感器

当一束白光经过半导体晶体片时,低于某个特定波长 λ_g 的光将被半导体吸收而高于该波长的光将透过半导体。这种现象主要是由半导体的本征吸收引起的,λ_g 称为半导体的本征吸收波长。电子从价带激发到导带引起的吸收称为本征吸收。当一定波长的光照射到半导体上时,电子吸收光能从价带跃迁入导带,显然,要发生本征吸收,光子能量必须大于半导体的禁带宽度 E_g,即

$$h\nu \geqslant E_g$$

式中 h——普朗克常数;

ν——光频率。

将 $\lambda = c/\nu$ 代入上式,得到产生本征吸收的条件为

$$\lambda \leqslant \lambda_g = \frac{hc}{E_g} \tag{9-4-1}$$

式中 c——光速。

因此,波长大于 λ_g 的光能透过半导体,而波长小于 λ_g 的光将被半导体强烈地吸收。不同种类的半导体材料具有不同的本征吸收波长,图 9-4-2 示出了在室温(20 ℃)时,120 μm 厚的 GaAs 材料的透射率曲线。从图中可以看出,GaAs 在室温时的本征吸收波长约为 880 nm。

从上述分析可知,半导体的吸收光谱与 E_g 有关,而半导体材料的 E_g 随温度的不同而不同,E_g 与温度 t 的关系可表示为

$$E_g(t) = E_g(0) - \frac{\alpha t^2}{\beta + t}$$

式中 $E_g(0)$——绝对零度时半导体的禁带宽度;

α——经验常数(eV/K);

β——经验常数(K)。

对于 GaAs 材料,由实验得到

$$E_g(0) = 1.522 \text{ eV}$$
$$\alpha = 5.8 \times 10^{-4} \text{ eV/K}$$
$$\beta = 300 \text{ K}$$

由此可见,半导体材料的 E_g 随温度上升而减小,亦即其本征吸收波长 λ_g 随温度上升而增大。反映在半导体的透光特性上,即当温度升高时,其透射率曲线将向长波方向移动。若采用发射光谱与半导体的 $\lambda_g(t)$ 相匹配的发光二极管作为光源,如图 9-4-3 所示,则透射光强度将随着温度的升高而减小。

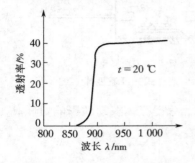

图 9-4-2 GaAs 的光谱透射率曲线

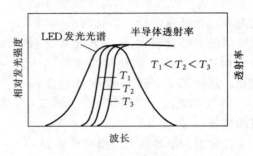

图 9-4-3 半导体透射测温原理

适合作为测温敏感材料的半导体有许多,如 GaAs、GaP、CdTe 等,它们在室温时的 λ_g 值及 λ_g 的温度灵敏度各不相同。GaAs 和 CdTe 在室温时的 λ_g 值约为 880 nm,其温度灵敏度 $d\lambda_g/dt$ 分别为 0.35 nm/°C 和 0.31 nm/°C 左右,而 CaP 在室温时的 λ_g 值约为 540 nm。选用不同发射光谱的光源及不同的半导体材料,即可获得不同的灵敏度及测量范围。显然,光源的发射光谱越窄,温度灵敏度越高,测温范围越小。

利用半导体吸收原理制成的光纤温度传感器的基本结构如图 9-4-4 所示。这种探头结构简单,制作容易,但因光纤从传感器的两端导出,使用、安装不方便。

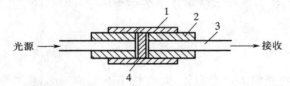

图 9-4-4 半导体光纤温度传感器的基本结构
1—固定外套 2—加强管 3—光纤 4—半导体薄片

图 9-4-5 示出了三种单端式温度探头的结构。这几种结构都利用了光反射原理,在光路中放入对温度敏感的半导体薄片。这样结构的探头可以做得很小,使用灵活方便。

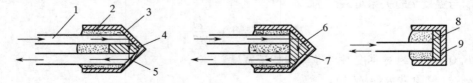

1—光纤 2—环氧胶 3—外壳 4、6、8—半导体 5、7、9—反射膜
图 9-4-5 三种单端式温度探头的结构

图 9-4-6 示出了传感器在 $-50 \sim 200$ °C 范围内的相对输出光强和温度之间的关系曲

线。其中半导体材料采用厚度为 0.2 mm 的半绝缘 GaAs,光源采用 AlGaAs LED,其发光中心波长为 880 nm,光谱宽度为 80 nm。在 -50~200 ℃ 范围内, 该传感器的测定精度为 ±3 ℃,响应时间约为 2 s。

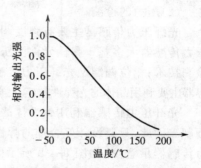

图 9-4-6 半导体光纤温度传感器 的输出特性

上述结构简单的半导体光纤温度传感器,由于受到 光源功率波动、损耗变化等因素的影响,其检测精度受 到一定的限制。图 9-4-7(a)示出了一种采用补偿法的 半导体光纤温度传感器的结构框图。其中 LED_1 为信 号光源,中心波长与半导体的本征吸收波长 λ_g 相匹配。 LED_2 为参考光源,其中心波长大于 λ_g,如图 9-4-7(b)所 示。当温度变化时,LED_1 通过半导体的透射光强随温 度变化而变化,而 LED_2 的透射光强保持不变。因此,对于 LED_1 发出的光,在两个探测器 PD_1 和 PD_2 上接收的光强度可分别表示为

$$PD_1: \quad I_{11} = \alpha_1 \gamma \alpha_3 M(t) I_1$$
$$PD_2: \quad I_{12} = \alpha_1 (1-\gamma) \alpha_4 I_1$$

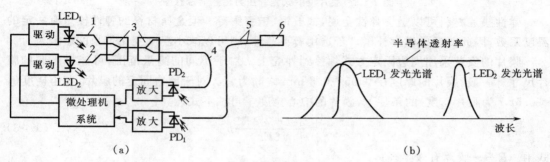

1、2、4、5—光纤 3—耦合器 6—探头

图 9-4-7 采用补偿法的半导体光纤温度传感器

(a)结构框图 (b)检测原理

对于 LED_2 发出的光,两个探测器上接收的光强度分别可表示为

$$PD_1: \quad I_{21} = \alpha_2 \gamma \alpha_3 I_2$$
$$PD_2: \quad I_{22} = \alpha_2 (1-\gamma) \alpha_4 I_2$$

式中 $\alpha_1 \sim \alpha_4$——与各段光纤有关的综合损耗系数;

γ——两个 Y 形光纤耦合器的联合分光比;

$M(t)$——信号的调制函数,即 LED_1 的光通过半导体的透射系数;

I_1——光源 LED_1 的光强;

I_2——光源 LED_2 的光强。

若将 I_{11}、I_{12}、I_{21}、I_{22}分别检测出后作如下运算:

$$I_x(t) = \frac{I_{12} I_{21}}{I_{11} I_{22}} = \frac{\alpha_1 (1-\gamma) \alpha_4 I_1 \alpha_2 \gamma \alpha_3 I_2}{\alpha_1 \gamma \alpha_3 M(t) I_1 \alpha_2 (1-\gamma) \alpha_4 I_2} = \frac{1}{M(t)} \tag{9-4-2}$$

得到的处理结果只与温度信号有关,而与其他所有的损耗及光源强度无关。

采用了补偿法的半导体光纤温度传感器的精度及稳定性均有很大的提高,检测精度可 达0.1 ℃。其中光源的开关控制及信号的检测、运算均可由微处理机系统方便地实现。

（2）压力的检测

光纤压力传感器主要有强度调制型、相位调制型和偏振调制型三类。强度调制型光纤压力传感器大多基于弹性元件受压变形，将压力信号转换成位移信号，故常用于位移的光纤检测技术；相位调制型光纤压力传感器则将光纤本身作为敏感元件；偏振调制型光纤压力传感器主要利用晶体的光弹性效应。强度调制型光纤压力传感器应用较广，这里对其作重点介绍。

光纤压力传感器利用弹性体的受压变形，将压力信号转换成位移信号，从而对光强进行调制。因此，只要设计好合理的弹性元件及结构，即可实现压力的检测。膜片反射式光纤压力传感器示意图，如图 9-4-8 所示。在 Y 形光纤束前端放置一感压膜片，当膜片受压变形时，使光纤束与膜片间的距离发生变化，从而使输出光强受到调制。

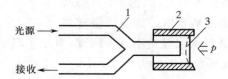

1—Y 形光纤束　2—壳体　3—膜片

图 9-4-8　膜片反射式光纤压力传感器示意图

弹性膜片材料可以是恒弹性金属，如殷钢、铍青铜等。但金属材料的弹性模量有一定的温度系数，因此要考虑温度补偿。若选用石英膜片，则可以减小温度变化带来的影响。

膜片的安装采用周边固定方式焊接到外壳上。对于不同的测量范围，可选择不同的膜片尺寸。一般，膜片的厚度在 0.05～0.2 mm 之间为宜。对于周边固定的膜片，在小挠度（$y<0.5t$，t 为膜片厚度）的条件下，膜片的中心挠度 y 可按下式计算：

$$y=\frac{3(1-\mu^2)R^4}{16Et^3}p \tag{9-4-3}$$

式中　R——膜片有效半径；

　　　t——膜片厚度；

　　　E——膜片材料的弹性模量；

　　　μ——膜片的泊松比；

　　　p——外加压力。

可见，在一定范围内，膜片中心挠度与所加的压力呈线性关系。若利用 Y 形光纤束位移特性的线性区，则传感器的输出光功率亦与待测压力呈线性关系。

传感器的固有频率可表示为

$$f_r=\frac{2.56t}{\pi R^2}\sqrt{\frac{gE}{3\rho(1-\mu^2)}} \tag{9-4-4}$$

式中　ρ——膜片材料的密度；

　　　g——重力加速度。

这种光纤压力传感器结构简单，体积小，使用方便，但如果光源不够稳定或长期使用后膜片的反射率有所下降，其精度将受到影响。

图 9-4-9（a）示出了改进型膜片反射式光纤压力传感器的结构，其中采用了特殊结构的光纤束。该光纤束的一端分成三束，其中一束为输入光纤，两束为输出光纤。三束光纤在另一端结合成一束，并且在端面呈同心环状排列分布，如图 9-4-9（b）所示。其中最里面一圈为输出光纤束 2，中间一圈为输入光纤束 2，外面一圈为输出光纤束 1。当压差为零时，膜片不

变形,反射回两束输出光纤的光强相等,即 $I_1 = I_2$。当膜片受压变形后,使得处于里面一圈的光纤束 2 接收到的反射光强减小,而处于外面一圈的光纤束 1 接收到的反射光强增大,形成差动输出。

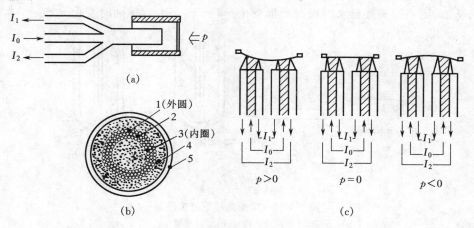

1—输出光纤束 1　2—输入光纤束　3—输出光纤束 2　4—胶　5—膜片

图 9-4-9　改进型膜片反射式光纤压力传感器

(a)传感器结构　(b)探头截面结构　(c)测量原理

两束输出光的光强之比可表示为

$$\frac{I_2}{I_1} = \frac{1 + Ap}{1 - Ap} \tag{9-4-5}$$

式中　A——与膜片尺寸、材料及输入光纤束数值孔径等有关的常数;

　　　　p——待测压力。

上式表明,输出光强比 I_2/I_1 与膜片的反射率、光源强度等因素均无关,因而可有效地消除这些因素的影响。

将(9-4-5)式两边取对数,在满足 $Ap \leqslant 1$ 时等式右边展开后取第一项,得到

$$\ln \frac{I_2}{I_1} = 2Ap \tag{9-4-6}$$

该式表明待测压力与输出光强比的对数呈线性关系。因此,若将 I_1、I_2 检出后分别经对数放大后,再通过减法器即可得到线性的输出。

若选用的光纤束中每根光纤的芯径为 $70~\mu m$,包层厚度为 $3.5~\mu m$,纤芯和包层折射率分别为 1.52 和 1.62,则该传感器可获得 $115~dB$ 的动态范围,线性度为 0.25%。采用不同尺寸、材料的膜片,即可获得不同的测量范围。

(3)液位、流量、流速的检测

液位、流量、流速的检测广泛地应用于化工、机械、水利、石油、医疗、污染监测及控制等领域。传统的传感技术很难解决在易燃、易爆、空间狭窄及具有强腐性气体、液体以及射线的污染环境下的检测。例如,对炼油厂贮油罐的液位及流量的检测,不允许传感器带电,以做到严格的安全防爆。又如,对大型电解槽的液位检测,传感器必须耐腐蚀和抗电磁干扰。在这些场合下,光纤传感器具有其独特的特点。

1)液位的检测技术

球面光纤液位传感器的结构如图 9-4-10 所示。将光纤用高温火焰烧软后对折,并将端部烧结成球状。光源的光由光纤的一端导入,在球状对折端部一部分光透射出去,而另一部

分光反射回来,由光纤的另一端导向探测器。反射光强的大小取决于被测介质的折射率。被测介质的折射率与光纤折射率越接近,反射光强度越小。显然,探头处于空气中时比处于液体中时的反射光强要大。因此,该探头可用于液位报警。若以探头在空气中时的反射光强度为基准,则当探头接触水时反射光强变化−6~−7 dB,接触油时变化−25~−30 dB。

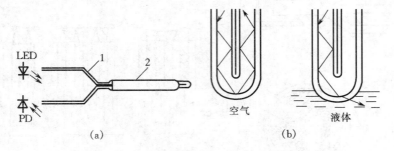

1—光纤　2—包层

图 9-4-10　球面光纤液位传感器

(a)探头结构　(b)检测原理

这种液位报警探头体积小,响应快,成本低,可用于液位监视、报警,也可用于两种液体分界面的监测。

图 9-4-11 示出了反射式斜端面光纤液位探头的两种结构。同样,当探头接触液面时,将引起反射回另一根光纤的光强减小。这种形式的探头在空气中和水中时,反射光强度差在 20 dB 以上。

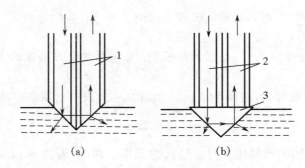

1、2—光纤　3—棱镜

图 9-4-11　反射式斜端面光纤液位探头

2)流速、流量的检测

当一个非流线体置于流体中时,在某些条件下会在液流的下游产生有规律的旋涡。这种旋涡将会在该非流线体的两边交替地离开。当每个旋涡产生并泻下时,会在物体壁上产生一侧向力。这样,周期产生的旋涡将使物体受到一个周期性的压力。若物体具有弹性,它便会产生振动,振动频率近似地与流速成正比。即

$$f = sv/d \tag{9-4-7}$$

式中　v——流体的流速;

d——物体相对于液流方向的横向尺寸;

s——与流体有关的无量纲常数。

因此,通过检测物体的振动频率可测出流体的流速。光纤涡街流量计结构如图 9-4-12 所示。在横贯流体管道的中间装有一根绷紧的多模光纤,当流体流动时,光纤发生振动,其

振动频率近似与流速成正比。由于使用的是多模光纤,故当光源采用相干光源(如激光器)时,其输出光斑是模式间干涉的结果。当光纤固定时,输出光斑花纹是稳定的。当光纤振动时,输出光斑亦发生移动。对于处于光斑中某个固定位置的小型探测器,光斑花纹的移动反映为探测器接收到的输出光强的变化。利用频谱分析,即可测出光纤的振动频率。根据(9-4-7)式或实验标定得到流速值,在管径尺寸已知的情况下,即可计算出流量。

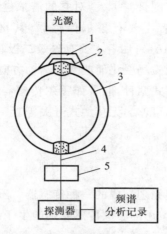

1—夹具 2—密封胶 3—流体管道 4—光纤 5—张力载荷

图 9-4-12 光纤涡街流量计的结构

光纤涡街流量计的特点是可靠性好,无任何可动部分和连接环节,对被测体流阻小,基本不影响流速。但在流速很小时,光纤振动会消失,因此存在一定的测量下限。

(4)医用光纤传感器

在医用领域,用来测量人体和生物体内部医学参量的光纤传感器已越来越引起有关方面的关注和兴趣。医用光纤传感器体积小,电绝缘和抗电磁性能好,特别适于身体的内部检测。光纤传感器可以用来测量体温、体压、血流量、pH 值等医学参量。如前述及,光纤多普勒血流传感器已用于薄壁血管、小直径血管、蛙的蛛网状组织、老鼠的视网膜皮层的血流测量。

由于光纤柔软,自由度大,传输图像失真小,将光纤引入医用内窥镜后,可方便地检查人体的许多部位。图 9-4-13 所示为腹腔镜剖视图,它由末端的物镜、光纤图像导管、顶端的目镜和控制手柄组成。照明光通过图像导管外层光纤照射到被观察的物体上,反射光通过传像束输出。最外层是金属壳,用以保护光学元件。图像导管直径约为 3.4 mm,这样的直径使得医生可以有较大的选择范围确定穿刺位置,同时病人也可以选择比较舒适的体位。

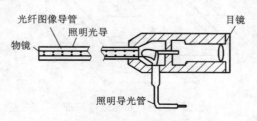

图 9-4-13 腹腔镜剖视图

第 10 章 磁敏传感器

近年来磁敏传感器的应用范围日益扩大,对它的需求越来越广泛。磁敏传感器按结构可分为体型和结型两大类。前者主要有霍尔传感器(其材料主要有 InSb、InAs、Ge、Si、GaAs 等)以及磁敏电阻(InSb、InAs);后者主要有磁敏二极管(Ge、Si)。它们一般是利用半导体材料中的自由电子或空穴随磁场变化而改变其运动方向这一特性制成的。磁敏传感器按输出形式可分为模拟式和数字式两种,前者如霍尔传感器,可用于测量磁场强度;而后者主要包括磁敏电阻、磁敏二极管,可作为无接触式开关等。

10.1 霍尔元件

磁敏传感器是基于磁电转换原理制成的一种传感器。虽然早在 1856 年和 1879 年就发现了磁阻效应和霍尔效应,但是实用的磁敏传感器则产生于半导体材料发现之后。20 世纪 60 年代初,西门子公司研制出第一个实用的磁敏元件;1966 年又出现了铁磁性薄膜磁阻元件;1968 年和 1971 年日本索尼公司相继研制出性能优良、灵敏度高的磁敏二极管;1974 年美国韦冈德发明了双稳态磁性元件。目前上述磁敏元件已获得广泛应用。

10.1.1 霍尔元件原理、结构及特性

(1)霍尔效应

图 10-1-1 为霍尔效应原理。在与磁场垂直的半导体薄片上通以电流 I,假设载流子为电子(N 型半导体材料),沿与电流 I 相反的方向运动。由于洛伦兹力 f_L 的作用,电子将向一侧偏转(如图中虚线箭头方向),并使该侧形成电子的积累。而另一侧形成正电荷的积累,于是元件的横向便形成了电场。该电场阻止电子继续向侧面偏移,当电子所受到的电场力 f_E 与洛伦兹力 f_L 相等时,电子的积累达到动态平衡。这时在两端面之间建立的电场称为霍尔电场 E_H,相应的电势称为霍尔电势 U_H。

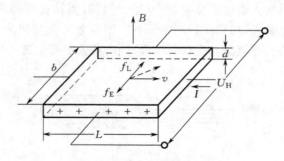

图 10-1-1 霍尔效应原理

设电子以相同的速度 v 按图示方向运动,在磁感应强度为 B 的磁场的作用下,同时设

正电荷所受洛伦兹力方向为正,则电子受到的洛伦兹力可用下式表示:

$$f_{\mathrm{L}} = -evB \tag{10-1-1}$$

式中　e——电子电量。

与此同时,霍尔电场作用于电子的力 f_{E} 可表示为

$$f_{\mathrm{E}} = (-e)(-E_{\mathrm{H}}) = e\frac{U_{\mathrm{H}}}{b} \tag{10-1-2}$$

式中　$-E_{\mathrm{H}}$——指方向与所规定的正方向相反的电场;

b——霍尔元件的宽度。

当达到动态平衡时,二力代数和为零,即 $f_{\mathrm{L}} + f_{\mathrm{E}} = 0$,于是得

$$vB = \frac{U_{\mathrm{H}}}{b} \tag{10-1-3}$$

又因为
$$j = -nev$$

式中　j——电流密度;

n——单位体积中的电子数。

负号表示电子运动方向与电流方向相反。

于是电流 I 可表示为

$$I = -nevbd$$
$$v = -I/nebd \tag{10-1-4}$$

式中　d——霍尔元件的厚度。

将(10-1-4)式代入(10-1-3)式得

$$U_{\mathrm{H}} = -IB/ned \tag{10-1-5}$$

若霍尔元件采用 P 型半导体材料,则可推导出

$$U_{\mathrm{H}} = IB/ped \tag{10-1-6}$$

式中　p——单位体积中空穴数。

由(10-1-5)式及(10-1-6)式可知,根据霍尔电势的正负可以判别材料的类型。

(2)霍尔系数和灵敏度

设 $R_{\mathrm{H}} = 1/ne$,则(10-1-5)式可写成

$$U_{\mathrm{H}} = -R_{\mathrm{H}}IB/d \tag{10-1-7}$$

R_{H} 称为霍尔系数,其大小反映了霍尔效应的强弱。

由电阻率公式 $\rho = 1/ne\mu$ 得

$$R_{\mathrm{H}} = \rho\mu \tag{10-1-8}$$

式中　ρ——材料的电阻率;

μ——载流子的迁移率,即单位电场作用下载流子的运动速度。

一般电子的迁移率大于空穴的迁移率,因此制作霍尔元件时多采用 N 型半导体材料。

若设

$$K_{\mathrm{H}} = -R_{\mathrm{H}}/d = -1/ned \tag{10-1-9}$$

将上式代入(10-1-7)式,则有

$$U_{\mathrm{H}} = K_{\mathrm{H}}IB \tag{10-1-10}$$

式中 K_{H} 称为元件的灵敏度,它表示霍尔元件在单位磁感应强度和单位控制电流作用下霍

尔电势的大小,其单位是 mV/(mA·T)。

由(10-1-9)式可得出以下结论:

①由于金属的电子浓度很高,所以它的霍尔系数或灵敏度很小,因此不适合制作霍尔元件;

②元件的厚度 d 越小,灵敏度越高,因而制作霍尔片时可采取减小 d 的方法提高灵敏度,但是不能认为 d 越小越好,因为这会导致元件的输入和输出电阻增加,锗元件更是不希望如此。

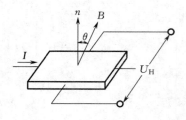

图 10-1-2　霍尔输出与磁场
角度的关系

还应指出的是,当磁感应强度 B 和霍尔片平面法线 n 成角度 θ 时,如图 10-1-2 所示,此时实际作用于霍尔片的有效磁场是其法线方向的分量,即 $B\cos\theta$,则其霍尔电势为

$$U_H = K_H IB\cos\theta \qquad (10\text{-}1\text{-}11)$$

由上式可知,当控制电流转向时,输出电势方向也随之变化;磁场方向改变时亦如此。但是若电流和磁场同时换向,则霍尔电势方向不变。

通常应用时,霍尔片两端加的电压为 E,如果将(10-1-5)式中电流 I 改写成电压 E,可使计算方便。将电流公式 $I = E/R$、霍尔片电阻表达式 $R = \rho\dfrac{L}{S}$(这里 S 为霍尔片横截面,$S = bd$,L 为霍尔片的长度)及材料电阻率公式 $\rho = 1/ne\mu$ 代入(10-1-5)式,经整理可得

$$U_H = -\frac{b}{L}\mu EB \qquad (10\text{-}1\text{-}12)$$

由(10-1-12)式可知,适当地选择材料迁移率(μ)及霍尔片的宽长比(b/L),可以改变霍尔电势 U_H 值。

(3)材料及结构特点

霍尔片一般采用 N 型锗(Ge)、锑化铟(InSb)和砷化铟(InAs)等半导体材料制成。锑化铟元件的霍尔输出电势较大,但受温度的影响也大;锗元件的输出电势较小;砷化铟与锑化铟元件相比,前者输出电势较小,受温度影响较小,线性度较好。因此,采用砷化铟材料作为霍尔元件受到普遍重视。

霍尔元件的结构比较简单,它由霍尔片、引线和壳体组成,如图 10-1-3 所示。霍尔片是一块矩形半导体薄片。

在短边的两个端面上焊出两根控制电流端引线(见图 10-1-3 中 1、1′),在长边中点以点焊形式焊出两根霍尔电势输出端引线(见图中 2、2′),焊点要求接触电阻小(即为欧姆接触)。霍尔片一般用非磁性金属、陶瓷或环氧树脂封装。

在电路中,霍尔元件常用如图 10-1-4 所示的符号表示。

霍尔元件型号命名法如图 10-1-5 所示。

霍尔元件型号及参数如表 10-1-1 所示。

(4)基本电路形式

霍尔元件的基本电路如图 10-1-6 所示。控制电流由电源 E 供给,R 为调整电阻,以保证元件中得到所需要的控制电流。霍尔输出端接负载 R_L,R_L 可以是一般电阻,也可以是放大器输入电阻或表头内阻等。

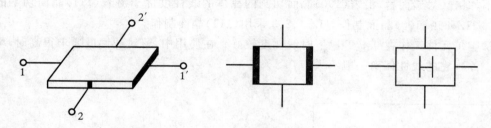

图 10-1-3　霍尔元件示意图　　　　　　　图 10-1-4　霍尔元件的符号

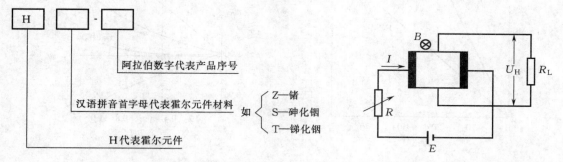

图 10-1-5　霍尔元件型号命名法　　　　　图 10-1-6　霍尔元件的基本电路

表 10-1-1　霍尔元件型号及参数

型号	参数				
	额定控制 电流 I/mA	磁灵敏度/ [mV/(mA·T)]	使用温度/℃	霍尔电势温度 系数/(1/℃)	尺寸/ mm×mm×mm
HZ-1	18	≥1.2	−20～45	0.04%	8×4×0.2
HZ-2	15	≥1.2	−20～45	0.04%	8×4×0.2
HZ-3	22	≥1.2	−20～45	0.04%	8×4×0.2
HZ-4	50	≥0.4	−30～75	0.04%	8×4×0.2

(5)电磁特性

1)U_H−I 特性

当磁场恒定时,在一定温度下测定控制电流 I 与霍尔电势 U_H,可得到如图 10-1-7 所示的线性关系。其直线斜率称为控制电流灵敏度,以符号 K_I 表示,可写成

$$K_I = (U_H/I)_{B=\text{const}} \tag{10-1-13}$$

由(10-1-10)式及(10-1-13)式还可得到

$$K_I = K_H \cdot B \tag{10-1-14}$$

由此可见,灵敏度 K_H 大的元件,其控制电流灵敏度一般也较大。但是灵敏度大的元件,其霍尔电势输出并不一定大,这是因为霍尔电势的值与控制电流成正比。

由于建立霍尔电势所需的时间很短(约 10^{-12} s),因此控制电流采用交流时频率可以很高(例如几千兆赫兹),而且元件的噪声系数较小,如锑化铟的噪声系数约为 7.66 dB。

2)U_H−B 特性

当控制电流保持不变时,元件的开路霍尔输出随磁场的增加不完全呈线性关系,而有非线性偏离。图 10-1-8 给出了这种偏离程度,从图中可以看出:锑化铟的霍尔输出对磁场的线性度不如锗。对锗而言,沿着(100)晶面切割的晶体的线性度优于沿着(111)晶面切割的晶体。如 HZ-4 由(100)晶面制作,HZ-1、2、3 采用(111)晶面制作。

通常霍尔元件工作在 0.5 T 以下时线性度较好。在使用中,若对线性度要求很高时,可以采用 HZ-4,它的线性偏离一般不大于 0.2%。

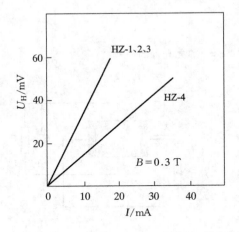

图 10-1-7　霍尔元件的 U_H-I 特性曲线

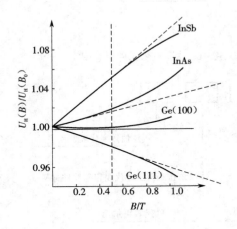

图 10-1-8　霍尔元件的 $U_H(B)/U_H(B_0)-B$ 特性

10.1.2　误差分析及其补偿方法

(1)元件几何尺寸及电极焊点的大小对性能的影响

在霍尔电势的表达式中,通常将霍尔片的长度 L 看作无限大。实际上,霍尔片具有一定的长宽比 L/b,存在着霍尔电场被控制电流极短路的影响,因此应在霍尔电势的表达式中增加一项与元件几何尺寸有关的系数。这样(10-1-10)式可写成如下形式。

$$U_H=K_H IBf_H(L/b) \tag{10-1-15}$$

式中　$f_H(L/b)$——元件的形状系数。

霍尔元件的形状系数与长宽比之间的关系如图 10-1-9 所示。由图可知,当 $L/b>2$ 时,形状系数 $f_H(L/b)$ 接近 1。因此,为了提高元件的灵敏度,可适当增大 L/b 值,但是实际设计时取 $L/b=2$ 已经足够了。因为 L/b 过大反而使输入功耗增加,以致降低元件的效率。

霍尔电极的大小对霍尔电势的输出也存在一定影响,如图 10-1-10 所示。按理想元件的要求,控制电流的电极与霍尔元件之间应是良好的面接触,而霍尔电极与霍尔元件之间应为点接触。实际上霍尔电极有一定的宽度 l,它对元件的灵敏度和线性度有较大的影响。研究表明,当 $l/L<0.1$ 时,电极宽度的影响可忽略不计。

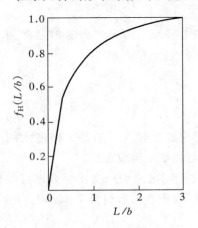

图 10-1-9　霍尔元件的形状系数
与长宽比之间的关系

(2)不等位电势 U_0 及其补偿

不等位电势是产生零位误差的主要因素。由于制

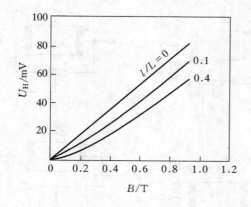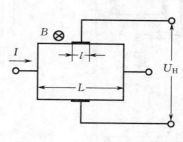

图 10-1-10　霍尔电极的大小对 U_H 的影响

作霍尔元件时,不能保证将霍尔电极焊在同一等位面上,如图 10-1-11 所示,因此当控制电流 I 流过元件时,即使磁感应强度等于零,在霍尔电极上仍有电势存在,该电势称为不等位电势 U_0。分析不等位电势时,可以把霍尔元件等效为一个电桥,如图 10-1-12 所示。电桥的 4 个桥臂电阻分别为 r_1、r_2、r_3 和 r_4。若两个霍尔电极在同一等位面上,此时 $r_1 = r_2 = r_3 = r_4$,则电桥平衡,输出电压 U_0 等于零。当霍尔电极不在同一等位面上时(见图 10-1-11),因 r_3 增大而 r_4 减小,则电桥的平衡被破坏,使输出电压 U_0 不等于零。恢复电桥平衡的办法是减小 r_2 和 r_3。如果经测试确知霍尔电极偏离等位面的方向,则可以采用机械修磨或用化学腐蚀的方法减小不等位电势以达到补偿的目的。

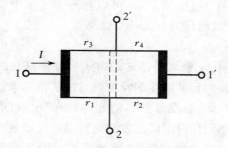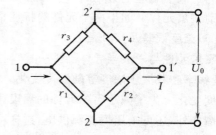

图 10-1-11　不等位电势示意图　　　　图 10-1-12　霍尔元件的等效电路

　　一般情况下,采用补偿网络进行补偿是一种行之有效的方法。常见的几种补偿网络如图 10-1-13 所示。

　　(3)寄生直流电势

　　由于霍尔元件的电极不能做到完全的欧姆接触,在控制电流极和霍尔电极上均可能出现整流效应。因此,当元件在不加磁场的情况下通入交流控制电流时,它的输出除了交流不等位电势外,还有一直流分量,称之为寄生直流电势。其大小与工作电流有关,随着工作电流的减小,直流电势将迅速减小。

　　产生寄生直流电势的原因,除上面所说的因控制电流极和霍尔电极的欧姆接触不良造成整流效应外,霍尔电极的焊点大小不同,导致两焊点的热容量不同而产生温差效应,也是形成直流附加电势的一个原因。

　　寄生直流电势很容易导致输出产生漂移,为了减小其影响,在制作和安装元件时应尽量

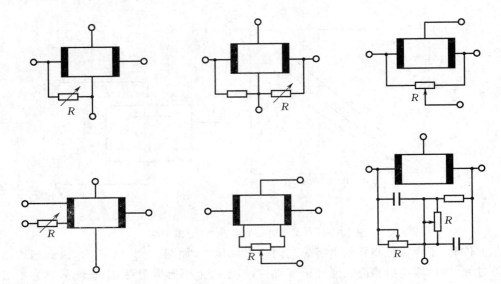

图 10-1-13　不等位电势的几种补偿线路

改善电极的欧姆接触性能和元件的散热条件。

（4）感应电势

霍尔元件在交变磁场中工作时，即使不加控制电流，由于霍尔电极的引线布局不合理，在输出回路中也会产生附加感应电势，其大小不仅正比于磁场的变化频率和磁感应强度的幅值，并且与霍尔电极引线所构成的感应面积成正比，如图 10-1-14（a）所示。

为了减小感应电势，除合理布线外，如图 10-1-14（b）所示，还可以在磁路气隙中安置另一辅助霍尔元件。如果两个元件的特性相同，可以起到显著的补偿效果。

（5）温度误差及其补偿

霍尔元件与一般半导体器件一样，对温度变化十分敏感。这是由于半导体材料的电阻率、迁移率和载流子浓度等随温度变化。因此，霍尔元件的性能参数，如内阻、霍尔电势等均随温度变化。为了减小霍尔元件的温度误差，除选用温度系数小的元件（如砷化铟）或采取恒温措施外，还可采用恒流源供电，这样可以减小元件内阻随温度变化而引起的控制电流的变化。但是采用恒流源供电不能完全解决霍尔电势的稳定问题，因此还应采用其他补偿方法。图 10-1-15 是一种行之有效的温度补偿线路。在控制电流极并联一个适当的补偿电阻 r_0，当温度升高时，霍尔元件的内阻迅速增加，使通过元件的电流减小，而通过 r_0 的电流增加。利用元件内阻的温度特性和补偿电阻，可自动调节霍尔元件的电流大小，从而起到补偿作用。

设在某一基准温度 T_0 时，有

$$I = I_{H0} + I_0 \tag{10-1-16}$$

$$I_{H0} R_0 = I_0 r_0 \tag{10-1-17}$$

式中　I——恒流源输出电流；

I_{H0}——温度为 T_0 时霍尔元件的控制电流；

I_0——温度为 T_0 时 r_0 上通过的电流；

R_0——温度为 T_0 时霍尔元件的内阻；

r_0——温度为 T_0 时的补偿电阻值。

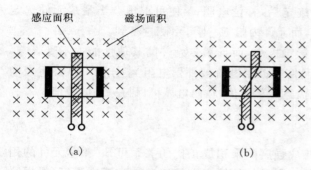

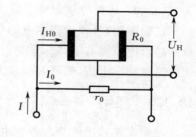

图 10-1-14　感应电势及其补偿

(a)感应电势示意图　(b)自身补偿法

图 10-1-15　温度补偿线路

将(10-1-16)式代入(10-1-17)式,经整理后得

$$I_{H0} = \frac{r_0}{R_0 + r_0} I \tag{10-1-18}$$

当温度上升为 T 时,同理可得

$$I_H = \frac{r}{R + r} I \tag{10-1-19}$$

式中　R——温度为 T 时霍尔元件的内阻,$R = R_0(1 + \beta t)$,其中 β 是霍尔元件内阻的温度系数,$t = T - T_0$,为相对基准温度的温差;

　　　r——温度为 T 时的补偿电阻值,$r = r_0(1 + \delta t)$,其中 δ 是补偿电阻的温度系数。

当温度为 T_0 时,霍尔电势 U_{H0} 为

$$U_{H0} = K_{H0} I_{H0} B \tag{10-1-20}$$

式中　K_{H0}——温度为 T_0 时霍尔元件的灵敏度系数。

当温度为 T 时,霍尔电势 U_H 为

$$U_H = K_H I_H B = K_{H0}(1 + \alpha t) I_H B \tag{10-1-21}$$

式中　K_H——温度为 T 时霍尔元件的灵敏度系数;

　　　α——霍尔元件灵敏度的温度系数。

设补偿后输出霍尔电势不随温度变化,则应满足条件

$$U_H = U_{H0} \tag{10-1-22}$$

即

$$K_{H0}(1 + \alpha t) I_H B = K_{H0} I_{H0} B \tag{10-1-23}$$

将(10-1-18)式和(10-1-19)式代入上式,经整理后得

$$(1 + \alpha t)(1 + \delta t) = 1 + \frac{R_0 \beta + r_0 \delta}{R_0 + r_0} t \tag{10-1-24}$$

将上式展开,略去 $\alpha \delta t^2$ 项(温度 $t < 100\ ^\circ\mathrm{C}$ 时,此项可以忽略),则有

$$r_0 \alpha = R_0(\beta - \alpha - \delta) \tag{10-1-25}$$

$$r_0 = \frac{\beta - \alpha - \delta}{\alpha} R_0 \tag{10-1-26}$$

由于霍尔元件灵敏度的温度系数 α 和补偿电阻的温度系数 δ 比霍尔元件内阻的温度系数 β 小得多,即 $\alpha \ll \beta, \delta \ll \beta$,于是(10-1-26)式可以简化为

$$r_0 \approx \frac{\beta}{\alpha} R_0 \tag{10-1-27}$$

上式说明,当元件的 α、β 及内阻 R_0 确定后,补偿电阻 r_0 便可求出。当霍尔元件选定后,其 α 和 β 值可以从元件参数表中查出,而元件内阻 R_0 则可由测量得到。

试验表明,补偿后霍尔电势受温度的影响极小,而且霍尔元件的其他性能也不受影响,只是输出电压稍有下降。这是由于通过元件的控制电流被补偿电阻 r_0 分流。只要适当增大恒流源输出电流,使通过霍尔元件的电流达到额定值,输出电压可保持原来的数值。

10.1.3 应用

根据霍尔输出电势与控制电流和磁感应强度的乘积成正比的关系可知,霍尔元件的用途大致分为三类:保持元件的控制电流恒定,则元件的输出电势正比于磁感应强度,根据这种关系可用于测定恒定和交变磁场强度,如高斯计等;当保持元件感受的磁感应强度不变时,则元件的输出电势与控制电流成正比,这方面的应用有测量交、直流的电流表、电压表等;当元件的控制电流和磁感应强度均变化时,元件输出电势与两者乘积成正比,这方面的应用有乘法器、功率计等。

(1)转速的测量

利用霍尔元件的开关特性可以实现对转速的测量,如图 10-1-16 所示,在被测物体(非磁性材料)的旋转体上粘贴一对或多对永磁体,其中图 10-1-16(a)是永磁体粘在旋转体盘面上,图10-1-16(b)为永磁体粘在旋转体盘侧。导磁体霍尔元件组成的测量头位于永磁体附近,被测物体以角速度 ω 旋转,每当永磁体通过测量头时,霍尔元件上即产生一个相应的脉冲,测量单位时间内的脉冲数目,便可推出被测物体的旋转速度。

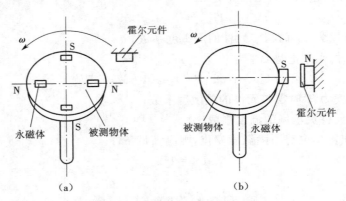

图 10-1-16 霍尔传感器转速测量原理

(a)多永磁体 (b)单永磁体

设旋转体上固定有 n 个永磁体,则采样时间 t(单位:s)内霍尔元件送入数字频率计的脉冲数为

$$N = \frac{\omega t}{2\pi} n \tag{10-1-28}$$

由此得转速

$$\omega = \frac{2\pi N}{tn} \tag{10-1-29}$$

由上式可见,该方法测量转速时分辨力的大小由转盘上小磁体的数目 n 决定。基于上述原理可制作计程表等。

（2）压力、压差的测量

图 10-1-17 为霍尔压力传感器的结构原理。霍尔压力、压差传感器一般由两部分组成:一部分是弹性元件,用来感受压力,并把压力转换为位移量;另一部分是霍尔元件和磁路系统,通常把霍尔元件固定在弹性元件上,当弹性元件产生位移时,将带动霍尔元件在具有均匀梯度的磁场中移动,从而产生变化的霍尔电势,完成将压力（或压差）变换成电量的转换过程。

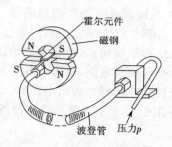

图 10-1-17　霍尔压力传感器的结构原理

10.1.4　集成霍尔传感器

集成霍尔传感器是将霍尔元件、放大器及调理电路等集成在一个芯片上,霍尔集成器件主要由霍尔元件、放大器、触发器、电压调整电路、失调调整及线性度调整电路等几部分组成。目前市场上的集成霍尔传感器主要分为两类:线性型和开关型。封装类型有三端 T 型单端输出（外形结构与晶体三极管相似）、八脚双列直插型双端输出等不同类型。

（1）霍尔开关集成传感器

霍尔开关集成传感器内部结构如图 10-1-18 所示,由霍尔器件、放大器、施密特整形电路和输出电路组成。稳压电路可使传感器工作在较宽的电源电压范围内,集电极开路输出可使传感器方便地与其他逻辑电路衔接。

当有磁场作用于传感器时,霍尔器件输出电压 u_H,经放大后送入施密特整形电路,当放大后的电压大于阈值时,施密特电路翻转,输出高电平,从而导致半导体晶体管 VT 导通。当磁场减弱时,霍尔器件输出电压减小,当放大后的电压小于施密特电路的阈值时,施密特电路又一次翻回原态,输出低电平,从而导致 VT 管截止。

霍尔传感器的输出特性（也称工作特性）曲线如图 10-1-19 所示,其中,B_{OP} 为工作点开启（即 VT 管导通）时的磁感应强度,B_{RP} 为工作点关闭（VT 管截止）时的磁感应强度,B_H 为磁滞宽度,可防噪声干扰和开关误动作。当外加磁感应强度高于 B_{OP} 时,输出电平由高变低,传感器处于打开状态;当外加磁感应强度低于 B_{RP} 时,输出电平由低变高,传感器处在关闭状态。

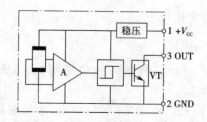

图 10-1-18　霍尔开关集成传感器内部结构

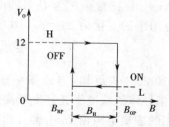

图 10-1-19　霍尔传感器的输出特性曲线

（2）霍尔线性集成传感器

霍尔线性集成传感器的输出电压与外加磁场强度在一定范围内呈线性关系。它有单端输出和双端输出（也称差动输出）两种电路，内部结构如图 10-1-20 所示。图 10-1-20（b）中 D 为差动输出电路，引脚 5、6、7 外接补偿电位器。美国 Sprague 公司生产的 UGN 系列霍尔线性集成传感器为典型产品。UGN3501 系列线性霍尔传感器的磁场强度与输出电压的关系在 ±0.15 T 的磁场强度范围内，具有较好的线性度，超出该范围，输出电压饱和。

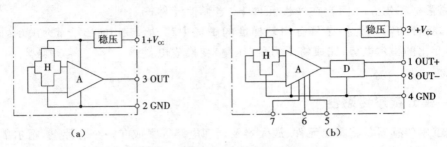

图 10-1-20　霍尔线性集成传感器内部结构

(a)单端输出　(b)双端输出

10.2　磁敏电阻

10.2.1　磁阻效应

将一载流导体置于外磁场中，除了产生霍尔效应外，其电阻也会随磁场而变化，这是因为运动的载流子受到洛伦兹力的作用而发生偏转，载流子散射概率增大，迁移率下降，于是电阻增加。这种现象称为磁阻效应。磁阻效应是伴随霍尔效应同时发生的一种物理效应。磁敏电阻就是利用磁阻效应制成的一种磁敏元件。

当温度恒定时，在弱磁场范围内，磁阻与磁感应强度（B）的平方成正比。对于只有电子参与导电的最简单的情况，磁阻效应的表达式为

$$\rho_B = \rho_0(1 + 0.273\mu^2 B^2) \tag{10-2-1}$$

式中　B——磁感应强度；

　　　μ——电子迁移率；

　　　ρ_0——零磁场下的电阻率；

　　　ρ_B——磁感应强度为 B 时的电阻率。

设电阻率的变化为 $\Delta\rho = \rho_B - \rho_0$，则电阻率的相对变化为

$$\frac{\Delta\rho}{\rho_0} = 0.273\mu^2 B^2 = k(\mu B)^2 \tag{10-2-2}$$

由（10-2-2）式可知，当磁场一定时，迁移率较高的材料的磁阻效应更明显。InSb 和 InAs 等半导体的载流子迁移率较高，适合制作磁敏电阻。

常用的磁敏电阻由 InSb 薄片组成，如图 10-2-1 所示。在图 10-2-1(a)中，未加磁场时，输入电流从 a 端流向 b 端，内部的电子从 b 电极流向 a 电极，这时电阻值较小；在图 10-2-1(b)中，当磁场垂直施加到 InSb 薄片上时，载流子（电子）受到洛伦兹力 F_L 的影响，而向侧面偏移，电子所经过的路程比未受磁场影响时的路程长，从外电路来看，表现为电阻值增大。

为了提高灵敏度，必须提高图 10-2-1(a)中 W/l 的比例，使电流偏移引起的电阻变化量

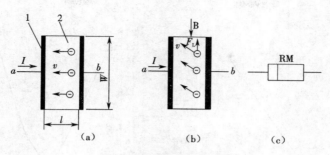

1—电极　2—InSb 薄片

图 10-2-1　磁阻效应及磁敏电阻的图形符号

(a)未受磁场影响时的电流分布　(b)受洛伦兹力时的电流分布　(c)图形符号

增大。为此,可采用图 10-2-2 所示的结构形式。在 InSb 半导体薄片上通过光刻的方法形成栅状的 In 短路条,短路条之间等效为一个 W/l 值很大的电阻,在输入、输出电极之间形成多个磁敏电阻的串联,既增加了磁阻元件的零磁场电阻率,又提高了灵敏度。

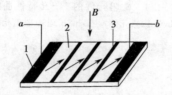

1—电极　2—InSb 薄膜　3—In 短路条

图 10-2-2　栅状磁敏电阻

除栅状磁敏电阻外,还有圆盘形磁阻元件,其中心和边缘各有一个电极,如图 10-2-3(a)所示,这种圆盘形磁阻元件称为科比诺(Corbino)圆盘。图 10-2-3(b)中画出了磁场中电流的流动路径。因为圆盘形磁阻元件的磁阻最大,故大多数磁阻元件做成圆盘结构。

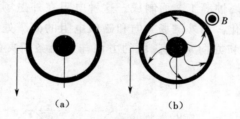

图 10-2-3　圆盘形磁阻元件

(a)磁阻元件的结构　(b)磁场中电流流动路径

10.2.2　磁阻元件的基本特性

(1)$B-R$ 特性

磁阻元件的 $B-R$ 特性用无磁场时电阻 R_0 和磁感应强度为 B 时电阻 R_B 表示。R_0 对于不同形状的元件有不同的值,R_B 随磁感应强度的变化而变化。图 10-2-4 分别表示 InSb 磁阻元件和 InSb-NiSb 磁阻元件的 $B-R$ 特性曲线。

(2)灵敏度 K

磁阻元件的灵敏度 K,可以表示如下,即

$$K = R_{03}/R_0$$

式中　R_{03}——磁感应强度为 0.3 T 时的 R_B 值;

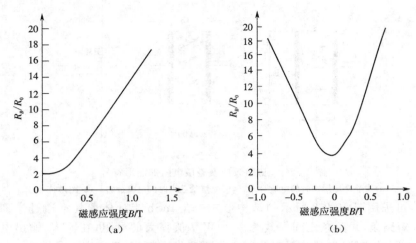

R_B—磁感应强度为 B 时的电阻　R_0—无磁场时的电阻

图 10-2-4　磁阻元件的 $B-R$ 特性曲线

(a)InSb 磁阻元件　(b)InSb-NiSb 磁阻元件

R_0——无磁场时的电阻。

一般 $K \geqslant 2.7$。

(3)温度系数及补偿

用于制作磁阻元件的 InSb 是一种受温度影响极大的材料。一般磁场灵敏度越大,受温度的影响越大,可用由两个成对的元件组成的差动式磁阻元件进行温度补偿。

10.2.3　强磁性薄膜磁阻元件

强磁性薄膜磁阻元件以陶瓷或玻璃为衬底,在其上面蒸镀一层强磁性金属(如 FeNi-Co 合金)薄膜,再经过光刻和腐蚀等工艺而制成。这种电阻在外磁场的作用下,其阻值随磁场的强度和方向的不同而变化。当外磁场方向和磁敏电阻的薄膜处于同一平面时,磁敏电阻的阻值 R 随磁场强度 H 和方向 θ(即磁场的方向与电阻条所夹的角度)的变化关系如图 10-2-5 所示。

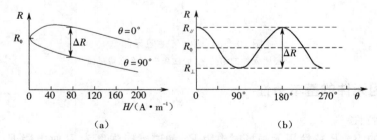

图 10-2-5　强磁性薄膜磁阻元件的阻值与磁场变化的关系

(a)阻值随磁场强度的变化关系　(b)阻值随磁场方向的变化关系

从图 10-2-5(a)可以看出,在强磁场(80 A/m 以上)的情况下,电阻的阻值随磁场强度 H 的增大而变小,并且这种变化与磁场的方向无关,称为各向同性磁阻效应。图10-2-5(b) 所示的曲线表示电阻的阻值随磁场方向的变化关系。由此可以看出,当磁场方向与电阻条平行时($\theta = 0°$),电阻 $R_{/\!/}$ 最大,反之,当磁场方向与电阻条垂直时,电阻 $R_{\perp}$ 最小,称为各向异性磁阻效应。这种变化规律可用下式表示：

$$R = R_\perp \sin^2\theta + R_{/\!/} \cos^2\theta \tag{10-2-3}$$

强磁性磁阻器件通常做成三端器件，由尺寸和特性完全一样的两只电阻互成直角地排列形成，如图 10-2-6 所示。图中 X 和 Y 为电阻器，设外加磁场在 xy 平面内与 y 轴成 θ 角。设电阻器 X 和 Y 的电阻分别为 $R_X(\theta)$ 和 $R_Y(\theta)$，那么从（10-2-3）式得

$$R_X(\theta) = R_\perp \cos^2\theta + R_{/\!/} \sin^2\theta \tag{10-2-4}$$

$$R_Y(\theta) = R_\perp \sin^2\theta + R_{/\!/} \cos^2\theta \tag{10-2-5}$$

如果 V_0 为电源偏置电压，那么 b 点的输出电压 $V(\theta)$ 为

$$V(\theta) = \frac{R_X(\theta)}{R_X(\theta) + R_Y(\theta)} V_0 \tag{10-2-6}$$

设 $\Delta R = R_{/\!/} - R_\perp$，将（10-2-4）式和（10-2-5）式代入（10-2-6）式得

$$V(\theta) = \frac{V_0}{2} - \frac{\Delta R \cos 2\theta}{2(R_{/\!/} + R_\perp)} V_0 \tag{10-2-7}$$

强磁性磁阻器件是采用真空镀膜技术在玻璃衬底上沉积一层厚度为 $20\sim100$ nm 的多晶 Ni-Co 合金薄膜，而后用光刻腐蚀工艺制成的三端器件，如图 10-2-7(a) 所示。为保持性能稳定，必须消除衬底与合金膜之间的应力以及各晶粒之间的内应力，消除应力的芯片用非磁性材料封装成图 (b) 所示的形状，便构成了强磁性薄膜磁阻器件。

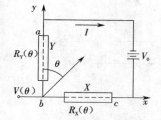

图 10-2-6 三端强磁性磁阻器件

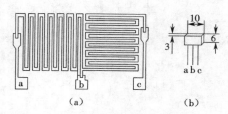

图 10-2-7 强磁性薄膜磁阻元件
（a）芯片 （b）外形

与半导体磁敏元件相比，强磁性薄膜磁阻元件的灵敏度、方向性以及温度特性好，可靠性高，稳定性好。因为 Ni-Co 合金与氧气和其他有害气体不发生化学反应，像金属膜电阻那样方便使用，成本低，易于批量生产。

10.2.4 磁敏电阻的应用

(1) 数字式高斯计

图 10-2-8 所示为一种数字式高斯计，其感测磁场的上限为 $+6$ Gs（1 Gs $= 10^{-4}$ T），分辨力为 85 μGs，灵敏度为 1 mV/(V·Gs)。

霍尼韦尔的三轴智能数字式高斯计可以探测空间磁场的强度和方向，三个独立的磁敏电阻桥路分别用于感应 x、y、z 三个轴向的磁场，同时将 x、y、z 三分量输入计算机。比起机械式和其他类型的磁力计，这种产品有着功耗低、灵敏度高、响应速度快、尺寸小和耐振动等特点。

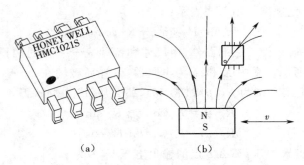

图 10-2-8　数字式高斯计

(a)单轴磁阻传感器的封装　(b)磁场探测示意图

(2)磁阻 IC

在硅片上制作 InSb 薄片磁敏电阻区,并在磁敏电阻区之外的硅片上再制作放大器、稳压电源等电路,构成集成磁敏传感器,简称磁阻 IC。单片开关型两线制磁阻 IC 内部包含高性能薄片磁钢、磁敏电阻桥路、放大器、整形及输出电路等,如图 10-2-9 所示。

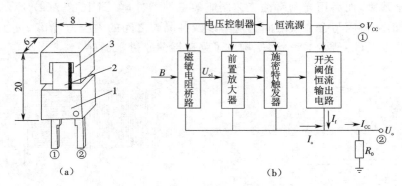

1—电路组件　2—软铁　3—薄片磁钢

图 10-2-9　单片开关型两线制磁阻 IC

(a)外形　(b)电路组成框图

10.3　磁敏二极管和磁敏三极管

磁敏二极管、三极管是在霍尔元件和磁敏电阻之后发展起来的新型磁电转换元件,它们具有磁灵敏度高(磁灵敏度比霍尔元件高数百甚至数千倍)、能识别磁场的极性、体积小、电路简单等特点,因而在检测和控制等方面得到广泛应用。

10.3.1　磁敏二极管的工作原理和主要特性

(1)磁敏二极管的工作原理

现以我国研制的 2ACM-1A 型磁敏二极管为例,说明磁敏二极管的工作原理。

这种二极管的结构是 P^+-I-N^+ 型。在本征导电高纯度锗的两端,用合金法制成 P 区和 N 区,并在本征区(I 区)的一侧面上设置高复合 r 区,而 r 区相对的另一侧面为光滑的无复合表面,便构成了磁敏二极管的管芯,其结构和电路符号如图 10-3-1 所示。

磁敏二极管所具有的特性是由其结构所决定的。

如图 10-3-2(a)所示,当没有外界磁场作用时,由于外加正偏压,大部分空穴通过 I 区进入 N 区,大部分电子通过 I 区进入 P 区,从而产生电流。只有很少的电子和空穴在 I 区复合掉。

如图 10-3-2(b)所示,当受外界磁场 H_+ 作用时,电子和空穴受洛伦兹力作用向 r 区偏移。由于在 r 区电子和空穴复合速度很快,因此进入 r 区的电子和空穴很快被复合掉。在 H_+ 的情况下,载流子的复合率显然比没有磁场作用时要大得多,因而 I 区的载流子密度减小,电流减小,即电阻增加。那么加在 PI 结、NI 结上的电压则相应减小,结电压的减小进而使载流子注入量减小,以致 I 区电阻进一步增加,直到某一稳定状态。

如图 10-3-2(c)所示,当受到反向磁场 H_- 作用时,电子和空穴向 r 区的对面偏移,即载流子在 I 区停留时间变长,复合减少,同时载流子继续注入 I 区,因此 I 区载流子密度增加,电流增大,即电阻减小。结果正向偏压分配在 I 区的压降减小,而加在 PI 结和 NI 结上的电压相应增大,进而促使更多的载流子注入 I 区,使 I 区电阻减小,即磁敏二极管电阻减小,直到某一稳定状态。

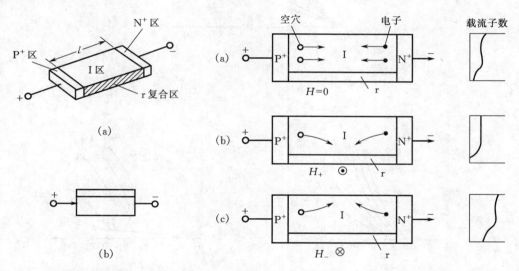

图 10-3-1　磁敏二极管的结构和电路符号
（a）结构　（b）电路符号

图 10-3-2　磁敏二极管的工作原理示意图
（a）不受外界磁场作用　（b）受外界磁场 H_+ 作用
（c）受外界磁场 H_- 作用

如果继续增加磁场强度,则不能忽略在 r 区对面的复合及其对电流的影响。由于载流子运动行程的偏移程度与洛伦兹力的大小有关,并且洛伦兹力与电场及磁场的乘积成正比,因此外加电压越高,这些现象越明显。

由上述可知,随着磁场大小和方向的变化,可以产生输出正、负电压的变化。特别是在较弱的磁场作用下,可获得较大的输出电压的变化。r 区和其他部分复合能力之差越大,磁敏二极管的灵敏度就越高。

磁敏二极管反向偏置时,仅流过很微小的电流,几乎与磁场无关;二极管两端电压不会因受到磁场作用而有任何变化。

（2）磁敏二极管的主要特征

1）伏安特性

在给定磁场情况下,锗磁敏二极管两端正向偏压和通过它的电流的关系曲线如图 10-3-3(a)所示。

由图 10-3-3 可见,硅磁敏二极管的伏安特性有两种形式:一种如图 10-3-3(b)所示,开始在较大偏压范围内,电流变化比较平坦,随外加偏压的增加电流逐渐增加,而后伏安特性曲线上升很快,表明其动态电阻比较小;另一种如图 10-3-3(c)所示,硅磁敏二极管的伏安特性曲线出现负阻现象,即电流急增的同时偏压突然跌落。

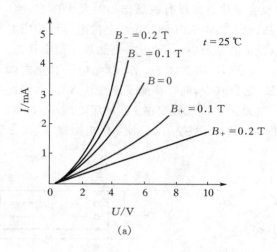

(a)

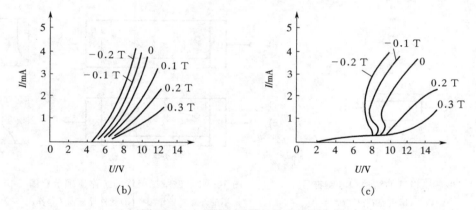

(b)　　　　　　　　　　　　　　　　(c)

图 10-3-3　磁敏二极管的伏安特性曲线

出现负阻现象的原因是高阻硅的热平衡载流子较少,注入的载流子未填满复合中心之前,不会产生较大的电流。当填满复合中心之后,电流才开始急增,同时本征区的压降减小,表现为负阻特性。

2)磁电特性

在给定条件下,磁敏二极管的输出电压变化量与外加磁场的关系称为磁敏二极管的磁电特性。

图 10-3-4 给出了磁敏二极管的磁电特性曲线。测试电路按图示连接,在弱磁场($B=$ 0.1 T 以下)时输出电压变化量与磁感应强度呈线性关系,随磁场的增加曲线趋向饱和。由图 10-3-4 还可以看出,其正向磁灵敏度大于反向磁灵敏度。

3)温度特性

温度特性是指在标准测试条件下,输出电压变化量 ΔU 或无磁场作用时两端电压 U_0 随温度变化的规律,如图 10-3-5 所示。

由图 10-3-5 可知,磁敏二极管受温度的影响较大。温度特性好坏也可用温度系数表示。硅磁敏二极管在标准测试条件下,U_0 的温度系数小于 ± 20 mV/℃,ΔU 的温度系数小于 0.6％/℃;而锗磁敏二极管 U_0 的温度系数小于 -60 mV/℃,ΔU 的温度系数小于 1.5％/℃。所以,硅管的使用温度是 -40～85 ℃,而锗管规定为 -40～65 ℃。

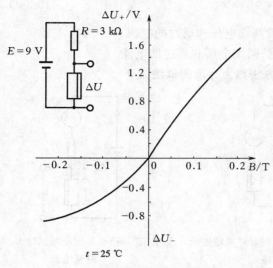

图 10-3-4　磁敏二极管的磁电特性曲线

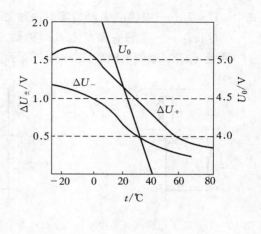

图 10-3-5　锗磁敏二极管的温度特性曲线

4)频率特性

硅磁敏二极管的频率响应时间几乎等于注入载流子漂移过程中被复合并达到动平衡的时间。所以,频率响应时间与载流子的有效寿命相当。硅磁敏二极管的响应时间小于 1 μs,所以响应频率高达 1 MHz。锗磁敏二极管的响应频率小于 10 kHz。锗磁敏二极管的频率特性曲线如图 10-3-6 所示。

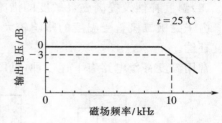

图 10-3-6　锗磁敏二极管的频率特性曲线

5)磁灵敏度

磁敏二极管的磁灵敏度有如下三种定义方法。

①在恒流条件下,偏压随磁场而变化的电压相对磁灵敏度为

$$h_u = \frac{U_B - U_0}{U_0} \times 100\% \qquad (10\text{-}3\text{-}1)$$

式中　U_0——磁感应强度为零时磁敏二极管两端的电压;

　　　U_B——磁感应强度为 B 时磁敏二极管两端的电压。

测量 h_u 的电路如图 10-3-7 所示。

②在恒压条件下,偏流随磁场变化的电流相对磁灵敏度为

$$h_i = \frac{I_B - I_0}{I_0} \times 100\% \qquad (10\text{-}3\text{-}2)$$

式中　I_0——给定偏压下,磁感应强度为零时通过磁敏二极管的电流;

　　　I_B——给定偏压下,磁感应强度为 B 时通过磁敏二极管的电流。

测量 h_i 的电路见图 10-3-8,图中 E 为可变电源。使用该方法时,对于有负阻特性的磁敏二极管,只能得出小电流区的磁灵敏度。

③在给定电压源 E 和负载电阻 R 的条件下,电压相对磁灵敏度和电流相对磁灵敏度定义为

$$h_{Ru} = \frac{U_B - U_0}{U_0} \times 100\% \qquad (10\text{-}3\text{-}3)$$

$$h_{Ri} = \frac{I_B - I_0}{I_0} \times 100\% \qquad (10\text{-}3\text{-}4)$$

式中 U_0、I_0——磁感应强度为零时磁敏二极管两端电压和通过的电流;

U_B、I_B——磁感应强度为 B 时磁敏二极管两端电压和通过的电流。

测量 h_{Ru} 和 h_{Ri} 的电路如图 10-3-9 所示,该方法称为标准测试法。

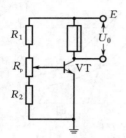
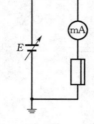
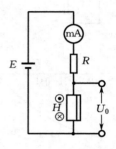

图 10-3-7　电压相对磁灵敏度　　　图 10-3-8　电流相对磁灵敏度　　　图 10-3-9　标准测试法
　　　　　测量电路　　　　　　　　　　　测量电路　　　　　　　　　　　测量电路

（3）温度补偿及提高磁灵敏度的措施

由于磁敏二极管受温度的影响较大,因而为避免在测试及应用中产生较大误差,应进行温度补偿。

常用温度补偿电路有下述三种,见图 10-3-10。

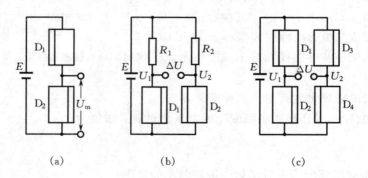

(a)　　　　　　　　　(b)　　　　　　　　　(c)

图 10-3-10　温度补偿电路

(a)互补式　(b)差分式　(c)全桥式

1）互补式电路

为了补偿磁敏二极管的温度漂移,可采用互补式电路,如图 10-3-10(a)所示。即选用特性相近的两只管子,按照磁极性相反的方法组合,即管子磁敏感面相对或相背重叠放置,或两只管子串接在电路中构成了互补电路。

2）差分式电路

差分式电路如图 10-3-10(b)所示,同样可起到温度补偿和提高灵敏度的作用。其输出电压为

$$\Delta U = \Delta U_{1+} + \Delta U_{2-}$$

如果输出电压不对称,可适当调整电阻 R_1 和 R_2,即可改善输出特性。

3)全桥式电路

全桥式电路如图 10-3-10(c)所示,由两个磁极性相反的互补电路并联组成,与互补电路一样,工作点只能选在小电流区,且不宜使用具有负阻特性的磁敏管。该电路具有更高的磁灵敏度。在给定的磁场(如 $B=0.1$ T)中,其输出电压为 $\Delta U = 2(\Delta U_{1+} + \Delta U_{2-})$。由于该电路对器件选择要求较高,希望四只磁敏管特性完全一致,给使用带来一定困难。

10.3.2 磁敏三极管的工作原理和主要特性

(1)磁敏三极管的工作原理

NPN 型磁敏三极管是在弱 P 型近本征半导体上用合金法或扩散法形成三个结,即发射结、基极结、集电结。在长基区的侧面制成一个复合速度很快的复合区 r。长基区分为输运基区和复合基区。其结构及符号见图 10-3-11,结合其工作原理示意图 10-3-12 分析磁敏三极管的工作原理。

如图 10-3-12(a)所示,当不受磁场作用时,由于磁敏三极管的基区宽度大于载流子有效扩散长度,因而注入载流子除少部分输入集电极 c 外,大部分通过 e—i—b 形成基极电流。显而易见,基极电流大于集电极电流,所以电流放大系数 $\beta = I_c/I_b < 1$。图 10-3-12(b)所示,当受到 H_+ 磁场作用时,由于洛伦兹力作用,载流子向发射结一侧偏转,从而使集电极电流明显下降。如图 10-3-12(c)所示,当受 H_- 磁场作用时,载流子在洛伦兹力作用下,向集电结一侧偏转,使集电极电流增大。

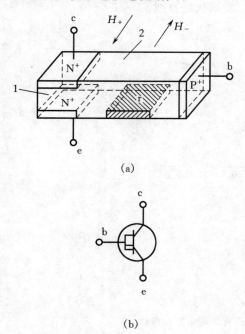

(a)

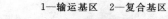

(b)

1—输运基区　2—复合基区

图 10-3-11　NPN 型磁敏三极管的结构及符号

(a)结构　(b)符号

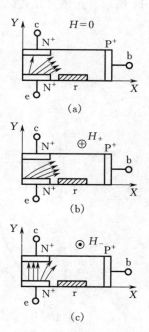

图 10-3-12　磁敏三极管工作原理示意图

(a)不受磁场作用　(b)受 H_+ 磁场作用　(c)受 H_- 磁场作用

（2）磁敏三极管的主要特性

1）伏安特性

图 10-3-13（a）给出了磁敏三极管在基极恒流条件下（$I_b = 3$ mA），磁场为 ± 0.1 T 时集电极电流的变化；图 10-3-13（b）为不受磁场作用时磁敏三极管的伏安特性曲线。

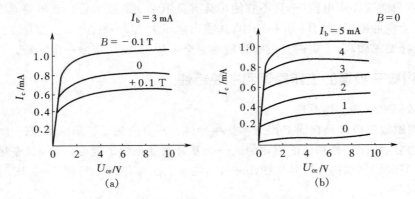

图 10-3-13 磁敏三极管的伏安特性曲线

（a）受磁场作用时 （b）不受磁场作用时

由图 10-3-13 可见，磁敏三极管的基极电流 I_b 和电流放大系数均具有磁灵敏度，并且磁敏三极管的电流放大倍数小于 1。

2）磁电特性

磁电特性是磁敏三极管最重要的工作特性。3BCM（NPN）型锗磁三极管的磁电特性曲线如图 10-3-14 所示。由图可见，在弱磁场作用时，曲线接近直线。

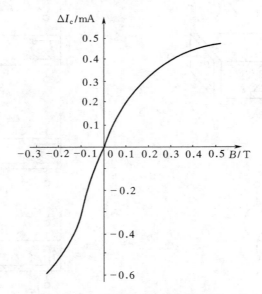

图 10-3-14 3BCM 型磁敏三极管的磁电特性曲线

3）温度特性

由 $I_c = \beta I_b$ 知，磁敏三极管集电极电流 I_c 的相对温度系数 α_c 为

$$\alpha_c = \frac{1}{I_c}\frac{\mathrm{d}I_c}{\mathrm{d}T} = \frac{1}{\beta}\frac{\partial\beta}{\partial T} + \frac{1}{I_b}\frac{\mathrm{d}I_b}{\mathrm{d}T} = \alpha_\beta + \alpha_b \qquad (10\text{-}3\text{-}5)$$

式中，α_β、α_b 分别表示电流放大系数 β 和基极电流 I_b 的相对温度系数。

锗磁敏三极管在低温（0 ℃以下）下，它的集电极电流的相对温度系数不大，但温度从 30～40 ℃ 开始，它的温度系数增加很快，在 50～60 ℃ 时，它的温度特性曲线几乎直线上升，甚至它的负向磁灵敏度转变成正向磁灵敏度，变成具有单向磁灵敏度的磁敏三极管。

硅磁敏三极管的集电极电流在基极电流恒定的条件下，在 $-45～100$ ℃ 范围内的平均温度系数为 $-(0.1\%～0.3\%)/$℃。

4）频率特性

3BCM 型锗磁敏三极管对于交变磁场的响应时间约为 2 μs，截止频率为 500 kHz 左右。3CCM 型硅磁敏三极管对交变磁场的影响时间为 0.4 μs，而截止频率约为 2.5 MHz。

5）磁灵敏度

磁敏三极管的磁灵敏度有正向灵敏度 h_+ 和负向灵敏度 h_- 两种，定义如下：

$$h_\pm = \left| \frac{I_{c_{B\pm}} - I_{co}}{I_{co}B} \right| \times 100\,\%/\text{T} \qquad (10\text{-}3\text{-}6)$$

式中　I_{c_+}——受正向磁场 B_+ 作用时的集电极电流；

　　　　I_{c_-}——受负向磁场 B_- 作用时的集电极电流；

　　　　I_{co}——不受磁场作用时，在给定基流情况下集电极的输出电流；

　　　　B——外加磁场的磁感应强度。

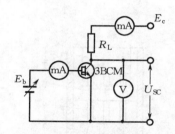

图 10-3-15　磁灵敏度测试电路

正负向磁灵敏度表示在 ± 0.1 T 磁场作用下集电极电流的相对变化量。根据图 10-3-15 所示的测试电路，输出电压 U_{SC} 的磁灵敏度为

$$\Delta U_\pm = h_\pm (E_c - U_{SC})$$

6）工作电压

磁敏三极管的工作电压范围较宽，从 3 V 到几十伏，集电极电压 E_c 对灵敏度的影响不大；磁敏三极管的噪声小于磁敏二极管，功耗也较低。

10.3.3　磁敏管的应用

由于磁敏管具有较高的磁灵敏度，所以磁敏管适于检测微弱磁场的变化（可测量约为 0.1 T 的弱磁场），如漏磁探伤仪、地磁探测仪等。

漏磁探伤仪的工作原理见图 10-3-16。在图 10-3-16(a)中，钢棒被磁化局部表面时，若没有缺陷存在，则探头附近没有泄漏磁通，因而探头没有信号输出。如果棒材有缺陷，如图 10-3-16(b)所示，那么缺陷处的泄漏磁通将作用于探头，使其产生信号输出。因而可根据信号的有无判定钢棒有无缺陷。

在探伤过程中，使钢棒不断转动，而探头和带铁芯的激励线圈沿钢棒轴向运动，这样就可以快速地对钢棒全部表面进行缺陷探测。

探伤仪探头结构和原理框图如图 10-3-17 所示，10-3-17(a)为探头结构，10-3-17(b)为原理方框图。

此外，由于磁敏管的体积和功耗很小，所以它还可用于制作无触点开关和电位器，如计算机无触点电键、机床接近开关等。

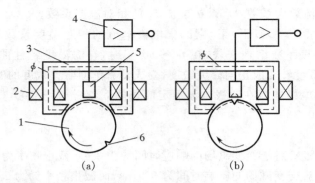

1—被探棒材　2—激励线圈　3—铁芯　4—放大器　5—磁敏管探头　6—裂缝

图 10-3-16　漏磁探伤仪的工作原理

（a）探头附近无漏磁　（b）探头附近存在漏磁

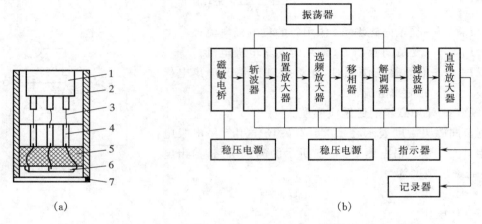

1—插件　2—外壳　3—引线　4—接线板　5—托架　6—磁敏二极管　7—端盖

图 10-3-17　探伤仪探头结构及原理框图

（a）探头结构　（b）原理方框图

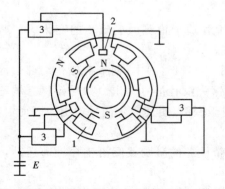

1—定子线圈　2—磁敏二极管　3—开关电路　E—电源

图 10-3-18　无刷直流电机工作原理

基于磁敏管的无刷直流电机如图 10-3-18 所示。利用磁敏二极管和可控硅组成的开关电路，可代替直流电机中的电刷和换向器，构成无刷直流电机。它的工作原理如图 10-3-18 所示，转子是永久磁铁，当转子旋转时，磁敏二极管输出一信号电压用以控制开关电路，使定子线圈通以电流而产生的磁场作用于转子，使转子转动，依次循环。它的特点是无触点磨损，不产生火花，可靠性高。

第 11 章　化学与生物传感器

将各种化学物质的特性(如气体、离子或电解质浓度,空气湿度等)的变化定性或定量地转换成电信号的传感器称为化学传感器。化学传感器的种类和数量很多,各种器件的转换原理各不相同,这里主要分析气敏传感器和湿敏传感器。

以固定生物成分或生物体为敏感元件的传感器称为生物传感器,它是一类特殊的化学传感器。它将生物敏感部位和转化器紧密结合,构成对特定种类的化合物或生物活性物质具有选择性和可逆响应的分析装置。

本章对化学传感器主要介绍接触燃烧式气敏传感器、金属氧化物半导体气敏传感器、陶瓷湿敏传感器、高分子湿敏传感器等;对生物传感器主要介绍酶传感器、免疫传感器以及生物芯片等。

11.1　气敏传感器

随着近代工业的进步,特别是石油、化工、煤炭、汽车等工业部门的迅速发展,人类的生产和生活发生了巨大的变化。人们利用的气体和在生活中、工业上排放出的气体的种类、数量日益增多。这些气体中,许多是易燃、易爆(如氢气、煤矿瓦斯、天然气、液化石油气等)或者对人体有毒害的(如一氧化碳、氟里昂、氨气等)。这些气体如果泄漏到空气中,会污染环境,影响生态平衡,甚至引发爆炸、火灾、中毒等灾害性事故。为保护人类赖以生存的自然环境,防止不幸事故的发生,需要对各种有害、可燃性气体在环境中存在的状况进行有效的监控。

由于被测气体的种类繁多,性质不尽相同,不可能用一种传感器检测所有的气体,所以气敏传感器的种类繁多。气敏传感器按工作原理可分为半导体气敏传感器、接触燃烧式气敏传感器等不同类型。从应用范围来看,目前仍以半导体气敏传感器居多,这类传感器具有结构简单、使用方便的优点。

半导体气敏传感器通过测量同待测气体接触的半导体气敏元件(主要是金属氧化物)的电导率等物理量的变化检测特定气体的成分或者浓度。

半导体气敏传感器可分为电阻式和非电阻式两类。电阻式气敏传感器用氧化锡、氧化锌等金属氧化物材料制作敏感元件,通过测量接触气体时敏感元件的电阻值的变化检测气体的成分或浓度;非电阻式气敏传感器也是一种半导体器件,与被测气体接触后,其二极管的伏安特性或场效应管的阈值电压等将会发生变化,根据这些特性的变化测定气体的成分或浓度。半导体气敏传感器具体分类如表 11-1-1 所示。

表 11-1-1　常见半导体气敏传感器的分类

类型	主要物理特性	类型	检测气体	气敏元件
电阻式	电阻	表面控制型	可燃性气体	氧化锡、氧化锌等的烧结体、薄膜、厚膜
		体控制型	酒精	氧化镁、氧化锌
			可燃性气体	氧化钛(烧结体)
			氧气	氧化钴

类型	主要物理特性	类型	检测气体	气敏元件
非电阻式	二极管整流	表面控制型	氢气 一氧化碳 酒精	铂—硫化镉 铂—氧化钛 金属—半导体结构二极管
	晶体管		氢气、硫化氢	铂栅、钯栅 MOS 场效应管

11.1.1 接触燃烧式气敏传感器

（1）检测原理

可燃性气体（如氢气、一氧化碳、甲烷）与空气中的氧接触，发生氧化反应，产生反应热（无焰接触燃烧热），使得作为敏感材料的铂丝温度升高，电阻值相应增大（由于金属铂具有正的温度系数，当温度升高时，其电阻值相应增加，并且根据温度—电阻率关系，温度不太高时，其具有良好的线性关系）。一般情况下，空气中可燃性气体的浓度不太高（低于 10%），可燃性气体可以完全燃烧，其发热量与可燃性气体的浓度有关。空气中可燃性气体浓度越大，氧化反应（燃烧）产生的反应热量（燃烧热）越多，铂丝的温度变化（升高）越大，其电阻值增加得越多。因此，只要测定作为敏感元件的铂丝的电阻变化值（ΔR），便可检测空气中可燃性气体的浓度。

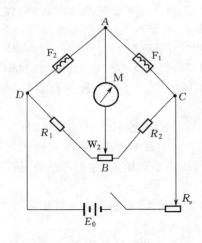

图 11-1-1　接触燃烧式气敏元件的基本电路

但是，单纯的铂丝线圈作为检测元件，其寿命较短，所以实际应用的检测元件一般在铂丝圈外面涂覆一层氧化物触媒。这样既可以延长检测元件的使用寿命，又可以提高其响应特性。接触燃烧式气敏元件是由图 11-1-1 所示的桥式电路构成的。图中 F_1 是检测元件；F_2 是补偿元件，其作用是补偿可燃性气体接触燃烧以外的环境温度变化、电源电压变化等因素所引起的偏差。接触燃烧式气敏元件工作时，要求在 F_1 和 F_2 上经常保持一定的电流通过（一般为 100～200 mA），以供可燃性气体在检测元件 F_1 上发生氧化反应（接触燃烧）所需要的热量。当可燃性气体与检测元件 F_1 接触时，由于剧烈的氧化作用（燃烧），释放出热量，使得检测元件的温度上升，电阻值相应增大，桥式电路不再平衡，在 A、B 间产生电位差 U_{SC}。

设 A、B 两点之间的电位差是 U_{SC}，桥式电路 BD 臂上的电阻为 R_1，BC 臂上的电阻为 R_2，检测元件 F_1 的电阻为 R_{F_1}，补偿元件 F_2 的电阻为 R_{F_2}。由于接触燃烧作用，检测元件的电阻变化为 ΔR_{F_1}、ΔR_{F_2} 与 R_{F_1}、R_{F_2}、R_1、R_2 相比非常小，所以 A、B 点间的电位差 U_{SC} 可以由下式求得：

$$U_{SC} = E_0 \left(\frac{R_{F_1} + \Delta R_F}{R_{F_1} + R_{F_2} + \Delta R_F} - \frac{R_1}{R_1 + R_2} \right) \tag{11-1-1}$$

这里，因为 ΔR_F 很小，可以将它在分母中省去。并且，由于 $R_{F_1} R_1 = R_{F_2} R_2$，则

$$U_{SC} = E_0 \left[\frac{R_1}{(R_1 + R_2)(R_{F_1} + R_{F_2})} \right] \left(\frac{R_{F_2}}{R_{F_1}} \right) \Delta R_F \qquad (11\text{-}1\text{-}2)$$

如果令
$$k = E_0 R_1 / \left[(R_1 + R_2)(R_{F_1} + R_{F_2}) \right]$$

则

$$U_{SC} = k \left(\frac{R_{F_2}}{R_{F_1}} \right) \Delta R_F \qquad (11\text{-}1\text{-}3)$$

这样，A、B 两点间的电位差 U_{SC} 在检测元件 F_1 和补偿元件 F_2 的电阻比 R_{F_2}/R_{F_1} 接近于 1 的范围内，近似地与 ΔR_F 成正比。ΔR_F 是由可燃性气体接触燃烧所产生的温度变化（燃烧热）引起的，与接触燃烧热（可燃性气体氧化反应热）成正比的，即 ΔR_F 可以用下面的公式来表示：

$$\Delta R_F \propto \alpha \Delta T = \frac{\alpha \Delta H}{C} = \frac{\alpha a m Q}{C} \qquad (11\text{-}1\text{-}4)$$

式中　α——检测元件的电阻温度系数；

　　　ΔT——由于可燃性气体接触燃烧所引起的检测元件的温度增加值；

　　　ΔH——可燃性气体接触燃烧的发热量；

　　　Q——可燃性气体的燃烧热；

　　　m——可燃性气体的浓度；

　　　C——检测元件的热容量；

　　　a——由检测元件上涂覆的催化剂决定的常数。

α、C 和 a 的数值与检测元件的材料、形状、结构、表面处理方法等因素有关。Q 值是由可燃性气体的种类决定的。因而，在一定条件下，它们均为确定的常数。根据(11-1-3)式和 (11-1-4)式，设 $k' = k \left(\dfrac{R_{F_2}}{R_{F_1}} \right)$，$b = \dfrac{\alpha a Q}{C}$，可以得到

$$U_{SC} = k' m b \qquad (11\text{-}1\text{-}5)$$

即 A、B 两点间的电位差与可燃性气体的浓度 m 成正比。如果在 A、B 两点间连接电流计或者电压计，便可测得 A、B 间的电位差 U_{SC}，并由此求得空气中可燃性气体的浓度。该气敏元件若与相应的电路配合，当空气中可燃性气体达到一定浓度时，则会自动发出报警信号，其感应特性曲线如图 11-1-2 所示。

（2）接触燃烧式气敏元件的结构

接触燃烧式气敏元件的结构如图 11-1-3 所示。用直径为 $50 \sim 60\ \mu m$ 的高纯（99.999%）铂（Pt）丝，绕制成直径约为 0.5 mm 的线圈，为了使线圈具有适当的阻值（1～2 Ω），一般应绕 10 圈以上。在线圈外面涂以氧化铝或者氧化铝和氧化硅组成的膏状涂覆层，干燥后在一定温度下烧结成球状多孔体。将烧结后的小球放在贵金属铂、钯等的盐溶液中，充分浸渍后取出烘干。然后经过高温热处理，在氧化铝（或氧化铝—氧化硅）载体上形成贵金属催化层，最后组装成气敏元件。也可以将贵金属催化粉体与氧化铝、氧化硅等载体充分混合后配成膏状，涂覆在铂丝绕成的线圈上，直接烧成后备用。此外，作为补偿元件的铂线圈，不仅尺寸、阻值均应与检测元件相同，而且也应涂覆氧化铝或者氧化硅载体层，只是无须浸渍贵金属盐溶液或者混入贵金属催化粉体形成催化层而已。

11.1.2　半导体气敏传感器

目前，半导体气敏元件大多是以金属氧化物半导体为基础材料，利用其表面吸附被测气

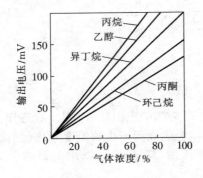

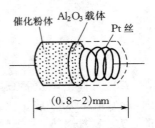

图 11-1-2 接触燃烧式气敏元件的感应特性   图 11-1-3 接触燃烧式气敏元件的结构

体后电学特性(例如电导率)发生变化的特性制成的。半导体气敏元件的工作机理比较复杂,比较流行的几种定性模型是表面空间电荷层模型、晶粒间界垫垒模型以及吸收效应模型等。现以表面电阻控制型气敏元件为例进行简单解析。

(1)表面电阻控制型气敏元件的导电机理

N 型半导体气敏元件的表面在空气中吸附氧分子并从半导体表面获得电子而形成 O_2^-、O^-、O^{2-} 等,结果使气敏元件的表面电阻增加。H_2 或 CO 等还原性气体作为被检测气体和气敏元件表面接触时,这些气体与氧进行如下反应:

$$O_{吸附}^{n-} + H_2 \longrightarrow H_2O + ne^-$$

$$O_{吸附}^{n-} + CO \longrightarrow CO_2 + ne^-$$

由此可见,被氧原子捕获的电子重新回到半导体中,结果使气敏元件的表面电阻减小。利用表面电阻的这种变化检测各种气体的敏感元件称为表面电阻控制型气敏元件。目前这类元件大都做成多孔质烧结体、薄膜、厚膜等。多孔质烧结体、薄膜和厚膜元件为多晶体,它们由很多晶粒组合而成,晶粒接触部分的形状对气敏特性有很大的影响。

对于表面电阻控制型气敏元件及其他类型的半导体气敏元件,为加快气体分子在表面的吸附和脱附作用,多数在 150 ℃ 以上的温度下工作。因此目前实际应用的表面电阻控制型气敏元件一般由禁带宽度比较大、耐高温的金属氧化物半导体材料制备,为了提高元件的灵敏度,常常在这些材料中添加 Pd、Pt 等催化剂。

(2)半导体气敏元件的特性参数

1)气敏元件的电阻值

通常将电阻型气敏元件在常温下洁净空气中测得的电阻值,称为气敏元件(电阻型)的固有电阻值,习惯上用符号 R_a 表示。一般电阻型半导体气敏元件的固有电阻值大多在 10^3 ~$10^5 \Omega$ 范围。

测定电阻型气敏元件的固有电阻值 R_a,对于测量仪表的要求并不高。但是,对于测量时的环境的要求却较高。这是由于地理环境的差异使各地区空气中所含有的气体成分差别较大,即使对于同一气敏元件,在温度相同的条件下,在不同地区进行测定,其固有电阻值 R_a 均将出现差别。为了统一测定条件,必须在洁净的空气环境中进行测量。

2)气敏元件的灵敏度

气敏元件的灵敏度,是表征气敏元件对被测气体的敏感程度的指标。它表示气体敏感元件的电参量(例如电阻型气敏元件的电阻值)与被测气体浓度之间的依从关系。表示气敏元件灵敏度的方法较多,常用的表示方法有如下三种。

①电阻比灵敏度 K。

$$K = \frac{R_a}{R_g}$$ (11-1-6)

式中　R_a——气敏元件在洁净空气中的电阻值;

　　　R_g——气敏元件在规定浓度的被测气体中的电阻值。

②气体分离度 α。

$$\alpha = \frac{R_{m_1}}{R_{m_2}}$$ (11-1-7)

式中　R_{m_1}——气敏元件在浓度为 m_1 的被测气体中的阻值;

　　　R_{m_2}——气敏元件在浓度为 m_2 的被测气体中的阻值。

通常,$m_1 > m_2$。

③输出电压比灵敏度 K_V。

$$K_V = \frac{V_a}{V_g}$$ (11-1-8)

式中　V_a——气敏元件在洁净空气中工作时负载电阻上的电压输出;

　　　V_g——气敏元件在规定浓度的被测气体中工作时负载电阻上的电压输出。

3)气敏元件的分辨力

气敏元件的分辨力,表示气敏元件对被测气体的识别(选择)以及对干扰气体的抑制能力。通常用下式表示分辨力:

$$S = \frac{\Delta V_g}{\Delta V_{gi}} = \frac{V_g - V_a}{V_{gi} - V_a}$$ (11-1-9)

式中　S——气敏元件的分辨力;

　　　V_a——气敏元件在洁净空气中工作时负载电阻上的输出电压;

　　　V_g——气敏元件在规定浓度的被测气体中工作时负载电阻上的输出电压;

　　　V_{gi}——气敏元件在 i 种规定浓度的气体中工作时负载电阻上的输出电压。

4)气敏元件的响应时间

气敏元件的响应时间,表示在工作温度下气敏元件对被测气体的响应速度。一般从气敏元件与一定浓度的被测气体开始接触时计时,直到气敏元件的阻值达到在此浓度下的稳定电阻值的 63% 时为止,所需时间称为气敏元件在此浓度被测气体中的响应时间,通常用符号 t_r 表示。

5)气敏元件的恢复时间

气敏元件的恢复时间,表示在工作温度下被测气体从该元件上解吸的速度。一般从气敏元件开始脱离被测气体时计时,直到其阻值恢复到在洁净空气中阻值的 63% 时为止,所需时间称为恢复时间。

6)初期稳定时间

长期在非工作状态下存放的气敏元件,因表面吸附空气中的水分或者其他气体,导致其表面状态变化,当加上电负荷后,随着元件温度的升高,气体发生解吸现象。因此,使气敏元件恢复正常工作状态需要一定的时间,称之为气敏元件的初期稳定时间。初期稳定时间是敏感元件存放时间和环境状态的函数。存放时间越长,其初期稳定时间也越长。

7)气敏元件的加热电阻和加热功率

气敏元件一般在高温(200 ℃以上)下工作。为气敏元件提供必要工作温度的加热电路的电阻(通常指加热器的电阻)称为加热电阻,常用符号 R_H 表示。直热式气敏元件的加热电阻值,一般较小(小于 5 Ω),旁热式气敏元件的加热电阻较大(大于 20 Ω)。气敏元件正常工作所需的加热电路功率,称为加热功率,常用 P_H 表示。一般气敏元件的加热功率在 0.5～2.0 W 范围。

(3)烧结型 SnO_2 气敏元件

目前常见的 SnO_2 系列气敏元件有烧结型、薄膜型和厚膜型三种。故这里仅介绍应用广泛的 SnO_2 气敏元件。

烧结型气敏元件是目前工艺最成熟、应用最广泛的气敏元件。这种气敏元件的敏感体以粒径最小(平均粒径≤1 μm)的 SnO_2 粉体为基本材料,根据需要添加不同的添加剂,混合均匀作为原料。采用典型的陶瓷工艺制备,工艺简单,成本低廉。这种 SnO_2 气敏元件主要用于检测可燃的还原性气体,其工作温度约为 300 ℃。按照加热方式,可以将其分为直接加热式和旁热式两种类型。

1)直接加热式 SnO_2 气敏元件

直接加热式 SnO_2 气敏元件(简称直热式气敏元件),由芯片(包括敏感体和加热器)、基座和金属防爆网罩三部分组成。其芯片结构特点是在以 SnO_2 为主要成分的烧结体中埋设两根作为电极并兼作为加热器的螺旋形铂—铱合金线(阻值为 2～5 Ω)。这种结构的气体敏感元件虽然结构简单,成本低廉,但因其热容量小,稳定性差,测量电路与加热电路之间容易相互干扰,加热器与 SnO_2 基体之间由于热膨胀系数的差异而导致接触不良,最终可能造成元件的失效。因此,除早期产品采用如图 11-1-4 这种结构形式外,现已较少在实际中使用,如国产 QN 型以及日本费加罗 TGS109 型气敏元件。

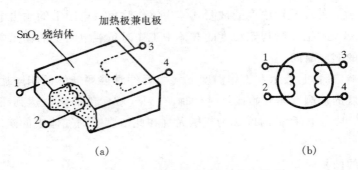

图 11-1-4　直热式气敏元件结构及符号
(a)结构　(b)符号

2)旁热式 SnO_2 气敏元件

严格地讲,旁热式 SnO_2 气敏元件是一种厚膜型元件,其结构如图 11-1-5 所示。在一根内径为 0.8 mm、外径为 1.2 mm 的薄壁陶瓷管(大多为含 Al_2O_3 75 ％的 75 瓷管)的两端设置一对金电极及铂—铱合金丝(ϕ≤80 μm)引出线,然后在瓷管的外壁涂覆以 SnO_2 为基础材料配制的浆料层,经烧结后形成厚膜气体敏感层(厚度＜100 μm)。在陶瓷管内放入一根螺旋形高电阻金属丝（例如 Ni-Cr 丝）作为加热器（加热器电阻值一般为 $30\sim40$ Ω）。这种结构形式的气敏元件管芯，其测量电极与加热器分离，避免了相互干扰，而且元件的热容量较大，减小了环境温度变化对敏感元件特性的影响。其可靠性和使用寿命较直热式气敏元件高。目前市售的 SnO_2 系列气敏元件，大多采用这种结构形式。例如，国产的 MQ-31 型、QM-N5 型和日本费加罗 TGS812、TGS813 型等均属此种类型，其外形和引出线分布如图 11-1-6 所示。

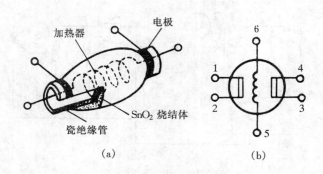

图 11-1-5　旁热式气敏元件结构及符号

（a）结构　（b）符号

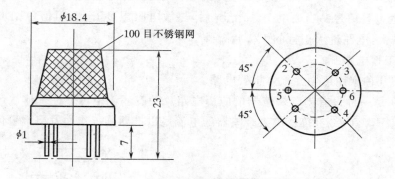

图 11-1-6　气敏元件外形和引出线分布

11.1.3　气敏传感器的应用

气敏传感器的应用范围十分广泛，涉及人类生产、生活的许多领域。其功能可分为检测、报警、监控等几种类型。

气敏传感器应用电路的种类很多，其基本组成部分包括电源电路、辅助电路和检测工作电路。

（1）电源电路

一般气敏元件的工作电压在 $3\sim10$ V，如果由交流供电，需将市电（220 V 或者 110 V）转换为低压直流。气敏元件的工作电压，特别是供给加热的电压必须相当稳定，否则将导致加热器的温度变化幅度过大，使气敏元件的工作点漂移，影响检测准确性。因此，在设计、制作电源电路时应予以充分注意。

（2）辅助电路

对气敏元件自身的特性（温度系数、湿度系数、初期稳定性等），在设计、制作应用电路时，应予以考虑。例如：采用温度补偿电路，以减小由气敏元件的温度系数引起的误差；设置延时电路,以防止通电初期因气敏元件阻值的大幅度变化造成的误报;设置监控电路,以防止因加热器失效而导致的漏报。

图 11-1-7 是一种温度补偿电路,当环境温度降低时,负温度系统(NTC)热敏电阻(R_5)的阻值增大,使相应的输出电压得到补偿。

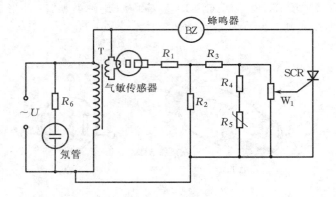

图 11-1-7　温度补偿电路

图 11-1-8 是使用正温度系数热敏电阻(R_2)的延时电路,图中 R_2 为 PTC 热敏电阻。接通电源时,热敏电阻的温升较小,其电阻值也小,电流大部分经热敏电阻回到变压器,蜂鸣器(BZ)不会发生报警信号。当通电 1～2 min 后,热敏电阻温度升高,阻值急剧增大,通过蜂鸣器的电流增大,电路进入正常的工作状态。

(3)检测工作电路

这里介绍几种家用可燃性气体报警电路。

图 11-1-9 是一种设有串联蜂鸣器的应用电路。随着环境中可燃性气体浓度的增加,气敏元件的阻值下降到一定值后,流入蜂鸣器的电流足以推动其工作而发出报警信号。

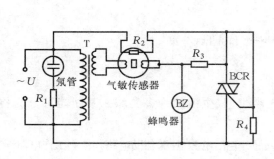

图 11-1-8　延时电路

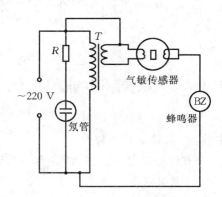

图 11-1-9　家用可燃性气体报警器电路

图 11-1-10 是家用煤气(CO)安全报警电路。该电路由两部分组成:一部分是煤气报警器,在煤气浓度达到危险界限前发出警报;另一部分是开放式负离子发生器,其作用是自动产生空气负离子,使煤气中主要有害成分一氧化碳与空气负离子中的臭氧(O_3)反应,生成对人体无害的二氧化碳。

煤气报警电路,包括电源电路、气敏探测电路、电子开关电路和声光报警电路。开放式空气负离子发生器电路由 $R_{10}\sim R_{13}$、$C_5\sim C_7$、$VD_5\sim VD_7$、3CTS3 及 T_2 等组成。这种负离子发生器,由于元件少,结构简单,通常无须特别调试即能正常工作。减小 R_{12} 的阻值,可以使负离子浓度增加。

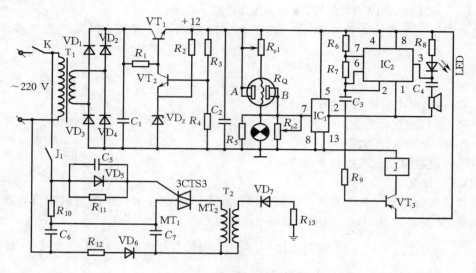

图 11-1-10　煤气安全报警电路

11.2　湿敏传感器

在工业生产中,湿度的测控直接关系到产品的质量。在精密仪器、半导体集成电路与元器件制造场所,湿度的监控尤为重要。此外,湿度测控在气象预报、医疗卫生、食品加工等行业均有广泛的应用。

湿敏传感器依据所使用的材料不同,分为电解质型、陶瓷型、高分子型和单晶半导体型等湿敏传感器。

电解质型:以氯化锂为例,在绝缘基板上制作一对电极,涂上氯化锂盐胶膜。氯化锂极易潮解,并产生离子电导,随湿度升高而电阻减小。

陶瓷型:一般以金属氧化物为原料,通过陶瓷工艺制成一种多孔陶瓷。利用多孔陶瓷的阻值对空气中水蒸气的敏感特性而制成。

高分子型:先在玻璃等绝缘基板上蒸发梳状电极,通过浸渍或涂覆,使其在基板上附着一层有机高分子感湿膜。

单晶半导体型:所用材料主要是硅单晶,利用半导体工艺制成。分二极管湿敏器件和MOSFET 湿敏器件等。其特点是易于与半导体电路集成。

11.2.1　湿度表示法

空气中含有水蒸气的量称为湿度,含有水蒸气的空气是一种混合气体。湿度的表示方法很多,主要有质量百分比和体积百分比、相对湿度和绝对湿度、露点(霜点)等表示法。

(1)绝对湿度

绝对湿度表示单位体积的空气中所含水汽的质量,其定义式为

$$\rho = \frac{m_v}{V}$$

(11-2-1)

式中　m_v——待测空气中的水汽质量;

　　　V——待测空气的总体积;

　　　ρ——待测空气的绝对湿度,单位为 g/m^3 或 mg/m^3。

绝对湿度也可称为水汽浓度,它与空气中水汽分压 p_v 有关。根据理想气体状态方程有

$$\rho = \frac{p_v M_v}{RT}$$

式中　M_v——水汽的摩尔质量;

　　　R——理想气体常数;

　　　T——空气的绝对温度。

因此空气的绝对湿度也可用其分压表示。

(2)相对湿度

相对湿度为待测空气的水汽分压与相同温度下水的饱和水汽压的比值的百分数,为无量纲的量,常表示为 %RH(relative humidity),即

$$相对湿度 = \left(\frac{p_v}{p_w}\right)_T \times 100\% RH \tag{11-2-2}$$

式中　p_v——温度为 T 的空气中水汽分压;

　　　p_w——温度为 T 的空气中饱和水汽压。

表 11-2-1 给出了在标准大气压下,不同温度时水的饱和水汽压的数值。

表 11-2-1　不同温度时水的饱合水汽压　　　　　　　　(单位:mmHg)

$t/℃$	p	$t/℃$	p	$t/℃$	p	$t/℃$	p	$t/℃$	p	$t/℃$	p
−20	0.77	−9	2.13	2	5.29	13	11.23	24	22.38	35	42.18
−19	0.85	−8	2.32	3	5.69	14	11.99	25	23.78	36	44.56
−18	0.94	−7	2.53	4	6.10	15	12.79	26	25.21	37	47.07
−17	1.03	−6	2.76	5	6.54	16	13.63	27	26.74	38	49.50
−16	1.13	−5	3.01	6	7.01	17	14.53	28	28.35	39	52.44
−15	1.24	−4	3.28	7	7.51	18	15.48	29	30.04	40	55.32
−14	1.36	−3	3.57	8	8.05	19	16.48	30	31.82	50	92.51
−13	1.49	−2	3.88	9	8.61	20	17.54	31	33.70	60	149.40
−12	1.63	−1	4.22	10	9.21	21	18.65	32	35.66	70	233.70
−11	1.78	0	4.58	11	9.84	22	19.83	33	37.73	80	355.10
−10	1.95	1	4.93	12	10.52	23	21.07	34	39.90	100	760.00

如果已知空气的温度 t ℃和空气中水汽分压 p_v,那么即可从表 11-2-1 中查得此时空气中的饱和水汽压,从而求得相对湿度。

对空气中微量水分的测定,通常采用气体之间的体积比表示,其定义为空气中水汽的体积比和与之共存的干空气的体积之比,单位为"百万分之一",体积比与空气的水汽分压 p_v 和空气的总压强 p 之间关系为

$$体积比 = \frac{p_v}{p - p_v} \times 10^6 \tag{11-2-3}$$

同样湿度也可用气体之间的质量比表示,称为混合比 γ,其定义为空气中的水汽质量和与之共存的干空气质量之比。它和空气的相对湿度之间关系为

$$相对湿度 = \frac{(\gamma/0.621\,98)p}{p_w} \times 100\% \tag{11-2-4}$$

式中　γ——压强为 p、温度为 T 时空气的混合比。

（3）露点

由表 11-2-1 可知，水的饱和水汽压是随空气温度的下降而逐渐减小的，也就是说，在同样的水汽分压下，空气的温度越低，空气的水汽分压与在同一温度下的水的饱和水汽压差值越小，当空气的温度下降到一定值时，空气的水汽分压将与同温度下水的饱和水汽压相等，此时空气中的水汽可能转化为液相而凝结成露珠，这一特定温度称为空气的露点或露点温度。通过对空气露点温度的测定可以测得空气的水汽分压，因为空气的水汽分压也就是该空气在露点温度下水的饱和水汽压，所以只要知道待测空气的露点温度，通过表11-2-1可查知在该露点温度下水的饱和水汽压，这个饱和水汽压即为待测空气的水汽分压。

11.2.2　湿敏传感器的主要参数

（1）湿度量程

湿度量程是保证一个湿敏器件能够正常工作所允许的相对湿度的最大范围。湿度量程越大，其实际使用价值越大。理想的湿敏元件的使用范围应当是 $0\sim100\%RH$ 的全量程，但是由于各种湿敏传感器所采用的材料以及所依据的物理效应和化学反应不同，它们往往只能在一定的湿度范围内才能正常工作。

（2）特性曲线

湿敏传感器的特性曲线是指湿敏传感器的输出量（或称感湿特征量）与被测湿度（例如相对湿度）间的关系曲线。图11-2-1为以二氧化钛—五氧化二钒（TiO_2-V_2O_5）器件为敏感元件的湿敏传感器的特性曲线。

（3）灵敏度

灵敏度表示被测湿度作单位值变化时所引起的输出量（感湿特征量）的变化程度。灵敏度为特性曲线的斜率。一般而言，湿敏传感器的特性曲线一般是非线性，即在不同的被测湿度下，传感器的灵敏度是不同的，因此常需用一组规定被测湿度下的灵敏度描述。例如，日本生产的 $MgCr_2O_4$-TiO_2 湿敏传感器规定用相对湿度为 1% 时的感湿特征量电阻值与分别在相对湿度为 20%、40%、60%、80%、100% 时的感湿特征量电阻值之比描述，即用 $R_{1\%}/R_{20\%}$、$R_{1\%}/R_{40\%}$、$R_{1\%}/R_{60\%}$、$R_{1\%}/R_{80\%}$、$R_{1\%}/R_{100\%}$ 描述灵敏度。

（4）湿度温度系数

湿敏传感器的特性往往随环境温度而变化。当环境湿度恒定时，温度每变化 1 ℃引起湿敏传感器感湿特征量的变化量为感湿温度系数，其单位为 $\%RH/℃$。

（5）响应时间

响应时间也称为时间常数，它反映湿敏传感器相对湿度发生变化时，其反应速度的快慢。响应时间又分为吸湿响应时间和脱湿响应时间。大多数湿敏传感器都是脱湿响应时间大于吸湿响应时间，一般以脱湿响应时间作为湿敏传感器的响应时间。

（6）电压特性

当用湿敏传感器测量湿度时，所加的测试电压不能用直流电压，这是由于直流电压引起感湿体内水分子的电解，致使电导率随时间的增加而下降。故测试电压采用交流电压。

（7）频率特性

湿敏传感器的阻值与外加测试电压频率有关，湿敏传感器的使用频率上限由实验确定。直流电压会引起水分子的电解，因此测试电压频率也不能过低。

11.2.3 氯化锂湿敏电阻

氯化锂(LiCl)湿敏电阻是利用吸湿性盐类潮解使离子电导率发生变化而制成的测湿器件,属无机电解质湿敏传感器,其结构示意图如图 11-2-2 所示,由引线、基片、感湿层与金属电极组成。

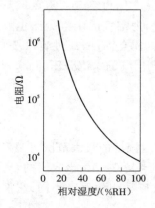

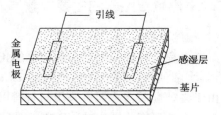

图 11-2-1 二氧化钛—五氧化二钒　　　　图 11-2-2 湿敏电阻结构示意图
　　　　湿敏传感器的特性曲线

氯化锂湿敏电阻的感湿原理:不挥发吸湿性盐(LiCl)吸湿潮解,使离子电导率发生变化。将氯化锂与聚乙烯醇组成混合体,在氯化锂溶液中,Li 和 Cl 分别以正、负离子的形式存在,而 Li^+ 对水分子的吸引力强,离子水合程度高,溶液中离子的导电能力与溶液浓度成正比。当溶液置于一定温湿场中时,若环境相对湿度高,溶液将吸收水分,使溶液浓度降低,因此,其电阻率升高;反之,当环境相对湿度变低时,则溶液浓度升高,其电阻率下降,从而实现对湿度的测量。

浸渍式 LiCl 湿敏传感器是在玻璃带基片上浸渍 LiCl 溶液制成的,图 11-2-3(a)为其结构示意图,图 11-2-3(b)为其电阻—湿度特性曲线。从图中可知,电阻值的对数与相对湿度在 50%～85%范围内呈线性关系。为了扩大湿度测量的线性范围,应选用浸渍 1%～1.5%

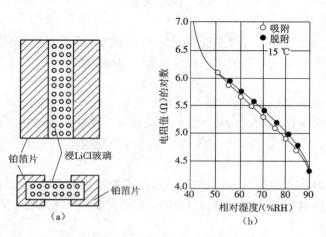

图 11-2-3 玻璃带基片上浸 LiCl 的湿敏传感器
(a)结构示意图 (b)电阻—湿度特性曲线

浓度的 LiCl 湿敏器件,它可测$(20\sim50)\%$RH 范围的湿度,于是,两只浸渍不同浓度 LiCl 的湿敏器件组合可检测$(20\sim85)\%$RH 范围的相对湿度。

氯化锂湿敏器件的优点是滞后小,不受测试环境风速的影响,检测精度高达$\pm5\%$,但其耐热性差,不能在露点以下测量,且器件性能的重复性较差,使用寿命短。

11.2.4　陶瓷湿敏传感器

金属氧化物构成的多孔陶瓷吸收水分后,其电阻、电容等参数发生变化,构成了湿敏传感器的工作机理。如 $MgCr_2O_4\text{-}TiO_2\text{-}V_2O_5$、$TiO_2\text{-}V_2O_5$、$ZnCr_2O_4$ 等陶瓷湿敏传感器均已实用化。

水是一种强极性电介质,在室温下其相对介电系数接近 80,水分子的电偶极矩为 1.9×10^{-18} 德拜(符号为 D,1 D$=3.335\,64\times10^{-30}$ C·m)。水分子在晶体表面吸附后在晶体表面形成表面偶电层,使得晶体表面电阻低于其体内电阻,致使晶粒整体电阻随着水分子的吸附而明显地降低,对于多晶粒烧结而成的金属氧化物半导体陶瓷(如 P 型金属氧化物半导体陶瓷及 N 型金属半导体陶瓷)均具有感湿负特性。而具有感湿正特性的金属氧化物半导体陶瓷多为过渡金属氧化物中的非饱和过渡金属氧化物半导体陶瓷,如 Fe_3O_4 等,其阻值随环境湿度的增加而增大。

$MgCr_2O_4\text{-}TiO_2$ 陶瓷湿敏传感器的结构如图 11-2-4(a)所示,RuO_2 电极和 Pt-In 引线固定在 $MgCr_2O_4\text{-}TiO_2$ 陶瓷两个表面上,放射状的加热除污用加热丝设置在陶瓷片周围,可方便地经常对器件进行加热清洗,排除有害气体的污染。这种陶瓷的气孔率为 $25\%\sim30\%$,孔径小于 1 μm,和致密陶瓷相比,多孔陶瓷的表面积显著增大,故其吸湿性强。

$MgCr_2O_4\text{-}TiO_2$ 半导体陶瓷是由 P 型半导体 $MgCr_2O_4$ 和 N 型半导体 TiO_2 两种晶体结构组成,它们的化学特性差别很大。其电阻-温度特性如图 11-2-4(b)所示。它是一种机械混合而无明显互熔的复合型陶瓷。这种陶瓷材料的电阻率和温度特性与原材料的配方及工艺密切相关。

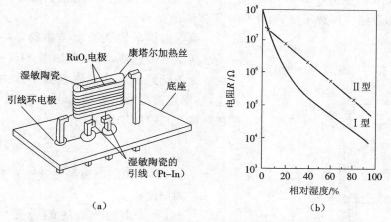

图 11-2-4　$MgCr_2O_4\text{-}TiO_2$ 陶瓷湿敏传感器的结构与感湿特性曲线

(a)结构　(b)感湿特性曲线

$ZnO\text{-}Cr_2O_3$ 湿敏传感器以 ZnO 为主要成分的化学稳定性好的陶瓷作为材料,而且对传感器表面进行活化,可稳定地连续测量湿度。这种传感器与 $MgCr_2O_4$ 系列不同,它不需要通过加热来清污,除了可以在 0.5 mW 以下功率下工作外,元件直径为 8 mm,厚度为

0.2 mm，可使传感器小型化，成本低廉。ZnO-Cr_2O_3 湿敏传感器的结构如图 11-2-5 所示。

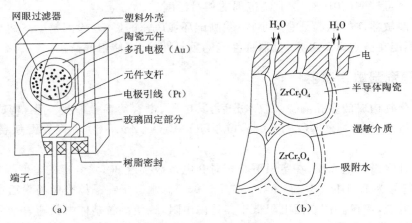

图 11-2-5　ZnO-Cr_2O_3 系湿敏传感器的结构

(a)剖面结构　(b)断面结构

11.2.5　高分子湿敏传感器

高分子湿敏传感器主要基于高分子材料在不同湿度下的电导特性开发出电容式和电阻式两大类。如：导电性石墨加入吸湿性树脂制成的电阻式传感器；用醋酸丁基纤维素制成的电容变化式传感器；将聚氨酯树脂涂覆于石英振子表面，利用共振频率随吸湿程度变化制成的传感器等。

聚苯乙烯磺酸锂电容式湿敏传感器是一种测湿量程宽、响应快、性能稳定且成本低的湿敏器件。聚苯乙烯磺酸锂是一种强电解质，具有极强的吸水性，吸水后电离，在其水溶液中含有大量的 Li^+，如果在其上制备一对金属电极，通电后 Li^+ 即可参与导电。环境湿度越高，其电阻越小，与此同时微量水也将电离，从而离解出 H^+ 和 OH^- 离子，由于 H^+ 的电极电位比 Li^+ 高，比 Li^+ 更易获得电子，因而在阳极上始终析出 O_2，在阴极上始终析出 H_2，Li^+ 在感湿膜中的总量始终保持不变，因此保证了器件的稳定性。

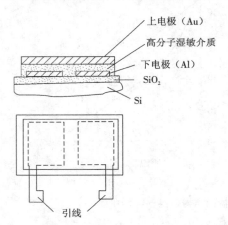

图 11-2-6　高分子薄膜湿敏电容结构

聚氨酸类电容式湿敏传感器是一种新型高分子材料湿敏传感器，其结构如图 11-2-6 所示，其上电极为一既连续又能允许水分子自由进出的金属膜，其厚度对湿敏电容性能影响很大。该湿敏电容在环境气相中的增量为

$$\Delta C_p = \Delta \varepsilon_综 \frac{S}{d}$$

式中　S、d——湿敏电容的有效面积和高分子薄膜的厚度；

$\Delta \varepsilon_综$——多相介质的综合介电常数 $\varepsilon_综$ 的增量。

$$\Delta \varepsilon_综 = K \varphi RH \varepsilon_{H_2O}$$

式中　K——常数；

φ——高分子材料的孔隙率；

ε_{H_2O}——水的介电常数；

RH——环境相对湿度。

因此高分子薄膜湿敏电容与环境相对湿度基本为线性响应,同时高分子薄膜层的孔隙率越大,厚度越薄,其湿敏灵敏度也越大。

国内已有不少单位生产电容式高分子湿敏传感器,表 11-2-2 为芬兰同类产品性能指标。

表 11-2-2　HMP-14U 型湿敏传感器(芬兰)的性能

性能	测湿范围	精度	响应时间	温度范围	线性度	温度系数	高湿漂移
指标	(0~100)%RH	(0~80)%RH±2%RH (80~100)%RH±3%RH	1 s	−40~ +80 ℃	(0~80)% RH±1%	0.05%RH/℃	6±1%RH

图 11-2-7 所示为一种高分子电阻型湿敏传感器的结构,该传感器的感湿单元为由辐射聚合法制备的聚电解质感湿膜,此膜均匀地涂敷在电阻元件上。其感湿原理:感湿膜吸湿后,元件的电阻发生变化,根据传感器的电阻变化测量环境湿度。

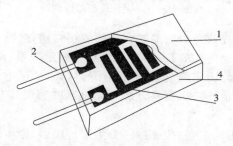

1—聚合物电解质膜　2—电极导线　3—梳形电路板(印制)　4—绝缘基片(酚醛树脂胶合板)

图 11-2-7　高分子电阻型湿敏传感器的结构

11.3　生物传感器

20 世纪 70 年代以来,生物医学工程发展迅猛,用于检测生物体内化学成分的各种生物传感器不断涌现。20 世纪 60 年代中期,首先利用酶的催化作用和它的催化专一性开发了酶传感器,并达到实用阶段;20 世纪 70 年代又研制出微生物传感器、免疫传感器等;20 世纪 80 年代以来,生物传感器作为传感器的一个分支从化学传感器中独立出来,使生物工程与半导体技术相结合,进入了生物电子学传感器时代。

生物传感器是利用各种生物或生物物质做成的、用以检测与识别生物体内的化学成分及其变化的传感器。生物或生物物质主要指酶、微生物、抗体等。

11.3.1　生物传感器的原理与分类

生物传感器由生物敏感膜和变换器构成,被测物质经扩散进入生物敏感膜层,经分子识别,发生生物学反应,产生物理、化学现象或新的化学物质,利用相应的变换器将其转换成可传输和处理的电信号。

将生物体内具有奇特与敏感功能的生物物质固定在基质或载体上,便构成了生物敏感膜。生物敏感膜具有专一性与选择亲和性,可以进行分子识别,即只有与特定的物质结合才能产生化学反应或复合物质,之后变换器将产生的生化现象或复合物质转换为电信号,从而实现对被测物质或生物量的测量。生物敏感膜是生物传感器的关键元件,它直接决定传感器的功能与质量。由于选材不同,可以制成酶膜、全细胞膜、组织膜、免疫膜、细胞器膜、复合膜等。

图 11-3-1 为生物传感器原理。敏感物质附着在膜上或包在膜中(称为固定化)称为感受体。溶液中要测定的物质有选择性地吸附于敏感物质上,形成复合体,其结果是产生物理或化学变化。这种变化再通过二次变换转换成电量输出。

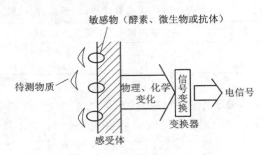

图 11-3-1　生物传感器原理

设计生物传感器时,首先选择对被测物合适的敏感物质,然后考虑两者结合而成的复合物的特性(是过渡性的还是稳定性的)。确定将敏感物固定于膜(载体)上(固定化技术),用作感受体的载体有高分子膜、陶瓷膜、金属电极、半导体元件、压电元件等。根据感受体发生的物理或化学变化,设计合适的二次变换方法。通过这些感受体与二次转换技术可开发出多种生物传感器。

按所用生物活性物质不同,生物传感器可分为酶传感器、微生物传感器、免疫传感器、组织传感器和细胞传感器等。

11.3.2　生物组分固定化技术

生物传感器由生物敏感元件和信号转换器两个主要部分组成。生物传感器的选择性主要取决于生物敏感材料,而灵敏度的高低则与信号转换器的类型、生物材料的固定化技术等有很大的关系。从生物传感器的发展历史看,没有生物功能膜就没有生物传感器。因此,生物敏感物质的固定化技术是形成生物功能膜和提高传感器性能的关键技术之一。

生物组分固定化技术与生物传感器的灵敏度联系紧密。为获得优异的灵敏度,生物组分固定化技术应满足以下条件:

①固定化后的生物组分仍能维持良好的生物活性;

②生物膜与转换器需紧密接触,且能适应多种测试环境;

③固定化层应有良好的稳定性和耐用性;

④减少生物膜中生物组分的相互作用以保持其原有的高度选择性。

分析表明,适合生物传感器的固定化方法主要有夹心法(或隔离法)、吸附法、包埋法、共价连接法、交联法等,如图 11-3-2 所示。

11.3.3　典型生物传感器

(1)酶传感器

1)酶传感器原理

酶生物传感器是将酶作为生物敏感基元,通过各种物理、化学信号转换器捕捉目标物与

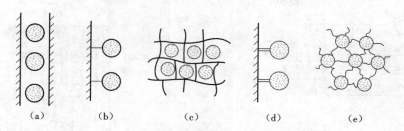

图 11-3-2　生物活性材料固定化方法

（a）夹心法　（b）吸附法　（c）包埋法　（d）共价连接法　（e）交联法

敏感基元之间的反应所产生的与目标物浓度成比例关系的可测信号,实现对目标物的定量测定,如图 11-3-3 所示。

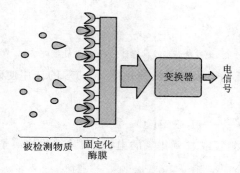

图 11-3-3　酶传感器工作原理图

2）酶传感器分类

当酶电极浸入被测溶液,待测底物进入酶层的内部并参与反应,大部分酶反应会产生或消耗一种可被电极测定的物质,当反应达到稳定状态时,电活性物质的浓度可以通过电位或电流模式进行测定,如图 11-3-4 所示。

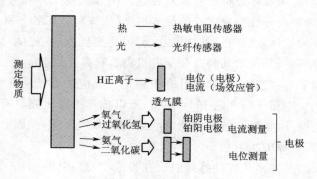

图 11-3-4　酶传感器的分类

3）酶传感器应用

在生物传感器中,最早面世的是酶传感器。早在 20 世纪 70 年代中期葡萄糖传感器已商品化。图 11-3-5 为电流法葡萄糖传感器结构原理图。它由酶膜和克拉克电极或过氧化氢电极组成,如图 11-3-5(a)和(b)所示。

β-D-葡萄糖由 β-D-葡萄糖氧化酶(GOD)的作用消耗氧生成葡萄糖酸内酯和过氧化氢。

$$C_6H_{12}O_6 + O_2 \xrightarrow{\text{葡萄糖氧化酶}} C_6H_{12}O_6 + H_2O_2$$

　　　β-D-葡萄糖　　　　　葡萄糖酸内酯

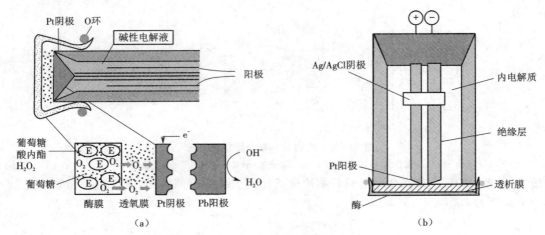

图 11-3-5　酶传感器

(a)电流法葡萄糖传感器　(b)过氧化氢电极

生成的过氧化氢用过氧化物酶或无机催化剂(Mo)等的作用使碘化物离子氧化,产生下列反应:

$$H_2O_2 + 2I^- + 2H^+ \xrightarrow{\text{过氧化物酶}} I_2 + 2H_2O$$

可见,葡萄糖可以用检测氧或过氧化氢的电极,以及碘化物离子电极等制成酶电极进行定量测量。

(2)免疫传感器

免疫是指机体抵抗病原生物感染的能力。在各种免疫过程中,抗原与抗体的反应是最基本的反应。所谓抗原是指能够刺激动物机体产生免疫反应的物质。所谓抗体是由抗原刺激机体产生的具有特异性免疫功能的球蛋白,又称免疫球蛋白。抗原与抗体结合时将发生凝聚、沉淀、溶解反应,促进抗体对抗原颗粒的吞噬。例如人体受外界异性物质(抗原)侵入时,人体内就会产生一种与异性物质对抗的受容物质(抗体),将其复合掉。抗原与抗体一经复合便失去作用。一种抗体只能与一种抗原复合,因此把抗原(或抗体)固定在膜上得到的生物敏感膜即为免疫传感器,可对某种高分子有机物具有高度识别能力。

抗原或抗体一经固定在膜上,便形成具有识别免疫反应的分子功能性膜。因为蛋白质为双极性电解质(正、负电荷电极性随 pH 而变),所以抗体的固定膜具有表面电荷,所具有的膜电位随膜电荷而变化(抗原与抗体的荷电状态往往差别显著)。因此,根据抗体膜的膜电位的变化,即可测定抗原的吸附量。

电化学免疫传感器是诸多免疫传感器中研究得最早、最多的一种。理想的电化学免疫传感器是在抗体与相应的抗原结合的同时将免疫反应的信息直接转变成电信号。根据检测信号的不同,电化学免疫传感器可以分为电位型、电流型、电容型和电导型等。

电位式免疫传感器的工作原理:固定化抗体(或抗原)膜与相应的抗原(或抗体)发生特异反应,结果使生物敏感膜的电位发生变化。图 11-3-6 为这种传感器的结构。图中 2、3 两室间有固定化抗原膜(一种亲和性膜),而 1、3 两室之间没有固定化抗原膜。在 1、2 室内各注入 0.9% 的生理盐水,当在 3 室内倒入食盐水时,1、2 室内电极间无电位差。若在 3 室注入含有抗体的食盐水,由于抗体和固定化抗原膜上的抗原相结合,膜表面吸附了特异的抗体,而抗体是具有电荷的蛋白质,从而使抗原固定膜的带电状态发生变化,于是 1、2 室内电极间有电位差产生。

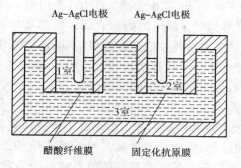

图 11-3-6　电位式免疫传感器的结构

　　根据上述情况,可以把免疫传感器的敏感膜与酶免疫分析法结合进行超微量测量。它从酶为标识剂进行化学放大(微量酶(E)与少量基质(S)反应生成多量生成物(P),当酶是被测量时,一个 E 对应许多 P,测量 P 对 E 即为化学放大)。这种方法有很高灵敏度,能够实现超微量测量。根据这种原理制成的传感器称为酶免疫传感器。例如目前正在研究的诊断癌症用的传感器将甲胎蛋白(AFP)作为癌诊断指标,它将 AFP 的抗体固定在膜上组成酶免疫传感器,可检测 10^{-9}g AFP,这是一种非放射性超微量测量方法。

　　图 11-3-7 所示为梅毒抗体传感器的结构,它由 3 个容器组成。容器 1 为基准容器,容器 2 为测试容器,容器 3 为抗原容器。梅毒抗体传感器使用脂质抗原固定化膜,将乙酰纤维素和抗原溶于二氯乙烷与乙醇混合溶液中,然后将其摊在玻璃板上,形成厚度为 10 μm 的膜。将抗原在膜中进行包裹固定化,干燥后将膜剥离,通过支持物将其固定在容器内。参考膜(不含有抗原的纯乙酰纤维素膜)与抗原膜由容器 1 和容器 3 分开。将血清注入容器 2 中,抗原膜作为带电膜而工作,如果血清中存在抗体,则抗体被吸附于抗原表面形成复合体。因抗体带正电荷,所以膜的负电荷减少,引起膜电位变化,最后通过测定两个电极间的电位差,可判断血清中是否存在梅毒抗体。

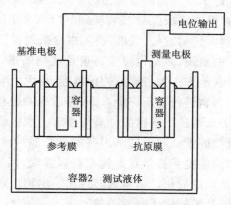

图 11-3-7　梅毒抗体传感器的结构

（3）生物芯片

　　生物芯片(biochip)是 20 世纪 90 年代初发展起来的一种全新的微量分析技术,其最大特点是高通量并行分析。生物芯片综合了分子生物技术、微加工技术以及免疫学、化学、物理、计算机等多学科的技术,使生命科学研究中不连续的、离散的分析过程集成在芯片上完成。在一块大小不等的玻璃片、硅片、塑料片、尼龙膜、凝胶等载体材料上,生物芯片以大规模阵列的形式排布不同的生物分子(寡核苷酸、cDNA、基因组 DNA、多肽、抗原、抗体等),形成可与目的靶分子互相作用、并行反应的固相表面。将芯片与以荧光等标记的靶分子进行化学反应(如杂交、免疫反应等),经过激光扫描后,不同反应强度的标记荧光将呈现不同的荧光发射光谱征,用激光共聚焦显微扫描仪或 CCD(charge couple device)相机收集信号后,经计算机分析数据结果,从而获得相关的生物信息。

按照生物芯片的结构特点可将其分为以下两类。一类是由生物材料微阵列构成的芯片,包括 DNA 芯片、蛋白质芯片和组织芯片。由于其工作原理是基于生物分子之间的亲和结合作用,如抗原和抗体的结合、核酸分子的碱基对配对作用,因此统称亲和生物芯片。这一部分芯片占生物芯片的大部分。另一类是以各种微结构为基础的微流控芯片,利用它可以实现对各种生化组分的微流控操作,代表芯片有毛细管电泳芯片、PCR 反应芯片、介电电泳芯片等。

根据是否能够对生物芯片上的分子与细胞进行操纵、对反应进行控制等可将其分为主动式和被动式两种:主动式通过在基质材料表面加工出各种功能单元,通电时,在芯片上产生各种场和力,从而达到精确操纵分子与细胞及控制反应的目的;被动式指基质表面无任何功能单元,所有反应均通过随机扩散的方式进行。

根据生物化学反应过程(样品制备、生物化学反应、结果检测和分析)分类,可将其分为样品制备型生物芯片、微反应型生物芯片和检测型生物芯片几种。

显然,生物芯片技术的开发与运用,将在生物学和医学基础研究、农业、疾病诊断、新药开发、食品、环保等领域中发挥重要作用,具有广阔的经济、社会及科研前景。

①生物芯片可以进行基因表达检测、新基因寻找、DNA 测序、突变体和多态性的检测等,为研究不同层次多基因协同作用提供手段,将在研究人类重大疾病的相关基因及作用机理等方面发挥巨大的作用。人类许多常见病(如肿瘤、心血管病、神经系统退化性疾病、自身免疫性疾病及代谢性疾病等)均与基因有密切的关系。

②生物芯片可以为现代医学发展提供强有力的手段,帮助医生及患者从"系统、血管、组织和细胞层次"(通常称之为"第二阶段医学")转变到从"DNA、RNA、蛋白质及其相互作用层次"(第三阶段医学)上了解疾病的发生、发展过程,以便采取预防及治疗措施。

③生物芯片在药物靶标的发现、多靶位同步高通量药物筛选、药物作用的分子机理、药物活性及毒性评价方面均有其他方法无可比拟的优越性,可大大节省新药开发经费,并且可对由于不良反应而被放弃的药物进行重新评价,选取可适用的患者群,实现个性化治疗。

④DNA 芯片技术可用于水稻抗病基因的分离与鉴定。水稻是我国的主要粮食作物,病害是提高水稻产量的主要限制因素。利用转基因技术进行品种改良,是目前最经济有效的防治措施。而应用这一技术的前提是必须获得优良基因克隆,但目前具有专一抗性的抗病基因数量有限,限制了这一技术的应用。而基因芯片用于水稻抗病相关基因的分离及分析,可方便地获取抗病基因,为该技术提供了有效手段。

第 12 章　智能传感技术

12.1　智能传感器概述

　　智能传感器(intelligent sensor 或 smart sensor)的概念最初由美国宇航局在开发宇宙飞船的过程中提出并形成的,1978 年研发出产品。为保证整个太空飞行过程的安全,要求传感器精度高、响应快、稳定性好,同时具有一定的数据存储和处理能力,能够实现自诊断、自校准、自补偿及远程通信等功能,而传统传感器在功能、性能和工作容量方面显然不能满足这样的要求,于是智能传感器便应运而生。

　　智能传感器具有以下特点。

　　①精度高。由于智能传感器采用自动调零、自动补偿、自动校准等多项新技术,因此其测量精度及分辨力得到大幅提高。

　　②多功能,能进行多参数、多功能测量。例如,瑞士盛思锐(Sensirion)公司研制的SHT11/15 型高精度、自校准、多功能智能传感器,能同时测量相对湿度、温度和露点等参数,兼有数字温度计、湿度计和露点计三种仪表的功能,可广泛用于工农业生产、环境监测、医疗仪器、通风及空调设备等领域。

　　③自适应能力强。美国美高森美(Microsemi)公司相继推出能实现人眼仿真的集成化可见光亮度传感器,可代替人眼感受环境的亮度变化,自动控制 LCD 显示器背光源的亮度,以充分满足用户在不同时间、不同环境中对显示器亮度的需要。

　　④具有高可靠性与高稳定性。

　　⑤超小型化、微型化、微功耗。

　　结构上,智能传感器系统将传感器、信号调理电路、微控制器及数字信号接口结合为一整体,如图 12-1-1 所示。传感元件将被测非电量信号转换成为电信号,信号调理电路对传感器输出的电信号进行调理并转换为数字信号后送入微控制器,由微控制器处理后的测量结果经数字信号接口输出。智能传感器系统不仅有硬件作为实现测量的基础,还有强大的软件保证测量结果的正确性和高精度。以数字信号形式作为输出易于和计算机测控系统接口,并具有很好的传输特性和很强的抗干扰能力。

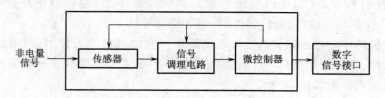

图 12-1-1　智能传感器系统结构

12.2　智能传感器的分类

智能传感器可从集成化程度、信号处理硬件、应用领域等方面分类,如图 12-2-1 所示。

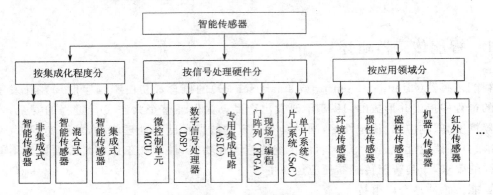

图 12-2-1　智能传感器的分类

智能传感器根据集成化程度可以分为非集成式、混合式和集成式三种形式。

①非集成式智能传感器是将传统传感器、预处理电路、模数(A/D)转换、带数字总线接口的微处理器结合为一体的智能传感器系统,实际上是在传统传感器系统上增加了微处理器的连接。非集成式智能传感器的原理框图如图 12-2-2 所示。

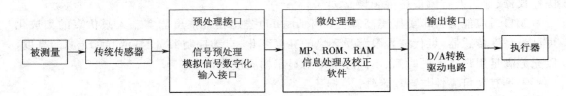

图 12-2-2　非集成式智能传感器的原理框图

②混合式智能传感器是将传感器的敏感单元、信号调整电路、微处理器单元、数字总线接口等以不同的结合方式集成在 2～3 块芯片上,并将其封装于一个外壳内。其原理框图如图 12-2-3 所示。

混合集成的模块包括集成化敏感单元(包括敏感元件及变换器)、集成化信号调理电路(包括多路开关、仪用放大器、电源基准、模数转换器等)、智能信号调理电路(带有校正电路和补偿电路,自动校零、自动进行温度补偿)、微处理器单元(包括数字存储器(EPROM、ROM、RAM)、数字 I/O 接口、数模转换器、微处理器等)。

③集成式智能传感器采用大规模集成电路技术和微机械加工技术,利用硅作为基本材料制作敏感元件、预处理和 A/D 电路、微处理器单元等,并把其集成在一块芯片上。集成式智能传感器的原理框图如图 12-2-4 所示。

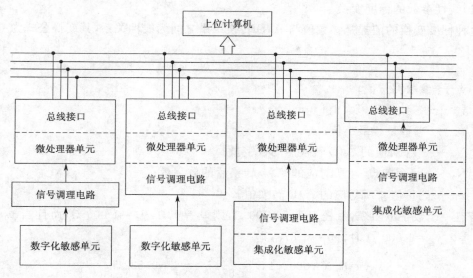

图 12-2-3　混合式智能传感器的原理框图

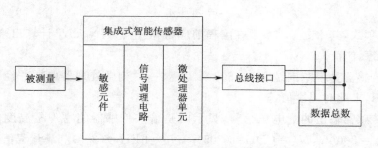

图 12-2-4　集成式智能传感器的原理框图

12.3　数据处理及软件的实现

实现传感器智能化功能以及建立智能传感器系统,是传感器克服自身不足,获得高稳定性、高可靠性、高精度、高分辨力与高自适能力的必然趋势。不论非集成化实现方式还是集成化实现方式,或是混合实现方式,传感器与微处理器/微计算机结合所实现的智能传感器系统,均是在最少硬件条件基础上以强大的软件优势"赋予"传感器智能化功能的。这里仅介绍实现部分基本的智能化功能常采用的智能化技术。

12.3.1　标度变换技术

不同传感器有不同的量纲和数值,被测信号转换成数据量后往往要转换成人们熟悉的工程量,这是因为被测对象各种数据的量纲同 A/D 转换的输入值不同。例如,压力单位为 Pa、温度单位为 K、流量单位为 m^3/h 等等,这些参数经过传感器和 A/D 转换器后得到一系列数值,这些数值仅仅与输入的参数值相对应,因此必须将其转换成带有量纲的数值后才能运算、显示或打印输出,这种转换即为标度变换。

(1)线性参数的标度变换

这种标度变换的前提是参数值与 A/D 转换结果之间为线性关系,其变换公式为

$$y = y_0 + (y_m - y_0)\frac{x - N_0}{N_m - N_0} \qquad (12\text{-}3\text{-}1)$$

式中　y——参数测量值;

y_m——参数量程最大值;

y_0——参数量程最小值;

N_m——y_m 对应的 A/D 转换后的数字量;

N_0——量程起点 y_0 所对应的 A/D 转换后的数字量;

x——测量值 y 所对应的 A/D 转换值。

若有一个数字电阻表,量程为 1～1 000 Ω,则 $y_0 = 1$ Ω,$y_m = 1\,000$ Ω,而且当 $y_0 = 1$ Ω 时,$N_0 = 0$,$y_m = 1\,000$ Ω 时,$N_m = 1\,876$,则

$$y = 1 + (1\,000 - 1) \times \frac{x - 0}{1\,876 - 0} = 1 + 0.532\,5x$$

一般情况下,在编写程序时,y_m、y_0、N_m、N_0 均为已知值,因此可以把式(12-3-1)写成

$$y = a_0 + a_1 x \qquad (12\text{-}3\text{-}2)$$

上式为一次多项式,其中 a_0、a_1 系数在编程前应根据 y_m、y_0、N_m、N_0 计算出来,然后按上述多项式编写程序计算 y。

例:温度传感器量程范围是 200～800 ℃,在某一时刻微处理器取样并经数字滤波后的数字量为 CDH,求此时温度值。

解:温度传感器输出的为电压信号,显示的是输入传感器的物理量温度值的大小。设 $y_0 = 200$ ℃,$y_m = 800$ ℃,$N_{20} = \text{CDH} = (205)_D$,$N_m = \text{FFH} = (255)_D$(满量程值),此时温度为

$$y_x = \frac{N_{20}}{N_m}(y_m - y_0) + y_0$$

$$= \frac{205}{255} \times (800 - 200) + 200 = 682(℃)$$

(2)非线性参数的标度变换

例如,在流量测量中,流量(Q)与压差(Δp)的平方根成正比,即

$$Q = K\sqrt{\Delta p} \qquad (12\text{-}3\text{-}3)$$

式中　K——流量系数。

由(12-3-3)式的关系可得到测量流量时的标度变换关系

$$y = y_0 + (y_m - y_0)\sqrt{\frac{x - N_0}{N_m - N_0}} \qquad (12\text{-}3\text{-}4)$$

式中各参数的意义与(12-3-1)式的相同。在编写程序时,这个公式可以像前面一样变换成如下形式:

$$y = a_0 + a_2\sqrt{x - a_1} \qquad (12\text{-}3\text{-}5)$$

上式中,a_0、a_1、a_2 均由 y_m、y_0、N_m、N_0 按式(12-3-4)计算得出。

(3)多项式变换

在实际应用中,许多传感器输出的数据与实际各参数之间不仅是非线性关系,而且无法

用一个简单公式表达，或难以直接计算，这时可采用多项插值法进行标度变换。

在进行非线性标度变换时，应先决定多项式的次数 N，然后选取 $N+1$ 个测量点数据，将测出的这些实际参数值 y_i 与传感器输出经 A/D 转换后的数值 $x_i(i=0\sim N)$ 代入多项式

$$y_i = A_0 + A_1 x + A_2 x^2 + \cdots + A_i x^i \tag{12-3-6}$$

应用多项式计算子程序完成实际标度变换。

12.3.2　非线性校正

实际应用中的传感器绝大部分是非线性的，即传感器的输出信号与被测物理量之间的关系呈非线性。造成非线性的原因主要有两方面。

①许多传感器的转换原理是非线性的。例如在温度测量中，热电阻及热电偶与温度的关系就是非线性的。

②采用的转换电路是非线性的。例如，测量热电阻所用的四臂电桥，当电阻的变化使电桥失去平衡时，将使输出电压与电阻之间的关系为非线性。

如果将与被测量 x 呈非线性关系的传感器输出信号 y 直接用于驱动模拟表头（如图 12-3-1 中虚线所示连接方法），将造成表头显示刻度与被测量 x 之间的非线性。这不仅不便于读数，而且使整个刻度范围内的灵敏度不一致。为此，常采用图 12-3-1 中实线连接方式，即将传感器的输出信号 y 通过校正电路后再与模拟表头相连。图中校正电路的功能是将传感器输出信号 y 变换成 z，使 z 与被测量之间呈线性关系，即 $z=\Phi(y)=k'x$。这样便可得到线性刻度方程。图中校正电路可以是模拟的，也可以是数字的，但它们均属硬件校正，因此其电路复杂，成本较高，并且有些校正难以实现。

图 12-3-1　传统仪器仪表中的硬件非线性校正原理

在以微处理器为基础构成的智能传感器中，可采用各种非线性校正算法（查表法、线性插值法、曲线拟合法等）从传感器数据采集系统输出的与被测量呈非线性关系的数字量中提取与之相对应的被测量，然后由 CPU 控制显示器接口以数字方式显示被测量，如图 12-3-2 所示。图 12-3-2 中所采用的各种非线性校正算法均由传感器中的微处理器通过执行相应的软件程序完成，这显然比采用硬件技术方便并且具有较高的精度和广泛的适应性。

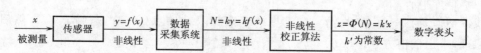

图 12-3-2　智能仪器的非线性校正原理

（1）查表法

如果某些参数计算过程非常复杂，特别是当计算公式涉及指数、对数、三角函数和微分、积分等运算时，编制程序相当麻烦，用计算法计算不仅程序冗长，而且费时，此时可采用查表法。

这种方法即是把测量范围内参量变化分成若干等分点，然后由小到大顺序计算或测量出这些等分点相对应的输出数值，将这些等分点和对应的输出数据组成一张表格，将这张表格存放在计算机的存储器。软件处理方法是在程序中编制一段查表程序，当被测参量经

采样等转换后,通过查表程序,可直接从表中查出其对应的输出量数值。

但在实际测量时,输入参量往往并不正好与表格中数据相等,一般介于表格中某两个数据之间,若不作插值计算,仍然把与其最相近的两个数据所对应的输出数值作为结果,必然产生较大的误差。所以查表法大都用于测量范围比较窄、对应输出量间距比较小的列表数据,例如测量室温用的数字温度计等。不过,此法也常用于测量范围大但对精度要求不高的情况。

查表法所获得数据的线性度除与 A/D(或 F/D)转换器的位数有关之外,还与表格数据多少有关。位数多和数据多则线性度好,但转换位数多则价格高,数据多则要占据相当大的存储容量。因此,工程上常采用插值法代替单纯的查表法,以减少标定点。对标定点之间的数据采用各种插值计算,可以减小误差,提高精度。

(2)插值法

图 12-3-3 是某传感器的输出—输入特性曲线,X 为被测参量,Y 为输出电量,为非线性关系,设 $Y=f(X)$。把图中输入 X 分成 n 个区间,每个区间的端点 X_k 对应一个输出 Y_k,把这些 X_k、Y_k 编制成表格存储起来。实际的测量值 X_i 会落在某个区间 (X_k, X_{k+1}) 内,即 $X_k < X_i < X_{k+1}$。插值法即用一段简单的曲线,近似代替这段区间里的实际曲线,然后通过近似曲线公式,计算出输出量 Y_i。使用不同的近似曲线,便形成不同的插值方法。传感器线性化中常用的插值方法有下列几种。

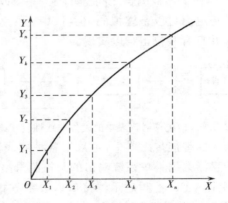

图 12-3-3　某传感器的输出—输入特性曲线

1)线性插值

线性插值是在一组点 (X_i, Y_i) 中选取两个有代表性的点 (X_0, Y_0)、(X_1, Y_1),然后根据插值原理,求出插值方程

$$P_1(X) = \frac{(X-X_1)}{(X_0-X_1)}Y_0 + \frac{(X-X_0)}{(X_1-X_0)}Y_1 = \alpha_1 X + \alpha_0 \tag{12-3-7}$$

式中的待定系数 α_1 和 α_0 分别为

$$\alpha_1 = \frac{Y_1-Y_0}{X_1-X_0}, \quad \alpha_0 = Y_0 - \alpha_1 X_0 \tag{12-3-8}$$

当 (X_0, Y_0)、(X_1, Y_1) 取在非线性特性曲线 $f(X)$ 或数组两端点 A、B(见图 12-3-4)时,线性插值即为最常用的直线方程校正法。

设 A、B 两点的数据分别为 $[a, f(a)]$、$[b, f(b)]$,则根据(12-3-8)式可以求出其校正方

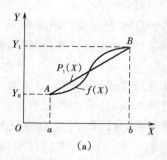
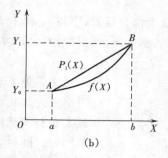

图 12-3-4　非线性特性曲线的直线方程校正

程 $P_1(X) = \alpha_1 X + \alpha_0$，式中 $P_1(X)$ 表示对 $f(X)$ 的近似值。当 $X \neq X_0$、X_1 时，$P_1(X)$ 与 $f(X)$ 有拟合误差 V_i，其绝对值

$$V_i = |P_1(X_i) - f(X_1)|, i = 1, 2, \cdots, n \qquad (12\text{-}3\text{-}9)$$

在全部 X 的取值区间 $[a, b]$ 中，若始终有 $V_i < \varepsilon$ 存在，ε 为允许的拟合误差，则直线方程 $P_1(X)$ 即为理想的校正方程。实时测量时，每采样一个值，便用该方程计算 $P_1(X)$，并把 $P_1(X)$ 当作被测值的校正值。

以镍铬—镍铝热电偶为例，说明这种方程的具体应用。

$0 \sim 490$ ℃的镍铬—镍铝热电偶分度表如表 12-3-1 所示。

表 12-3-1　镍铬—镍铝热电偶分度表

温度/℃	0	10	20	30	40	50	60	70	80	90
	热电势/mV									
0	0.00	0.40	0.80	1.20	1.61	2.02	2.44	2.85	3.27	3.68
100	4.10	4.51	4.92	5.33	5.73	6.14	6.54	6.94	7.34	7.74
200	8.14	8.54	8.94	9.34	9.75	10.15	10.56	10.97	11.38	11.80
300	12.21	12.62	13.04	13.46	13.87	14.29	14.71	15.13	15.55	15.97
400	16.40	16.82	17.24	17.67	18.09	18.51	18.94	19.36	19.79	20.21

现要求用直线方程进行非线性校正，允许误差小于 3 ℃。

取 $A(0,0)$ 和 $B(20.21, 490)$ 两点，按 (12-3-8) 式可求得 $\alpha_1 \approx 24.245$，$\alpha_0 = 0$，即 $P_1(X) = 24.245X$，即为直线校正方程。可以验证，在两端点，拟合误差为 0，而在 $X = 11.38$ mV 时，$P_1(X) = 275.91$ ℃，误差达到最大值 4.09 ℃。在 $240 \sim 360$ ℃范围内拟合误差均大于 3 ℃。

显然，对于非线性程度严重或测量范围较宽的非线性特性曲线，采用上述直线方程进行校正往往很难满足仪器的精度要求。这时可采用分段直线方程进行非线性校正。分段后的每一段非线性曲线用一个直线方程校正，即

$$P_{1i}(X) = \alpha_{1i}X + \alpha_{0i}, i = 1, 2, \cdots, N \qquad (12\text{-}3\text{-}10)$$

折线的节点有等距与非等距两种取法。

①等距节点分段直线校正法。等距节点的方法适用于非线性特性曲线的曲率变化不大的场合。每段曲线均用一个直线方程代替。分段数 N 取决于非线性程度和传感器的精度要求。非线性越严重或精度要求越高，则 N 越大。为了实时计算方便，常取 $N = 2^m$，$m = 0$，$1, \cdots$。(12-3-10) 式中的 α_{1i} 和 α_{0i} 可离线求得。采用等分法，每段折线的拟合误差 V_i 一般各不相同。拟合结果应保证

$$\max[V_{imax}]\leqslant\varepsilon,i=1,2,\cdots,N \tag{12-3-11}$$

V_{imax} 为第 i 段的最大拟合误差,求得 α_{1i} 和 α_{0i} 存入 ROM 中。实时测量时只要先用程序判断输入 X 位于折线的哪一段,然后取出该段对应的 α_{1i} 和 α_{0i} 进行计算,即可得到被测量的相应近似值。

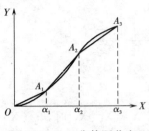

图 12-3-5　非等距节点
分段直线校正

②非等距节点分段直线校正法。对于曲率变化大和切线斜率大的非线性特性曲线,若采用等距节点法进行校正,欲使最大误差满足精度要求,分段数 N 会取得很大,而误差分配却不均匀。同时,N 增加使 α_{1i} 和 α_{0i} 的数目相应增加,占用内存容量较大,这时宜采用非等距节点分段直线校正法,即在线性较好的部分节点间距离取得大些,反之则取得小些,从而使误差达到均匀分布,如图 12-3-5 所示,用不等分的三段折线达到了校正精度。

$$P_1(X)=\begin{cases}\alpha_{11}X+\alpha_{01}, & 0\leqslant X<\alpha_1 \\ \alpha_{21}X+\alpha_{02}, & \alpha_1\leqslant X<\alpha_2 \\ \alpha_{31}X+\alpha_{03}, & \alpha_2\leqslant X\leqslant\alpha_3\end{cases} \tag{12-3-12}$$

下面仍以表 12-3-1 所列数据为例说明这种方法的具体应用。

在表 12-3-1 中所列出的数据中取三点 $(0,0)$、$(10.15,250)$ 和 $(20.21,490)$,现用经过这三点的两个直线方程近似代替整个表格,并可求得方程为

$$P_1(X)=\begin{cases}24.63X, & 0\leqslant X<10.15 \\ 23.86X+7.85, & 10.15\leqslant X\leqslant20.21\end{cases} \tag{12-3-13}$$

可以验证,用这两个插值方程对表 12-3-1 所列的数据进行非线性校正,每一点的误差均不大于 2 ℃。第一段的最大误差发生在 130 ℃处,误差值为 1.278 ℃;第二段最大误差发生在 340 ℃处,误差值为 1.212 ℃。

由于非线性特性曲线的不规则,在两个端点间取的第三点有可能不合理,导致误差不能均匀分布。尤其是当非线性严重,用一段或两段直线方程进行拟合而无法保证拟合精度时,往往需要通过增加分段数满足拟合要求。在这种情况下,应当合理确定分段数和分段节点。

2)抛物线插值

抛物线插值是在数据中选取三点 (X_0,Y_0)、(X_1,Y_1)、(X_2,Y_2),相应的插值方程为

$$P_2(X)=\frac{(X-X_1)(X-X_2)}{(X_0-X_1)(X_0-X_2)}Y_0+\frac{(X-X_0)(X-X_2)}{(X_1-X_0)(X_1-X_2)}Y_1+\frac{(X-X_0)(X-X_1)}{(X_2-X_0)(X_2-X_1)}Y_2 \tag{12-3-14}$$

其几何意义如图 12-3-6 所示。

现仍以表 12-3-1 所列数据为例,说明这种方法的具体应用。

节点选择 $(0,0)$、$(10.15,250)$ 和 $(20.21,490)$ 三点,根据 $(12-3-14)$ 式求得

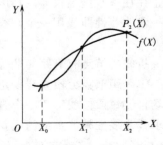

图 12-3-6　抛物线插值

$$P_2(X) = \frac{X(X-20.21)}{10.15 \times (10.15-20.21)} \times 250$$
$$+ \frac{X(X-10.15)}{20.21 \times (20.21-10.15)} \times 490 \qquad (12\text{-}3\text{-}15)$$
$$= -0.038X^2 + 25.03X$$

可以验证,用这一方程进行非线性校正,每一点误差均不大于 3 ℃,最大误差发生在 130 ℃处,误差值为 2.277 ℃。

多项式插值的关键是决定多项式的次数,需根据经验描点观察数据的分布。在决定多项式的次数 n 后,应选择 $n+1$ 个自变量 X 和函数 Y 值。由于一般给出的离散数组函数关系对的数目均大于 $n+1$,故应选择适当的插值节点(X_i, Y_i)。插值节点的选择与插值多项式的误差大小有较大关系,在同样的次数 n 条件下,选择合适的节点(X_i, Y_i)可减小误差。进行实际计算时,多项式的次数一般不宜选择得过高。对一些靠提高多项式次数难以提高拟合精度的非线性特性曲线,可采用分段插值的方法加以解决。

3)最小二乘法

运用 n 次多项式或 n 个直线方程(代数插值法)对非线性特性曲线进行逼近,可以保证在 $n+1$ 个节点上校正误差为零,即逼近曲线恰好经过这些节点。但是如果这些数据是实验数据,含有随机误差,则这些校正方程并不一定能反映实际函数关系。即使能够实现,往往会因为次数过高,使用起来不方便。因此,对于含有随机误差的实验数据的拟合,通常选用最小二乘法实现直线拟合和曲线拟合。

以表 12-3-1 所列数据为例,说明用最小二乘法建立校正模型的方法。

用该法求上述数据的线性拟合方程,仍取三个节点$(0,0)$、$(10.15,250)$和$(20.21,490)$。设两段直线方程分别为

$$\left. \begin{array}{l} Y_1 = a_{01} + K_1 X, 0 \leqslant X < 10.15 \\ Y_2 = a_{02} + K_2 X, 10.15 \leqslant X < 20.21 \end{array} \right\} \qquad (12\text{-}3\text{-}16)$$

根据第 2 章(2-1-9)式和(2-1-10)式可分别求出 a_{01}、K_1、a_{02}、K_2:

$$a_{01} = -0.122, \quad K_1 = 24.57$$
$$a_{02} = 9.05, \quad K_2 = 23.83$$

可以验证第一段直线最大绝对误差发生在 130 ℃处,误差值为 0.836 ℃。第二段直线最大绝对误差发生在 250 ℃处,误差值为 0.925 ℃。对比(12-3-13)式用两段折线校正的结果,采用最小二乘法所得的校正方程的绝对误差要小得多。

曲线拟合可以用其他函数(如指数函数、对数函数、三角函数等)拟合。另外,拟合曲线还可以用这些实验数据点作图,从各个数据点的图形分布形状分析,选配适当的函数关系或经验公式进行拟合。当函数类型确定之后,函数关系中的一些待定系数,仍采用最小二乘法确定。

12.3.3　自校零与自校准技术

假设一传感器系统经标定实验得到的静态输出(Y)与输入(X)特性如下:

$$Y = a_0 + a_1 X \qquad (12\text{-}3\text{-}17)$$

式中　a_0——零位值,即当输入 $X=0$ 时的输出值;

　　　a_1——灵敏度,又称传感器系统的转换增益。

对于一个理想的传感器系统，a_0 和 a_1 应为保持恒定不变的常量。但实际上，由于各种内在和外在因素的影响，a_0 和 a_1 不可能保持恒定不变。譬如，决定放大器增益的外接电阻的阻值会因温度变化而变化，因此引起放大器增益改变，从而使系统总增益改变，即系统总的灵敏度发生变化。设 $a_1 = K + \Delta a_1$，其中 K 为增益的恒定部分，Δa_1 为变化量；又设 $a_0 = A + \Delta a_0$，A 为零位值的恒定部分，Δa_0 为变化量，则

$$Y = (A + \Delta a_0) + (K + \Delta a_1) X \tag{12-3-18}$$

式中　Δa_0——零位漂移；

　　　Δa_1——灵敏度漂移。

由 (12-3-18) 式可见，由零位漂移将引入零位误差，灵敏度漂移会引入测量误差 $(\Delta a_1 X)$。

图 12-3-7 所示的自校准功能实现的原理框图，能够实时自校准包含传感器在内的整个传感器测量系统，标准发生器产生的标准值 X_R、零点标准值 X_0 与传感器输入的目标参数 X 的属性相同。如输入压力传感器的目标参量是压力 $p = X$，则由标准压力发生器产生的标准压力 $p_R = X_R$，若传感器测量的是相对大气压 p_g 的压差（表压力），那么零点标准值即通大气压 $p_a = X_0$，多路转换器则是非电型的可传输流体介质的气动多路开关。同样，微处理器在每一特定的周期内发出指令，控制多路转换器执行校零、标定、测量三步测量法，可得传感器系统的灵敏度为

$$a_1 = K + \Delta a_1 = \frac{Y_R - Y_0}{X_R} \tag{12-3-19}$$

被测目标参量为

$$X = \frac{Y_X - Y_0}{a_1} = \frac{Y_X - Y_0}{Y_R - Y_0} X_R \tag{12-3-20}$$

式中　Y_X——被测目标参量 X 为输入量时的输出值；

　　　Y_R——标准值 X_R 为输入量时的输出值；

　　　Y_0——零点标准值 X_0 为输入量时的输出值。

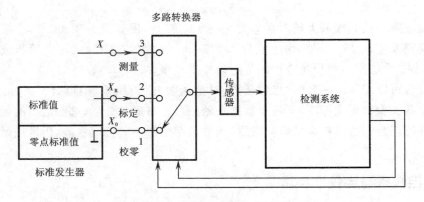

图 12-3-7　检测系统自校准原理框图

整个传感器系统的精度由标准发生器产生的标准值的精度决定。只要被校系统的各环节，如传感器、放大器、A/D 转换器等，在三步测量所需时间内保持短暂稳定，在三步测量所需时间间隔之前和之后产生的零点漂移、灵敏度时间漂移、温度漂移等均不会引入测量误

差。这种实时在线自校准功能,可以采用低精度的传感器、放大器、A/D 转换器等环节,达到高精度的测量结果。

12.3.4　噪声抑制技术

传感器获取的信号中常常夹杂着噪声及各种干扰信号。智能传感器系统不仅具有获取信息的功能,而且具有信息处理功能,以便从噪声中自动准确地提取表征被测对象特征的定量有用信息。如果信号的频谱和噪声的频谱不重合,则可用滤波器消除噪声;当信号和噪声频带重合或噪声的幅值比信号大时需要采用其他的噪声抑制方法,如相关技术、平均技术等消除噪声。

当信号和噪声频谱不重合时,采用滤波器可以使信号的频率成分通过,阻止信号频率分量以外的噪声频率分量。滤波器可分为由硬件实现的连续时间系统的模拟滤波器和由软件实现的离散时间系统的数字滤波器。比较起来,后者实时性较差,但稳定性和重复性好,调整方便灵活,可在模拟滤波器不能实现的频带下进行滤波,故得到越来越广泛的应用。

常用的数字滤波算法有程序判断法(限幅滤波法)、中位值滤波法、算术平均滤波法、递推平均滤波法、加权递推平均滤波法、一阶惯性滤波法和复合滤波法等。

(1)程序判断法(限幅滤波法)

由于测控系统存在随机脉冲干扰,或由于传感器不可靠而将尖脉冲干扰引入输入端,测量信号严重失真。对于这种随机干扰,限幅滤波法是一种十分有效的方法。其基本方法是比较相邻(n 和 $n-1$ 时刻)的两个采样值 Y_n 和 $\overline{Y}_{n-1}$,如果它们的差值过大,超过了参数可能的最大变化范围,则认为发生了随机干扰,可视后一次采样值 Y_n 为非法值,应予剔除。Y_n 作废后,可以用 $\overline{Y}_{n-1}$ 代替 Y_n;或采用递推方法,由 $\overline{Y}_{n-1}$、$\overline{Y}_{n-2}$($n-1$ 和 $n-2$ 时刻的滤波值)近似递推,其相应算法为

$$\Delta Y_n = |Y_n - \overline{Y}_{n-1}| \begin{cases} \leqslant \alpha, & \overline{Y}_n = Y_n \\ > \alpha, & \overline{Y}_n = \overline{Y}_{n-1} \text{ 或 } \overline{Y}_n = 2\overline{Y}_{n-1} - \overline{Y}_{n-2} \end{cases} \tag{12-3-21}$$

(12-3-21)式中,α 表示两个采样值之差的最大可能变化范围。上述限幅滤波法很容易用程序判断的方法实现,故又称程序判断法。

(2)中位值滤波法

中位值滤波法是对某一点连续采样三次,以其中间值作为本次采样时刻的测量值,其算法为:若 $Y_1 \leqslant Y_2 \leqslant Y_3$ 则取 Y_2。

中位值滤波法能有效地滤除脉冲干扰。如果被测模拟量的变化并不十分快,而又没有干扰时,则连续三次采样值显然十分接近。如果在三次采样中有任一次受到干扰,则中位值滤波法会将干扰剔除。如果在三次采样中有任二次受到干扰,且干扰的方向相反,则中位值滤波法同样可以将此干扰剔除。唯有产生二次或三次同向干扰时,中位值滤波法失效。缓慢变化的过程变量,中位值滤波法能产生良好的滤除随机干扰的效果,但它不适用于快速变化的过程变量。

(3)算术平均滤波法

算术平均滤波法就是连续取 n 个采样值进行算术平均,其数学表达式为

$$\overline{Y} = \frac{1}{N} \sum_{i=1}^{N} Y_i \tag{12-3-22}$$

算术平均滤波法适用于对一般具有随机干扰的信号进行滤波。这种信号的特点是有一个平均值,信号在某一数值范围上下波动,在这种情况下取一个采样值作为依据显然是不准确的。算术平均滤波法对信号的平滑程度取决于 N。当 N 较大时,平滑度高,但灵敏度低;当 N 较小时,平滑度低,但灵敏度高。应视具体情况选取 N,以便既少占用计算时间,又达到最好的效果。

(4)递推平均滤波法

对于算术平均滤波法,每计算一次数据,需测量 N 次。对于测量速度慢或要求数据计算速度较快的实时系统,该方法是无法实现的。

递推平均滤波法把 N 个测量数据看成一个队列,队列的长度固定为 N,每进行一次新的测量,把测量结果放到队尾,而扔掉原来队首的一次数据,这样在队列中始终有 N 个最新的数据。计算滤波值时,只要把队列中的 N 个数据进行算术平均,可得到新的滤波值。这样每进行一次测量,可计算得到一个新的平均滤波值。这种滤波算法称为递推平均滤波法,其数学表达式为

$$\overline{Y}_n = \frac{1}{N} \sum_{i=0}^{N-1} Y_{n-i} \tag{12-3-23}$$

式中　$\overline{Y}_n$——第 n 次采样值经滤波后的输出值;

　　　Y_{n-i}——未经滤波的第 $n-i$ 次采样值;

　　　N——递推平均项数。

这里第 n 次采样的 N 项递推平均值是 $n, n-1, \cdots, n-N+1$ 次采样值的算术平均,与算术平均值法相似。

递推平均滤波算法对周期性干扰有良好的抑制效果,平滑度高,灵敏度低,但对偶然出现的脉冲性干扰的抑制效果差,因此它不适用于脉冲干扰比较严重的场合,而适用于高频振荡的系统。

(5)一阶惯性滤波法

在模拟量输入通道等硬件电路中,常用一阶惯性 RC 模拟滤波器抑制干扰。当以这种模拟方法实现对低频干扰滤波时,首先遇到的问题是要求滤波器有大的时间常数和高精度的 RC 网络。时间常数 T_f 越大,要求 R 值越大,其漏电流也随之增大,从而使 RC 网络的误差增大,影响了滤波效果。而一阶惯性滤波算法是一种以数字形式通过算法实现动态的 RC 滤波方法,能很好地克服上述模拟滤波器的缺点,在滤波常数要求大的场合,此法更为实用。

一阶惯性滤波算法为

$$\overline{Y}_n = (1-\alpha) Y_n + \alpha \overline{Y}_{n-1} \tag{12-3-24}$$

式中　Y_n——未经滤波的第 n 次采样值;

　　　α——实验确定,只要使被测信号不产生明显的波纹即可。

$$\alpha = \frac{T_f}{T + T_f}$$

式中　T_f,T——滤波时间常数和采样周期。

(6)复合滤波法

在实际应用中智能传感器所面临的随机扰动往往不是单一的,有时既要消除脉冲扰动,又要求数据平滑。因此常常将前面介绍的两种以上的方法结合使用,形成复合滤波,例如防脉冲扰动平均值滤波算法。这种算法的特点是先用中位值滤波算法滤掉采样值中的脉冲性干扰,然后把剩余的各采样值进行递推平均滤波。

如果 $Y_1 \leqslant Y_2 \leqslant \cdots \leqslant Y_n$,其中 $3 \leqslant n \leqslant 14$($Y_1$ 和 Y_n 分别是所有采样值中的最小值和最大值),则

$$\overline{Y}_n = (Y_2 + Y_3 + \cdots + Y_{n-1})/(n-2) \tag{12-3-25}$$

由于这种滤波方法兼容了递推平均滤波算法和中位值滤波算法的优点,所以无论是对缓慢变化的过程变量,还是对快速变化的过程变量,均能产生较好的滤波效果,从而提高控制质量。

(7)相关技术

当信号和噪声频带重叠或噪声幅值比信号大时,相关技术是将信号从噪声中提取出来的有力工具。

相关函数是描述随机过程中的两个不同时间相关性的一个重要统计量。

假设两个函数:

$$\begin{cases} X_1(t) = S_1(t) + n_1(t) \\ X_2(t) = S_2(t) + n_2(t) \end{cases} \tag{12-3-26}$$

式中　$S_1(t)$——待测信号;

　　　$n_1(t)$——与 $S_1(t)$ 混在一起的噪声;

　　　$S_2(t)$——与 $S_1(t)$ 有一定关系的已知信号;

　　　$n_2(t)$——与 $S_2(t)$ 混在一起的噪声。

那么 $X_1(t)$ 和 $X_2(t)$ 两个函数的相关函数为

$$R_{12}(\tau) = \lim_{T \to \infty} \frac{1}{T} \int_0^T X_1(t) X_2(t-\tau) dt \tag{12-3-27}$$

将(12-3-26)式代入(12-3-27)式中得

$$R_{12}(\tau) = \lim_{T \to \infty} \frac{1}{T} \int_0^T [S_1(t) S_2(t-\tau) + n_1(t) n_2(t-\tau) + $$
$$S_1(t) n_2(t-\tau) + n_1(t) S_2(t-\tau)] dt \tag{12-3-28}$$
$$= R_{S_1 S_2}(\tau) + R_{n_1 n_2}(\tau) + R_{S_1 n_2}(\tau) + R_{n_1 S_2}(\tau)$$

式中　$R_{S_1 S_2}(\tau)$——$S_1(t)$ 与 $S_2(t-\tau)$ 的互相关函数;

　　　$R_{n_1 n_2}(\tau)$——噪声之间的互相关函数;

　　　$R_{S_1 n_2}(\tau)$、$R_{n_1 S_2}(\tau)$——信号与噪声之间的互相关函数。

在(12-3-28)式中,只有第一项 $S_1(t)$ 与 $S_2(t-\tau)$ 之间有一定关系,其余三项相乘的结果均为零。因为信号与噪声是相互独立的,噪声之间也是相互独立的,所以后三项乘积在 T 内积分平均值均为零。所以

$$R_{12}(\tau) = \lim_{T \to \infty} \frac{1}{T} \int_0^T S_1(t) S_2(t-\tau) dt = R_{S_1 S_2}(\tau) \tag{12-3-29}$$

以一个简单的例子说明：设 $S_1(t)$ 和 $S_2(t)$ 为两个同频率信号

$$\left.\begin{array}{l} S_1(t)=A_1\cos\omega t \\ S_2(t)=A_2\cos\omega t \end{array}\right\} \tag{12-3-30}$$

则

$$S_2(t-\tau)=A_2\cos\omega(t-\tau)=A_2\cos(\omega t-\varphi) \tag{12-3-31}$$

式中 $\varphi=\omega\tau$ 是 $S_1(t)$ 和 $S_2(t-\tau)$ 之间的相位差，将(12-3-30)式中 $S_1(t)$ 和(12-3-31)式代入(12-3-29)式得

$$R_{12}(\tau)=\frac{1}{\tau}A_1A_2\cos\varphi \tag{12-3-32}$$

可见 $R_{12}(\tau)$ 为一个直流量。这个结果说明，其输出大小与两信号振幅的乘积及两信号之间的相位差(即两信号间的延迟时间)的余弦有关。

12.3.5 自补偿、自检验及自诊断

智能传感器系统通过自补偿技术可以改善其动态特性，在不能进行实时自校准的情况下，可以采用补偿法消除因工作条件、环境参数发生变化引起的系统特性的漂移，如零点漂移、灵敏度漂移等。同时，智能传感器系统能够根据工作条件的变化，自动选择改换量程，定期进行自检验、自寻故障及自行诊断等，以保证系统可靠地工作。

(1)自补偿

温度是传感器系统最主要的干扰量。在传感器与微处理器/微计算机相结合的智能传感器系统中，可采用监测补偿法，通过对干扰量的监测由软件实现补偿。如压阻式传感器的零点及灵敏度温漂的补偿。

1)零位温漂的补偿

传感器的零点，即输入量为零时的输出量 U_0 随温度而漂移。传感器类型不同，其零位温漂特性也各异。只要该传感器的温漂特性(U_0-T)具有重复性即可补偿。若传感器的工作温度为 T_1，则应在传感器输出值 U 中减掉温度为 T_1 时的零位值 $U_0(T_1)$。关键是要事先测出 U_0-T 特性，存于内存中。大多数传感器的零位输出量 U_0 与温度的关系特性呈非线性，如图12-3-8所示。故由温度 T 求取该温度的零位值 $U_0(T)$，实际上是类似于非线性校正的线性化处理问题。

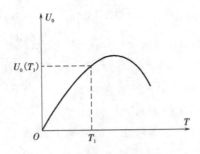

图 12-3-8　传感器的零位温漂

2)灵敏度温漂的补偿

对于压阻式压力传感器，当输入压力保持不变的情况下，其输出值 $U(T)$ 将随温度的升高而下降，如图 12-3-9 所示。图中温度 $T>T_1$，其输出值 $U(T)<U(T_1)$。如果 T_1 是传感

器校准标定时的工作温度,而实际工作温度却是 $T>T_1$,若仍按工作温度 T 时的输入(p)—输出(U)特性进行刻度转换求取被测输入量压力的数值是 p',而真正的被测输入量是 p,将会产生较大的测量误差,其原因是输入量 p 为常量时,传感器的工作温度 T 升高,$T>T_1$,传感器的输出值由 $U(T_1)$ 降至 $U(T)$,即工作点由 B 点降至 A 点,输出电压减少量为

$$\Delta U = U(T_1) - U(T)$$

故

$$U(T_1) = U(T) + \Delta U \tag{12-3-33}$$

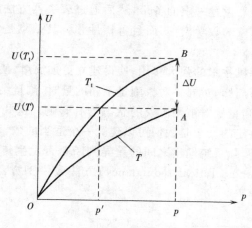

图 12-3-9　压阻式压力传感器的灵敏度温漂

由(12-3-33)式可见,当在工作温度 T 时测得的传感器输出量 $U(T)$,给 $U(T)$ 加一个补偿电压 ΔU 后,再按 $U(T_1)-p$ 非线性特性进行刻度变换求取输入量压力值即为 p。因而问题归结为如何在各种不同的工作温度 T,获得所需要的补偿电压 ΔU。

(2)自检验

自检验是智能传感器自动开始或人为触发开始执行的自我检验过程。可对系统出现的软硬件故障进行自动检测,并给出相应指示,从而大大提高系统的可靠性。

自检验通常有三种方式。

1)开机自检

每当电源接通或复位之后,需要进行一次开机自检,在以后的测控工作中不再进行。这种自检一般用于检查显示装置、ROM、RAM 和总线,有时也用于对插件进行检查。

2)周期性自检

若仅在开机时进行一次性的自检,而自检项目又不包括系统的所有关键部位,难以保证运行过程中智能传感器始终处于最优工作状态。因此,大部分智能传感器均在运行过程中周期性地插入自检操作,称作周期性自检。在这种自检中,若自检项目较多,一般给检查程序编号,并设置标志和建立自检程序指针表,以此寻找子程序入口。周期性自检完全是自动的,在测控的间歇期间进行,不干扰传感器的正常工作。除非检查到故障,周期性自检并不为操作者所觉察。

3)键控自检

键控自检是需要人工干预的检测手段。对那些不能在正常运行操作中进行的自检项目,可由操作人员干预,通过操作面板上的自检按键启动自检程序。例如,对智能传感器插

件板上接口电路工作正常与否的自检,往往通过附加一些辅助电路,并采用键控方式进行。该种自检方式简单方便,人们不难在测控过程中找到一个适当的机会执行自检操作,且不干扰系统的正常工作。

智能传感器内部的微处理器具有强大的逻辑判断能力和运行功能,通过技术人员灵活的编程,可以方便地实现各种自检项目。

(3)自诊断

早期的传感器故障诊断主要采用硬件冗余(hardware redundancy)的方法。硬件冗余方法是对容易失效的传感器设置一定的备份,然后通过表决器方法进行管理。硬件冗余方法的优点是不需要被测对象的数学模型,而且鲁棒性强。其缺点是设备复杂,体积大,质量重,而且成本较高。

计算机的普及和计算机技术的强大作用,使得建立更加简单、便宜且有效的传感器故障诊断体系成为可能。众所周知,对同一对象测量不同的量时,测量结果之间通常存在着一定的关联。也就是说,各个测量量对被测对象的状态均有影响。这些量是由系统的动态特性所表征的系统固有特性决定的。于是我们可以建立一个适当的数学模型表示系统的动态特性,通过比较模型输出同实际系统输出之间的差异判断是否发生传感器故障。这种方法称为解析冗余(functional or analytical redundancy)方法或模型方法。其原理如图 12-3-10 所示。

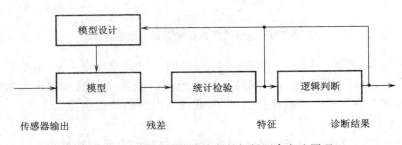

图 12-3-10　传感器故障诊断的解析冗余方法原理

解析冗余方法的大致步骤如下。

①模型设计。根据被控对象的特征、传感器的类型、故障类型以及系统的要求等,建立相应的被控对象的数学模型。

②设计与传感器故障相关的残差。在相同的控制量作用下,传感器输出信号和由模型所得值之差,称为残差。传感器无故障时,残差为零。当传感器有故障时,残差不再为零,即残差中包含了传感器故障信号。

③进行统计检验和逻辑分析。用统计检验和逻辑分析方法可以诊断某些类型的传感器故障。

12.4　微机电系统

12.4.1　微机电系统概述

微系统是指集成了微电子和微机械的系统以及将微光学、化学、生物等其他微元件集成在一起的系统(如集成微光机电生化系统)。它以微米尺度理论为基础,用批量化的微电子技术和三维加工技术制造,以完成信息获取、处理及执行的功能(信息系统),也称为微机电系统(micro-electro-mechanical systems,MEMS),见图 12-4-1,包括传感器阵列、执行器阵列、数据处理器、与外部的接口。

　　微系统的集成是一种结构的集成,即需集成电子电路、微传感器、微机械、微电动机、微阀、单片微系统等。不同的结构需要不同的工艺方法,由此决定了微系统的集成特点是半成品的再集成和三维集成。

　　微系统技术是微电子技术向非电子领域发展的必然结果,微结构技术为微系统技术的发展提供基础。

　　一个完整的微系统由传感器模块、执行器模块、信号处理模块、定位机构、支撑结构、工具等机械结构和外部环境接口模块等部分构成。

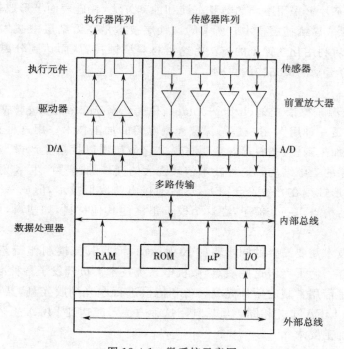

图 12-4-1　微系统示意图

12.4.2　微机电系统的关键技术

　　MEMS 的关键技术主要是微机电系统的加工技术、微传感器技术、微执行器和微机构技术及微机电系统的装配与封装技术等。

　　(1)微机电系统的加工技术

　　微机电系统的加工技术是微机电系统工艺的基础,微机电系统的加工技术主要分为硅体微加工技术、硅表面微加工技术和 LIGA 技术以及精密机械加工技术。

　　1)硅体微加工技术

　　硅体微加工技术以光刻、化学蚀刻为主要工艺手段,有选择地通过腐蚀(蚀刻)的办法在硅衬底上去除大量材料,从而形成梁、模片、沟和槽等结构。这种方法获得的微结构的尺寸较大,力学性能较好,但存在硅材料的浪费较大、与集成电路兼容性不好等缺点。

根据腐蚀剂的相态可以把硅体的微加工技术分为干式蚀刻技术和湿式蚀刻技术两类,即采用气态和等离子态的干法腐蚀工艺和采用液态腐蚀剂的湿法腐蚀工艺。

根据腐蚀的速率与硅单晶面的关系,硅的湿式蚀刻技术又可分为各向同性蚀刻和各向异性蚀刻。各向同性蚀刻在各晶面上的腐蚀速率相同,而各向异性蚀刻在各个晶面上腐蚀的速率不同。各向同性蚀刻多用湿式蚀刻,常用的腐蚀液为 HNA 系统,是一种由氢氟酸(HF)、硝酸(HNO_3)在水或醋酸(HOAc)中稀释的混合液体。各向异性蚀刻剂有无机碱性蚀刻剂(如 KOH)和有机酸性蚀刻剂(如 EPW 系统),还有联胺等。各种蚀刻剂的蚀刻现象类似,但对不同的晶体取向的蚀刻速率不同。

2)硅表面微加工技术

硅表面微加工技术与硅体微加工技术不同,这种工艺不必在硅衬底上蚀刻掉较大部分的硅材料,而是硅基片上采用不同的薄膜沉淀和蚀刻方法,在硅表面上形成较薄的结构。表面微加工技术需要依靠牺牲层技术。所谓的牺牲层技术是在微结层中嵌入一层材料,即所谓的牺牲材料,然后利用化学蚀刻的方法将这层材料腐蚀掉,从而达到分离结构和衬底,制作各种可变形或可运动的微结构的目的。

3)LIGA 技术

LIGA 一词来源于德语光刻(lithographie)、电铸(galvanoformung)、成形(abformung)三个单词的缩写,是一种用 X 射线进行深层光刻电铸的加工技术。用这种技术既可以加工金属材料,也可以加工陶瓷、塑料等非金属材料。它最初用以批量生产微型机械部件,目前主要用以加工高深的三维结构。这种技术依赖强大的同步加速器产生 X 射线,通过掩模的作用,把部件的图形蚀刻在光敏聚合物上,然后通过电铸成形技术,形成一个金属结构。常常是把这种金属结构当作一个模子,在这个模子里浇注其他材料,如塑料,可形成该材料的成品。

由于 LIGA 技术需要昂贵的同步辐射 X 射线源,而且其掩模制作工艺复杂,因此目前的应用还难以推广。为了克服这些缺点,微机电系统技术人员开发了各种准 LIGA 技术,其中具有代表性的是借用常规的紫外光刻设备和掩模进行厚光刻胶光刻,其流程只有光刻胶和掩模,与标准的 LICA 工艺相同。虽然利用这种方法不能达到 LIGA 工艺水平,但却能满足许多微电机的加工要求。

(2)微传感器技术

微机电系统技术起源于微型硅传感器的发展,微传感器已经成为微机电系统的三大组成部分之一。根据微传感器检测对象所属分类的不同,可将传感器分为物理量传感器、化学量传感器以及生物量传感器,而其中每一大类又包含许多小类,如物理量传感器包括力学的、光学的、热学的、声学的、磁学的等多种传感器;化学量传感器又分为气敏传感器和离子敏传感器;而生物传感器可分为酶传感器、免疫传感器、微生物传感器、细胞传感器、组织传感器和 DNA 传感器等。

目前,由于微电子技术的发展,很多微传感器已能大批量生产,而且部分微传感器,如力学传感器,已取得巨大的商业成功,形成了产业。由于微机电系统的发展需要,微传感器正在向集成化、智能化的方向发展。

(3)微执行器和微机构技术

微执行器和微机构技术是微机电系统研究的重要内容之一。微执行器是微机电系统中实现微操作的关键驱动部件,根据系统的控制信号完成各种微机械运动,如用微型泵抽取液体,微型机械手移动手术刀等。微执行器按照其工作原理主要可分为五类:电学执行器、磁学执行器、流体执行器、热执行器和化学执行器等。

微机构常常是用硅微加工得到的,微机构常用以作为传动或驱动件。常见的微机构有微型连杆机构、微型齿轮机构、微型平行四边形机构、微型梳状机构等。

微机构和微执行器的运动与宏观机械运动不同。当微机械系统的尺寸小到微米级以下时,许多在宏观机械系统中的物理现象将发生显著的变化,这称为微机电系统的尺度效应。因此,设计微机构和微执行器必须研究微观领域中的许多基础理论知识,如微观动力学知识、微液压系统的知识。

(4)微机电系统的装配与封装技术

微机电系统的装配(assembly)与封装(packaging)技术是微机电系统研究的一项重要内容。目前,已生产的微机电系统的设备价格非常高昂,主要原因是微机电系统的装配和封装的成本太高。特别是一些复杂的微系统,其装配和封装所需的费用往往远高于设备生产费用。

微机电系统的元件的装配必须定位非常精确,目前微机电系统的装配常用各种不同的技术达到自动校准和自动装配,如利用表面张力把两个微型板吸在一起形成所需的微机构。随着制造工艺的发展,微系统的装配引起了越来越多的关注和研究。如日本政府近年来正在投资一项微机械研究项目,发展桌面顶端微机械工厂(desk-top micromachines factory)。

微机电系统的封装可保护在恶劣环境中使用的设备,避免其受到机械损坏、化学侵蚀或电磁干扰等。

一般电子系统封装等级分为四级,如图 12-4-2 所示。等级 1 是芯片—模块等级,即将硅片上的集成电路封装成一个模块;等级 2 是卡级,模块被封装在功能卡片上以发挥不同的特殊作用;等级 3 涉及卡组装成板;等级 4 是将不同的插板组装成系统。

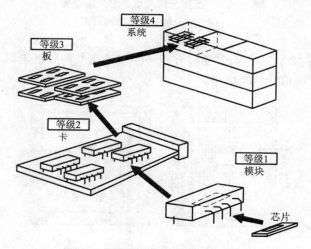

图 12-4-2　微电子封装的四个等级

同微电子系统封装等级不同,微系统封装可分成三级,即一级为芯片级,二级为器件级,三级为系统级。三级封装技术之间的关系如图 12-4-3 所示。图中所示的微系统封装的第一级类似于微电子系统封装的等级 1 和 2,微系统封装的另外两级则与微电子系统封装的等级 3 和 4 相似。

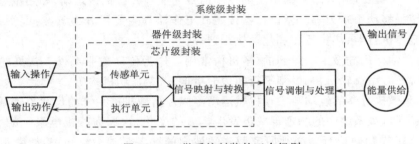

图 12-4-3　微系统封装的三个级别

1）芯片级封装

芯片级封装包括组装和保护微型装置中众多的细微元件,许多 MEMS 和微系统芯片级封装涉及电信号转换和传递的引线键合,如将压阻传感器嵌入压力传感器中并且用电路将其联系起来,如图 12-4-4 所示。

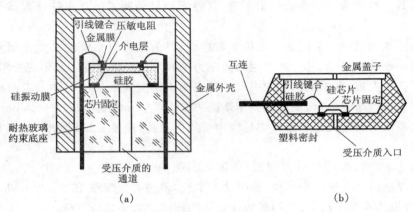

图 12-4-4　微压力传感器的芯片级封装
（a）用金属壳封装　（b）用塑料封装

2）器件级封装

器件级封装如图 12-4-5 所示,需要包含适当的信号调节和处理电路,大多数情况下,对于传感器应包含电桥和信号调节电路。

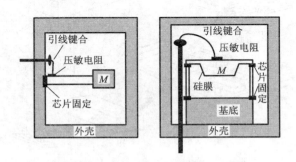

图 12-4-5　微加速度计的器件级封装

3）系统级封装

系统级封装主要是对芯片和核心元件以及主要的信号处理电路的封装。系统封装需要对电路进行电磁屏蔽和热隔离。金属外罩通常可以避免机械和电磁影响,能够对元器件和电路起到保护作用。

12.4.3　典型微机电传感器

(1)伺服式加速度微传感器

伺服式(也称为零位平衡式)加速度微传感器是采用反馈原理设计而成的。在这类加速度微传感器中,敏感加速度的质量块始终保持在非常接近零位移的位置,主要是通过能感受偏离零位的位移并产生一个与此位移成比例且总是阻止质量块偏离零位的力实现的。

如图 12-4-6 所示为伺服式硅电容加速度微传感器。图中加速度微传感器部分采用玻璃—硅—玻璃封装结构,如图 12-4-6(a)所示。作为电容器活动极板的惯性敏感质量块由两根悬臂硅梁支撑,并夹在两个固定玻璃极板之间,组成一差动平板电容器。当有加速度 a 作用时,活动极板将产生偏离零位(即中间位置)的位移,引起电容变化。检测电路(如开关—电容电路)检测变化量 ΔC 并放大输出,再由脉冲宽度调制器产生两个调制信号 U_E 和 $\bar{U}_E$,并反馈到电容器的活动和固定电极上,引起一个与偏离位移成正比且总是阻止活动极板偏离零位的静电力 $F(t)=\dfrac{1}{2}U(t)^2\dfrac{\partial C}{\partial x}$,便构成了脉宽调制的静电伺服系统,如图12-4-6(b)所示。

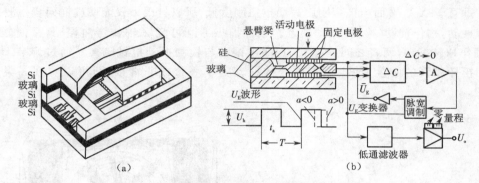

图 12-4-6　伺服式硅电容加速度微传感器
(a)硅电容加速度微传感器的结构　　(b)脉宽调制静电伺服系统

在此系统中,脉冲宽度正比于加速度 a。经过低通滤波器的脉冲宽度调制信号 U_E 正比于传感器输出电压 U_o,实现了通过脉冲宽度测量加速度 a 的目的。

(2)微机械陀螺

微机械陀螺又称为微机械振动陀螺。振动陀螺的工作原理是基于科氏效应,通过一定形式的装置产生并检测科氏加速度。科氏加速度是由法国科学家科里奥利(G. G. Coriolis)于 1835 年首先提出的出现在旋转坐标系中的表征加速度,其与旋转坐标系的旋转速度成正比,如图 12-4-7 所示。

在一个转动的盘子上从中心向边缘作直线运动的球,其在盘子上所形成的实际轨迹为一曲线。该曲线的曲率与转动速率相关,实际上,如果从盘子上面观察,则会看到球有明显的加速度,即科氏加速度。此加速度 $\boldsymbol{a}_c$ 由盘子的角速度矢量 $\boldsymbol{\Omega}$ 和球作直线运动的速度矢量 $\boldsymbol{v}$ 的矢积得出

$$\boldsymbol{a}_c = 2\boldsymbol{v} \times \boldsymbol{\Omega} \tag{12-4-1}$$

因此,尽管并无实际力施加于球上,但对于盘子上方的观察点而言,产生了明显的正比于转动角速度的力,这个力即为科氏力。若球的质量为 m,则科氏力的值可表示为

$$\boldsymbol{F}_c = 2m \cdot (\boldsymbol{v} \times \boldsymbol{\Omega}) \tag{12-4-2}$$

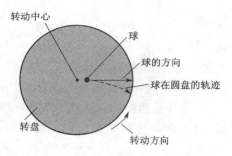

图 12-4-7　科氏效应示意图

图 12-4-8 是梳状谐振轮式陀螺结构示意图,在玻璃基底上制作检测电极、闭环反馈极及连接引线。基底中心处键合一固定支座为梳状轮旋转轴。梳状轮式谐振微结构是其核心部件,与其底间隙为 $1\sim2\ \mu m$。该微谐振器与十字片簧梁键合后支承在支座上的中心轮毂上,梳式轮外缘用两轴线与辅振动轴线重合的片簧扭杆与框架连线。在直流偏置和交流分量作用下,梳状谐振轮成为静电梳状驱动器,使梳状谐振轮绕 Z 轴、在 X-Y 平面内作弯曲振动,称作主振动模态。当梳状谐振轮被迫产生绕 X 轴的转动时,将产生科氏力。由于片簧扭杆在垂直于 X-Y 平面内抗弯刚度高而抗扭刚度低,所以科氏力仅能使硅框架绕检测 Y 轴作扭转振动,称作辅助(检测)振动模态。这样谐振器既可绕 Z 轴作弯曲振动,又使硅框架绕 Y 轴作扭转振动,两者之间是独立的,即主振动与检测振动机械隔离。通过调节十字片簧梁和扭杆片簧的刚度,使主振与辅振的振动频率一致或非常接近,可以实现高灵敏度检测。

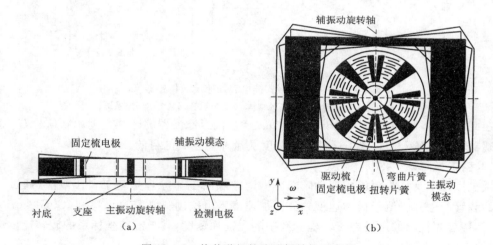

图 12-4-8　梳状谐振轮式陀螺结构示意图
(a)正视剖面　(b)俯视剖面

12.5　网络传感器

随着计算机技术和网络通信技术的飞速发展,传感器的通信方式从传统的现场模拟信号方式转为现场级全数字通信方式,即传感器现场级的数字化网络方式。基于现场总线、互联网等的传感器网络化技术及应用迅速发展起来,因而在总线控制系统(fieldbus control system,FCS)中得到了广泛应用,成为 FCS 中现场级数字化传感器。

12.5.1　网络传感器及其特点

网络传感器是指在现场级实现了 TCP/IP 协议（这里，TCP/IP 协议是一个相对广泛的概念，还包括 UDP、HTTP、SMTP、POP3 等协议）的传感器，这种传感器使得现场测控数据可就近登临网络，在网络所能及的范围内实时发布和共享。

具体地说，网络传感器就是采用标准的网络协议，同时采用模块化结构将传感器和网络技术有机地结合在一起的智能传感器。它是测控网中的一个独立节点，其敏感元件输出的模拟信号经 A/D 转换及数据处理后，可由网络处理装置根据程序的设定和网络协议封装成数据帧，并加上目的地址，通过网络接口传输到网络上。同时，网络处理器又能接收网络上其他节点传给自己的数据和命令，实现对本节点的操作。网络传感器的基本结构如图 12-5-1 所示。

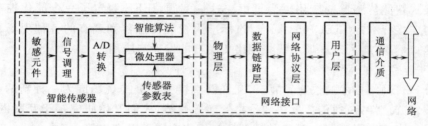

图 12-5-1　网络传感器的基本结构

网络化智能传感器是以嵌入式微处理器为核心，集成了传感单元、信号处理单元和网络接口单元的新一代传感器。与其他类型传感器相比，该传感器有如下特点。

①嵌入式技术和集成电路技术的引入，使传感器的功耗降低、体积缩小、抗干扰性和可靠性提高，更能满足工程应用的需要。

②处理器的引入使传感器成为硬件和软件的结合体，可根据输入信号值进行一定程度的判断和制定决策，实现自校正和自保护功能。非线性补偿、零点漂移和温度补偿等软件技术的应用，使传感器具有很高的线性度和测量精度。同时，大量信息由传感器进行处理，减少了现场设备与主控站之间的信息传输量，使系统的可靠性和实时性提高。

③网络接口技术的应用使传感器能方便地接入网络，为系统的扩充和维护提供了极大的方便。同时，传感器可就近接入网络，改变了传统传感器与特定测控设备间的点到点连接方式，从而显著减少了现场布线的复杂程度。

由此可以看出，网络化智能传感器使传感器由单一功能、单一检测向多功能和多点检测发展；从孤立元件向系统化、网络化发展；从就地测量向远距离实时在线测控发展。因此，网络化智能传感器代表了传感器技术的发展方向。

12.5.2　网络传感器的类型

网络传感器研究的关键技术是网络接口技术。网络传感器必须符合某种网络协议，使现场测控数据可直接进入网络。由于工业现场存在多种网络标准，因此发展起来多种网络传感器，具有各自不同的网络接口单元类型。目前，主要有基于现场总线的网络传感器和基于互联网（Internet）的网络传感器两大类。

（1）基于现场总线的网络传感器

现场总线是在现场仪表智能化和全数字控制系统的需求下产生的，连接智能现场设备和自动化系统的数字式、双向传输、多分支结构的通信网。其关键标志是支持全数字通信，其主要特点是高可靠性。它可以把所有的现场设备（仪表、传感器与执行器）与控制器通过一根线缆相连，形成现场设备级、车间级的数字化通信网络，可完成现场状态监测、控制、信息远传等功能。

现场总线技术由于具有明显的优越性，在国际上已成为热门的研究和开发对象。各大公司已开发出自己的现场总线产品，形成了各自的标准。目前，常见的标准有数十种，它们各具特色，在各自不同的领域中得到了应用。但由于多种现场总线标准并存，且互不兼容，不同厂家的智能传感器采用各自的总线标准，因此，目前智能传感器的控制系统之间的通信主要以模拟信号为主或在模拟信号上叠加数字信号，很大程度上降低了通信速度，严重影响了现场总线式智能传感器的应用。为了解决这一问题，IEEE 制定了一个简化控制网络和智能传感器连接标准的 IEEE1451 标准，该标准为智能传感器和现有的各种现场总线提供了通用的接口标准，有利于现场总线式网络传感器的发展与应用。

（2）基于互联网的网络传感器

随着计算机网络技术的快速发展，将互联网直接引入测控现场成为一种新的趋势。由于互联网技术开放性好、通信速度快和价格低廉等优势，人们开始研究基于互联网（即基于TCP/IP 协议）的网络传感器。该类传感器通过网络介质可以直接接入 Internet（互联网）或Intranet（内联网），还可以做到即插即用。在传感器中嵌入 TCP/IP 协议，可以使传感器成为 Internet/Intranet 上的一个节点。

12.5.3　网络传感器通用接口标准

构造一种通用智能化传感器的接口标准是解决传感器与各种网络相连的主要途径。从1994 年开始，美国国家标准技术局（National Institute of Standard Technology，NIST）和IEEE 联合组织了一系列专题讨论会，商讨智能传感器通用通信接口问题和相关标准的制定，即 IEEE1451 的智能变送器接口标准（Standard for a Smart Transducer Interface for Sensors and Actuators）。其主要目标是定义通用的通信接口，使变送器能够独立于网络与现有基于微处理器的系统，仪器仪表和现场总线网络相连，并最终实现变送器到网络的互换性与互操作性。现有的网络传感器配备了 IEEE1451 标准接口系统，也称为 IEEE1451 传感器。

符合 IEEE1451 标准的传感器和变送器能够真正实现现场设备的即插即用。该标准将智能变送器划分成两部分：一部分是智能变换器接口模块（smart transducer interface module，STIM）；另一部分是网络适配器（network capable application processor，NCAP），亦称网络应用处理器。两者之间通过一个标准的 10 线制传感器数字接口（transducer independence interface，TII）相连接，如图 12-5-2 所示。

表 12-5-1 为 IEEE1451 智能变送器接口标准协议族各成员的名称及描述。

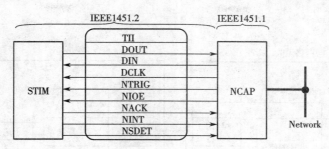

图 12-5-2 符合 IEEE1451 标准的智能变送器示意图

表 12-5-1 IEEE1451 智能变送器系列标准体系

代 号	名称与描述
IEEE1451.0	智能变送器接口标准
IEEE1451.1—1999	网络应用处理器（NCAP）信息模型
IEEE1451.2—1997	变送器与微处理器通信协议和 TEDS 格式
IEEE1451.3—2003	多点分布式系统数字通信与 TEDS 格式
IEEE1451.4—2004	混合模式通信协议与 TEDS 格式
IEEE1451.5	无线通信协议与 TEDS 格式
IEEE1451.6	CANopen 协议变送器网络接口
IEEE1451.7	带射频标签（RFID）的换能器和系统接口

IEEE1451.1 标准通过定义两个软件接口实现智能传感器或执行器与多种网络的连接，并可实现具有互换性的应用。图 12-5-3 为 IEEE1451.1 的实现。

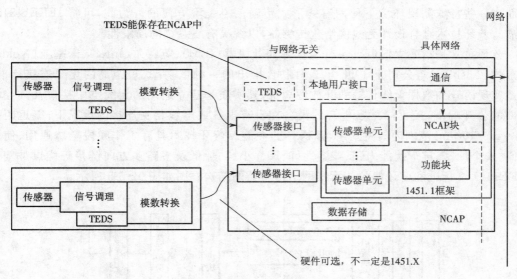

图 12-5-3 IEEE1451.1 的实现

IEEE1451.2 标准定义了电子数据表格式（TEDS）和一个 10 线变送器独立接口（TII）以及变送器与微处理器间通信协议，使变送器具有即插即用能力。图 12-5-4 为 IEEE1451.2 的实现。

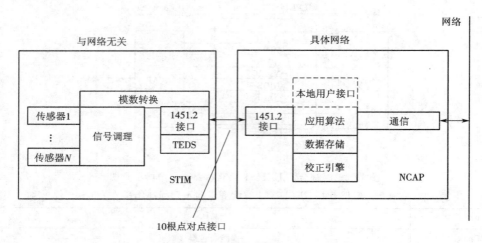

图 12-5-4　IEEE1451.2 的实现

STIM 模块：现场 STIM 模块构成了传感器的节点部分，主要包括传感器接口、功能模块、核心控制模块、电子数据表格以及数字接口五部分。STIM 模块主要完成现场数据的采集功能。

NCAP 模块：此模块用于从 STIM 模块中获取数据，并将数据转发至互联网等网络。由于 NCAP 模块不需要从现场采集数据，因此这个模块中只需要数字接口和网络通信部分即可。

12.5.4　网络传感器的发展形式

（1）从有线形式到无线形式

在大多数测控环境下，传感器采用有线形式，即通过双绞线、电缆、光缆等与网络连接。然而在一些特殊测控环境下使用有线形式传输信息是不方便的。为此，可将 IEEE1451.2 标准与蓝牙技术结合设计无线网络化传感器，以解决有线系统的局限性。

蓝牙技术是指爱立信（Ericsson）、国际商业机器（IBM）、英特尔（Intel）、诺基亚（Nokia）和东芝（Toshiba）等公司于 1998 年 5 月联合推出的一种低功率、短距离的无线连接标准。它是实现语音和数据无线传输的开放性规范，其实质是建立通用的无线空中接口及其控制软件的公开标准，使不同厂家生产的设备在没有电线或电缆相互连接的情况下，能近距离（10 cm～100 m）范围内具有互用、互操作的性能。蓝牙技术具有工作频段全球通用、使用方便、安全加密、抗干扰能力强、兼容性好、尺寸小、功耗低及多路多方向链接等优点。基于 IEEE1451.2 标准和蓝牙协议的无线网络传感器的结构框图如图 12-5-5 所示。

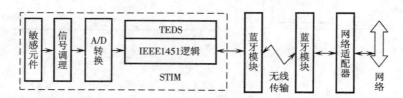

图 12-5-5　基于 IEEE1451.2 标准和蓝牙协议的无线网络传感器的结构框图

（2）从现场总线形式到互联网形式

现场总线控制系统可认为是一个局部测控网络,基于现场总线的智能传感器只实现了某种现场总线通信协议,还未实现真正意义上的网络通信协议。只有让智能传感器实现网络通信协议（IEEE802.3、TCP/IP 等协议）,使它能直接与计算机网络进行数据通信,才能实现在网络上任何节点对智能传感器的数据进行远程访问、信息实时发布与共享以及对智能传感器的在线编程与组态,这才是网络传感器的发展目标和价值所在。

图 12-5-6 是一种基于互联网 IEEE802.3 协议的网络传感器的结构框图。这种网络传感器仅实现了 OSI 七层模型的物理层和数据链路层功能及部分用户层功能,数据通信方式满足 CSMA/CD（即载波侦听多路存取冲突检测）协议,并可通过同轴电缆或双绞线直接与 10 M 互联网连接,从而实现现场数据直接进入互联网,现场数据实时在互联网上动态发布和共享。

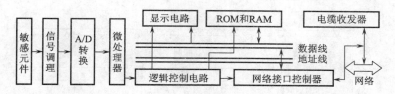

图 12-5-6　基于互联网 IEEE802.3 协议的网络传感器的结构框图

若能将 TCP/IP 协议直接嵌入网络传感器的 ROM 中,在现场级实现 Intranet/Internet 功能,则构成测控系统时可将现场传感器直接与网络通信线缆连接,使得现场传感器与普通计算机一样成为网络中的独立节点,如图 12-5-7 所示。此时,信息可跨越网络传输到所能及的任何领域,进行实时动态的在线测量与控制（包括远程）。只要有诸如电话线类的通信线缆存在的地方,即可将这种实现了 TCP/IP 协议功能的传感器就近接入网络,纳入测控系统,不仅节约大量现场布线,还可即插即用,给系统的扩充和维护提供极大的方便。这是网络传感器发展的最终目标。

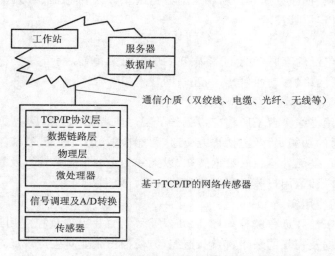

图 12-5-7　基于 TCP/IP 协议的网络传感器测控系统

269

12.6 物联网

信息技术的发展催生了一个新的概念——物联网。物联网已成为我国战略性新兴产业,在工业制造、交通运输、安全生产、城市管理、商业流通、工程控制、智能家居等方面获得广泛应用。

(1)物联网的基本构架

物联网的基本架构如图 12-6-1 所示,可分为三个层次,依次为感知层、网络层和应用层。

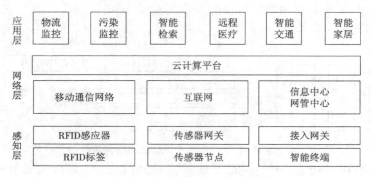

图 12-6-1　物联网基本架构

注:RFID(Radio Frequency Identification),射频识别技术,又称无线射频识别、电子标签,是一种非接触式的自动识别的通信技术,可通过无线电信号识别特定目标对象并读写相关数据。广泛应用于物流、仓储、供应链等领域。

1)感知层

用以感知、识别物体和采集数据,即采集物理世界中发生的物理事件和数据,包括各类物理量、标志、音频、视频数据等。物联网的数据采集涉及传感器、射频识别、多媒体信息采集、二维码和实时定位等技术。

2)网络层

可实现更加广泛的互联功能,可将感知到的信息无障碍、高可靠性、高安全性地进行传送,它需要传感器网络、移动通信技术、互联网技术相融合。

3)应用层

主要包含应用支撑平台子层和应用服务子层。前者用于支撑跨行业、跨系统之间的信息协调、共享互通的功能;后者包括智能交通、智能检索、远程医疗、智能家居等行业的应用。

物联网的特点是无处不在的数据感知、以无线为主的信息传输以及智能化的信息处理。物联网技术的推广和运用显著提高经济和社会运行效率。

(2)物联网的应用实例

物联网应用于油井远程监控如图 12-6-2 所示。油井远程监控应用通过提供油井现场的一体化生产数据及视频的采集、传输、监控,方便油田企业对生产现场进行实时监控,达到提高生产效率、节省成本的目的。

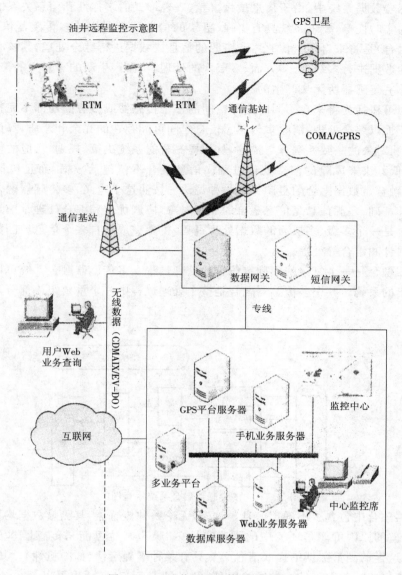

图 12-6-2　油井远程监控系统示意图

12.7　多传感器信息融合

在现代科学技术的各个领域及人们日常生活的方方面面,人们面对着大量的数据处理问题,即从所得到的实际数据中提取真正反映客观事物本质的信息,而数据产生和搜集不可能处在一个简单而又与其他无关事物分开的封闭环境中,因此这些数据常常不可避免地受到噪声干扰,不再是确定性的数据,这样单个传感器获得的信息显得不全面。近年来,在工程和科学领域越来越多地采用多传感器融合技术。充分利用多传感器的资源,将多个传感器在时间和空间上的互补或冗余,按照某种算法或准则进行综合,提高了判断和估计的精确性、可靠性及在对抗环境下的生存性,因而该技术在实践中得到广泛应用。

在多传感器数据系统中,由于信息量大,信息表现形式的多样性和信息关系的复杂性以及信息处理的实时性等,要求系统具有更强、更快的信息处理能力。多传感器信息融合(简称多传感器融合)是将来自多个传感器或多源的信息或数据进行综合处理,其核心是对来自多个传感器的数据进行多级别、多方面、多层次的处理,从而产生新的有意义的信息,这种新信息是任何单一传感器所无法产生的。

信息融合可概括为将来自不同时间与空间的多个传感器或多源的局部不完整观测量在一定的准则下加以综合处理,消除多传感器信息之间可能存在的冗余和矛盾,降低其不确定性,获得对被测对象的一致性解释与描述,从而提高智能系统决策、规划、反应的快速性和正确性,同时降低其决策风险的信息处理过程。信息融合不仅包括数据,而且包括信号和知识,因而信息融合是数据融合的更广义的一种说法。按照这个定义,多传感器融合系统是信息融合的硬件基础,多源信息是信息融合的加工对象,协调优化和综合处理是信息融合的核心。数据融合是一个多级、多层面的数据处理过程,主要完成来自多个信息源的数据之间的关联、相关、估计和组合等处理。

多传感器融合是一个复杂的不确定信息的处理过程。多传感器融合系统可以被理解为一个多入多出的系统。其中多传感器融合是整个处理过程中一个重要组成部分,如图 12-7-1 所示。

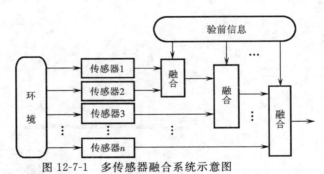

图 12-7-1　多传感器融合系统示意图

多传感器融合中包含了不确定信息。首先,无论哪种传感器,其测量数据均存在一定的误差,造成误差的原因可能是环境中的不确定性(如噪声),也可能是传感器本身存在的问题。因此,从这样的测量数据中提取信息必然具有某种不确定性(如随机性)。其次,验前信息是根据系统以往行为得到的一种经验信息,可以是人工产生的,也可以是系统产生的,它也具有不确定性(如模糊性)。另外,在处理过程中由于信息的损失也会产生新的不确定信息。多传感器融合的研究对象即是这些不确定信息,通过融合处理可以降低信息的不确定性,提高对环境特征描述的准确性。研究表明,经过融合处理得到的结果比单个传感器得到的结果更准确,同时信息的冗余还可以提高整个系统自身的鲁棒性。

12.7.1　多传感器融合中要解决的问题

在多传感器融合系统中,每个传感器得到的信息均为某个环境特征在该传感器空间中的描述。各传感器的物理特性以及空间位置的差异造成这些信息的描述空间各不相同,必须在融合前对这些信息进行适当处理,将这些信息映射到一个共同的参考描述空间中,得到环境特征在该空间中的一致描述。例如,在一个多传感器融合系统中,可以通过视觉传感器得到物体的位置信息,也可以通过超声波传感器得到物体的位置信息。由于坐标系不同,因此在融合前必须将它们转换到同一个参考坐标系中,然后进行融合处理。

融合处理的前提条件是从每个传感器得到的信息必须是对同一目标的同一时刻的描述:首先,要保证每个传感器得到的信息是对同一目标的描述,比如同一个物体的位置信息,在多传感器融合中称之为数据关联;其次,要保证各传感器在时间上同步。在动态工作环境中,同步问题表现得尤为突出。

12.7.2　多传感器融合方法

多传感器融合方法大致可分为两大类:概率统计方法和人工智能方法。

概率统计方法包括估计理论、卡尔曼滤波、假设检验、贝叶斯方法、统计决策理论以及其他变形的方法。

人工智能方法包括概率推理、证据推理、模糊推理和产生规则等逻辑推理方法。如图 12-7-2 所示。

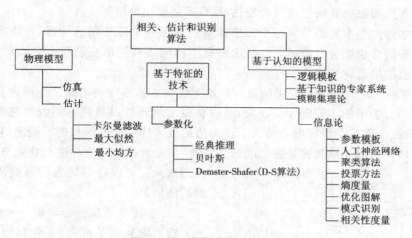

图 12-7-2　多传感器融合算法

多传感器融合系统关键在于信息融合所处理的多传感器信息具有复杂的形式,而且可以在不同的信息层次上出现,这些信息抽象层次包括数据层(即像素层)、特征层和决策层(即证据层)。

(1)像素层融合

像素层常用的融合方法是加权平均法和卡尔曼滤波法等。与像素层特点类似,加权平均法属于最为简单直接的信息融合方法。它主要是通过对不同传感器提供的数据进行加权平均得到最后的融合结果。

卡尔曼滤波法是根据测量模型的统计特性进行递归计算的过程。它适用于平衡随机过程,并要求系统具有线性的动态模型,且系统噪声符合高斯分布的白噪声模型,另外还要对错误信息比较敏感。在像素层融合时,传感器接收到的数据一般存在较大误差。采用卡尔曼滤波法可以有效减小数据间的误差,从而改善融合效果。

像素融合通常用于多源图像复合、图像分析等。

(2)特征层融合

特征层常用的融合算法包括聚类分析法、熵法、基于神经网络的算法以及模糊理论等。

聚类分析法的核心思想是根据一定的分类规则,将空间分布的目标划分成确定目标类别的子集。该方法能够对大量数据进行快速提取和分类,并可在特征层融合结构中提高数据特征提取与分类的速度,从而减小融合中心的计算负担和提高融合的整体性能。

熵在物理热力学中表示事物的不确定性程度。当熵最小时,系统的无序程度最低。在特征层融合中,利用该思想对数据进行特征提取有助于提高融合系统中数学建模的速度。

基于神经网络的算法是近些年基于神经网络技术不断发展和成熟而建立起来的方法。它利用神经网络的特征,能够较好地解决传感器系统的误差问题。神经网络的基本信息处理单元是神经元。利用不同神经元之间的连接形式并选择不同的函数,可以获得不同的学习规则和最终结果。

模糊理论基于人类的思维模式,根据对客观事物认知的统一特点进行总结、提取、抽象以及概括,最后演变为模糊规则帮助相应函数进行结果判决。在特征层中,需要根据实际情况选用合适的算法与模糊理论相结合,使其共同地有效提高融合效果。

(3)决策层融合

决策层常用的融合算法包括贝叶斯估计、D-S证据理论法等。

贝叶斯估计的基本思路是将每个传感器均视为是一个贝叶斯估计器,并将每个目标的相关概率分布组合成联合分布函数。然后根据不同的新观测值更新联合分布似然函数,并利用似然函数的极值完成融合。

D-S证据理论法实际上是广义的贝叶斯推理法。它将事物的不确定性描述并转换成可用概率分布函数表示的不确定性描述集,然后获得似然函数以描述不同数据对命题结果的支持率,并通过推理获得目标融合结果。该方法的最大优点是能够根据不确定信息的情况,通过信任函数和不信任函数将证据区间分为支持、信任和拒绝三类并进行快速分类,且在最终的决策层可以很好地进行分类决策以推动最后的结果。

(4)多传感信息融合实例

有人曾列举了视觉、视觉和触觉、视觉和温度、距离觉和触觉、激光测距仪和前视红外线等信息融合的实例,即在智能声音感知系统中采用多个麦克风采集声音,然后用视觉信息把目标声音从高噪声环境中提取出来。系统有两个子系统即视觉子系统和听觉子系统,并分为三个层次:最底层为多传感器从外环境获得信息;最高层的主机集合有效知识和感知的信息作出判断并产生最后的输出结果;中间层融合来源于多个传感器的信息和目标知识以获得目标的重要特征。融合算法通过在听觉子系统中采用多输入单输出数字滤波器实现,如图 12-7-3 所示。

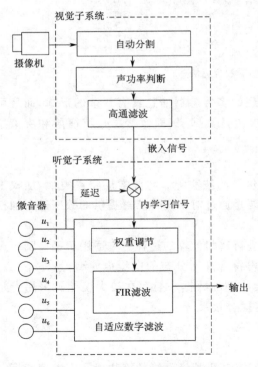

图 12-7-3 一个智能声音感知系统示意

第13章　传感器的标定

传感器的标定指通过实验建立传感器输入量与输出量之间的关系,同时确定出不同使用条件下的误差关系。

标定的基本方法是利用一种标准设备产生的已知非电量(如标准力、压力、位移等)作为输入量,输入待标定的传感器中,得到传感器的输出量;然后将传感器的输出量与输入的标准量作比较,从而得到一系列的标定曲线。

传感器的标定分静态标定和动态标定两种。

静态标定主要用于检验、测试传感器(或整个传感系统)的静态特性指标,如静态灵敏度、线性度、迟滞、重复性等;动态标定主要用于检验、测试传感器(或整个传感系统)的动态特性,如动态灵敏度、频率响应等。

由于各种传感器的结构原理不同,所以标定方法也不尽相同。本章仅以压力传感器为例说明传感器的标定方法。

13.1　压力传感器的静态标定

目前,常用的静态标定装置有活塞压力计、杠杆式和弹簧测力计式压力标定机。

图 13-1-1 是用活塞压力计对压力传感器进行标定的示意图。活塞压力计由校验泵(压力发生系统)和活塞部分(压力测量系统)组成。

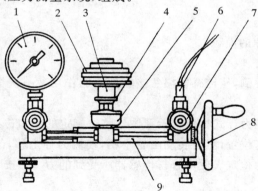

1—标准压力表　2—砝码　3—活塞　4—进油阀　5—油杯　6—被标定的传感器　7—针形阀　8—手轮　9—手摇压力泵

图 13-1-1　用活塞压力计标定压力传感器的示意图

校验泵由手摇压力泵、油杯、进油阀及两个针形阀组成。在针形阀上有连接螺帽,用以连接被标定的传感器及标准压力表。

活塞部分由具有精确截面的活塞、活塞缸及与活塞直接相连的承重托盘及砝码组成。

压力计利用活塞和加在活塞上的砝码质量所产生的压力与手摇压力泵所产生的压力相平衡的原理进行标定工作,其精度可达±0.05％以上。

标定时,将传感器装在连接螺帽上,然后,按照活塞压力计的操作规程,转动压力泵的手轮,使托盘上升到规定的刻线位置;按所要求的压力间隔,逐点增加砝码质量,使压力计产生所需的压力,同时用数字电压表记下传感器在相应压力下的输出值。这样即可得出被标定传感器或测压系统的输出特性曲线(即输出值与压力间的关系曲线)。根据这条曲线可确定所需要的各个静态特性指标。

实际测试中,为了确定整个测压系统的输出特性,往往需要进行现场标定。为了操作方便,可以不用砝码加载,而直接用标准压力表读取所加的压力;测出整个测试系统在各压力下的输出电压值或示波器上的光点位移量 h,就可得到如图 13-1-2 所示的压力标定曲线。

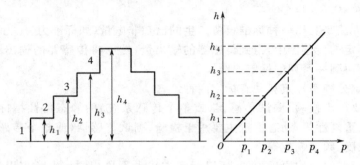

图 13-1-2 压力标定曲线

上面的标定方法不适合压电式压力测量系统,因为活塞压力计的加载过程用时过长,致使传感器产生电荷泄漏,严重影响其标定精度。所以,对压电式测压系统一般采用杠杆式压力标定机或弹簧测力计式压力标定机。

图 13-1-3 是杠杆式压力标定机示意图。标定时,按要求的压力间距,选定待标的压力点数,按下式计算所需加的砝码质量:

$$W = \frac{pSb}{a} \qquad (13\text{-}1\text{-}1)$$

式中　p——要标定的压力;

　　　S——压电晶体片的面积;

　　　a、b——杠杆臂长。

加砝码后,将凸轮放倒,使传感器突然接收到力的作用。一次标定必须在短时间(数秒钟)内完成。

图 13-1-4 为弹簧测力计式标定机示意图。将待标定的压力传感器放置于上、下支柱之间,调整上部螺杆到适当位置,然后转动凸轮手柄,使测力计上移,给传感器加力,由千分表读出变形量,按测力计的检定表便可查得传感器所受到的力 F。按下式确定标定压力:

$$p = \frac{F}{S} \qquad (13\text{-}1\text{-}2)$$

式中　p——所需标定之压力;

　　　S——传感器的受力面积。

压力标定曲线的绘制,与活塞式压力计中所述的相同,并可算出其静态特性参数。

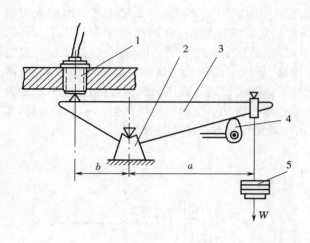

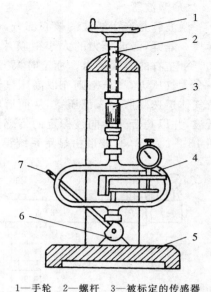

1—被标定的传感器　2—支柱
3—杠杆　4—凸轮　5—砝码

图 13-1-3　杠杆式压力标定机示意图

1—手轮　2—螺杆　3—被标定的传感器
4—标准测力计　5—底座　6—凸轮
7—手柄

图 13-1-4　弹簧测力计式压力标定机示意图

13.2　压力传感器的动态标定

　　对压力传感器进行动态标定,必须给传感器加特性已知的校准动压信号作为激励源,从而得到传感器的输出信号,经计算分析、数据处理,即可确定传感器的频率特性。

　　动态标定的实质是用实验的方法确定传感器的动参量。这类方法有以下两种。

　　①以一个已知的阶跃压力信号激励传感器,使传感器按自身的固有频率振动,并记录下运动状态,从而确定其动态参量。

　　②以一个振幅和频率均已知且可调的正弦压力信号激励传感器,根据记录的运动状态,确定传感器的动态特性。这种方法的缺点是标定频率低(低于 500 Hz),标定装置制作困难,应用受到限制。

　　这里只讨论第一种方法。产生阶跃压力有许多方法,其中激波管法是比较常用的方法。因为它的前沿压力很陡,接近理想阶跃函数,所以压力传感器标定时广泛应用此种方法。

　　激波管法特点:

　　①压力幅度范围宽,便于改变压力值;

　　②频率范围宽(2 kHz～2.5 MHz);

　　③便于进行分析研究和数据处理。

　　此外,激波管结构简单,使用方便可靠,标定精度可达 4%～5%。

13.2.1　激波管标定装置工作原理

　　激波管标定装置系统原理框图如图 13-2-1 所示,由激波管、入射激波测速系统、标定测量系统及气源系统等四部分组成。

（1）激波管

激波管是产生激波的核心部分,由高压室 1 和低压室 2 组成。1 和 2 之间由铝或塑料膜片 3 隔开,激波压力的大小由膜片的厚度决定。实验表明,软铝片的厚度每 0.1 mm 需 100 N 左右的破膜压力。标定时根据要求对高、低压室充以不同的压缩空气,低压室一般为一个大气压力,高压室则充以高压气体。当高、低压室的压力差达到一定值时膜片破裂,高压气体迅速膨胀冲入低压室,从而形成激波。该激波的波阵面压力保持恒定,接近理想的阶跃波,并以超音速冲向被标定的传感器。传感器在激励下按固有频率产生一个衰减振荡,如图 13-2-2 所示,其波形由显示系统记录,用以确定传感器的动态特性。

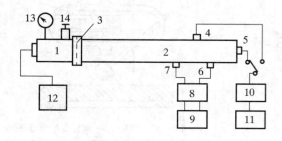

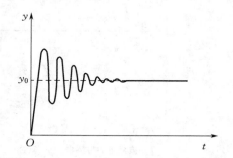

图 13-2-2　被标定传感器的输出波形

1—高压室　2—低压室　3—膜片　4—侧面被标定的传感器
5—端面被标定的传感器　6、7—测速压力传感器
8—测速前置级　9—数字频率计　10—电荷放大器
11—记忆示波器　12—气源　13—气压表　14—泄气门

图 13-2-1　激波管标定装置系统原理框图

激波管中压力波动情况如图 13-2-3 所示。对图中(a)、(b)、(c)和(d)各状态说明如下。

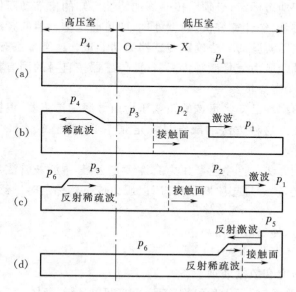

图 13-2-3　激波管中压力波动情况
(a)膜片爆破前情况　(b)膜片爆破后稀疏波反射前情况
(c)稀疏波反射后情况　(d)反射激波波动情况

图(a)为膜片爆破前的情况,p_4 为高压室的压力,p_1 为低压室的压力;图(b)为膜片爆破后稀疏波反射前的情况,p_2 为膜片爆破后产生的激波压力,p_3 为高压室爆破后形成的压力,p_2 与 p_3 的接触面称为温度分界面,p_2 和 p_3 所在区域的温度不同,但其压力值相等,即 $p_2 = p_3$,稀疏波即是在高压室内膜片破碎时形成的波;图(c)为稀疏波反射后的情况,当稀疏波波头达到高压室端面时便产生稀疏波的反射,称为反射稀疏波,其压力减小为 p_6;图(d)为反射激波的波动情况,当 p_2 到达低压室端面时也产生反射,压力增大如 p_5 所示,称为反射激波。

p_2 和 p_5 均为标定传感器时要用到的参数,视传感器安装的位置而定。当被标定的传感器安装在侧面时需用 p_2;当安装在端面时需用 p_5。两者不同之处在于 $p_5 > p_2$,但维持恒压时间 τ_5 略小于 τ_2。

计算压力的基本关系式为

$$p_{41} = \frac{p_4}{p_1} = \frac{1}{6}(7Ma-1)\left[1 - \frac{1}{6}\left(Ma - \frac{1}{Ma}\right)\right]^{-7} \tag{13-2-1}$$

$$p_{21} = \frac{p_2}{p_1} = \frac{1}{6}(7Ma^2 - 1) \tag{13-2-2}$$

$$p_{51} = \frac{p_5}{p_1} = \frac{1}{3}(7Ma^2 - 1)\frac{4Ma^2 - 1}{Ma^2 + 5} \tag{13-2-3}$$

$$p_{52} = \frac{p_5}{p_2} = 2\frac{4Ma^2 - 1}{Ma^2 + 5} \tag{13-2-4}$$

入射激波的阶跃压力为

$$\Delta p_2 = p_2 - p_1 = \frac{7}{6}(Ma^2 - 1)p_1 \tag{13-2-5}$$

反射激波的阶跃压力为

$$\Delta p_5 = p_5 - p_1 = \frac{14}{3}\frac{2Ma^2 + 1}{Ma^2 + 5}(Ma^2 - 1)p_1 \tag{13-2-6}$$

式中的 Ma 为激波的马赫数,由测速系统决定。

以上几个基本关系式可参考有关资料,这里不作详细推导。p_1 可事先给定,一般采用当地的大气压,可根据公式准确地计算出来。因此,上列各式中只要 p_1 及 Ma 给定,各压力值便易于计算出来。

(2)入射激波测速系统

入射激波测速系统(见图 13-2-1)由压电式压力传感器 6、7,测速前置级 8 及数字频率计 9 组成。若测得激波的前进速度,便可确定马赫数 Ma。对测速用压力传感器 6 和 7,则要求它们的一致性好,尽量小型化。传感器的受压面应与管的内壁面一致,以免影响激波管内表面的形状。测速前置级 8 通常采用电荷放大器和限幅器,以给出幅值基本恒定的脉冲信号。数字频率若给出 0.1 μs 的时标即可满足要求,由两个脉冲信号去控制频率计开、关门的时间,其入射激波的速度为

$$v = \frac{l}{t} \tag{13-2-7}$$

式中　l——两个测速传感器之间的距离;

　　　t——激波通过两个传感器间距离所需的时间($t = n\Delta t$,其中 Δt 是计数器的时标,n 为频率计显示的脉冲数)。

激波通常以马赫数表示,其定义为

$$Ma = \frac{v}{v_T} \tag{13-2-8}$$

式中 v——激波速度;

v_T——低压室在温度为 T 时的音速,可用下式表示:

$$v_T = v_0 \sqrt{1 + \beta T} \tag{13-2-9}$$

式中 v_0——0 ℃时的音速,$v_0 = 331.36$ m/s;

β——常数,$\beta = 1/273$;

T——试验时低压室的温度(一般室温为 25 ℃)。

(3)标定测量系统

标定测量系统由图 13-2-1 被标定传感器 4、5,电荷放大器 10 及记忆示波器 11 等组成。被标定传感器可以放在侧面位置上,也可以放在端面上。从被标定传感器来的信号,通过电荷放大器加到记忆示波器上记录下来,以备分析和计算,或通过计算机进行数据处理,直接求得幅频特性及动态灵敏度等。

(4)气源系统

气源系统(见图 13-2-1)由气源 12、气压表 13 及泄气门 14 等组成。它是高压气体的产生源,通常采用压缩空气(也可以采用氮气),压力大小可由控制台控制,由气压表监测。完成测量后开启泄气门 14 便可泄掉管内气体,然后对管内进行清理,更换膜片,以备下次再用。

13.2.2 传感器动态参数的确定方法

图 13-2-4 为传感器系统对阶跃压力的响应曲线。由于其为输出压力与时间的关系曲线,所以又称为时域曲线。若传感器振荡周期 T_d 是稳定的,而且振荡幅度有规律地单调减小,则传感器(或测压系统)可以近似地看成单自由度的二阶系统。

由第 2 章分析可知,只要能得到传感器的无阻尼固有振荡频率 ω_0 和阻尼比 ξ,那么传感器的幅频特性和相频特性可分别表示为

$$|W(j\omega)| = \frac{1}{\sqrt{\left[1 - \left(\frac{\omega}{\omega_0}\right)^2\right]^2 + 4\xi^2\left(\frac{\omega}{\omega_0}\right)^2}} \tag{13-2-10}$$

$$\Psi(\omega) = -\arctan \frac{2\xi\left(\frac{\omega}{\omega_0}\right)}{1 - \left(\frac{\omega}{\omega_0}\right)^2} \tag{13-2-11}$$

根据响应曲线,不难测出振动周期 T_d,于是其有阻尼的固有频率为

$$\omega_d = 2\pi \frac{1}{T_d} \tag{13-2-12}$$

定义其对数衰减比为

$$\delta = \ln(y_i / y_{i+2}) \tag{13-2-13}$$

不难证明,阻尼系数 ξ 与对数衰减比 δ 之间有如下关系:

$$\xi = \frac{\delta}{\sqrt{\delta^2 + 4\pi^2}} \tag{13-2-14}$$

无阻尼固有频率为

$$\omega_0 = \frac{\omega_d}{\sqrt{1-\xi^2}} \tag{13-2-15}$$

将求得的 ξ 和 ω_0 代入(13-2-10)和(13-2-11)式,即可求得压力传感器的幅频特性和相频特性。

如果传感器的阶跃响应曲线不像图 13-2-4 那样简单而典型,那么传感器可能是一个比较复杂的多自由度系统。上述方法将不适用,必须采用比较复杂的计算方法。下面介绍一种求频率特性的阶梯近似法。

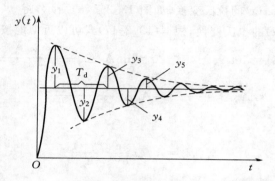

图 13-2-4　传感器系统对阶跃压力的响应曲线

设传感器的输入函数为阶跃函数 $x(t)$,如图 13-2-5(a)所示,输出响应 $y(t)$ 曲线如图 13-2-5(b)所示。根据定义,压力传感器的传递函数为

$$W(S) = \frac{Y(S)}{X(S)} \tag{13-2-16}$$

式中 $S = \sigma + j\omega(\sigma > 0)$。

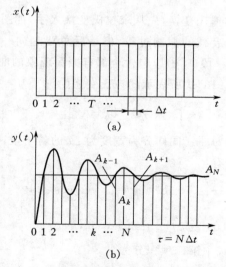

图 13-2-5　传感器系统的阶跃输入和阶跃响应
(a)输入的阶跃函数　(b)输出的阶跃响应

由上式可知,为求传感器(或测量系统)的传递函数 $W(S)$,需首先求出输入函数 $x(t)$ 的拉氏变换 $X(S)$ 和输出函数 $y(t)$ 的拉氏变换 $Y(S)$。即

$$X(S) = \int_0^{+\infty} x(t)e^{-St}\,dt \tag{13-2-17}$$

$$Y(S) = \int_0^{+\infty} y(t)e^{-St}\,dt \tag{13-2-18}$$

当 $x(t)$ 和 $y(t)$ 在 $t<0$ 保持为零时,求 $\sigma \to 0$ 时拉氏变换的极限,得到单边的傅氏变换,即

$$X(S) \xrightarrow{\sigma \to 0} X(j\omega) = \int_0^{+\infty} x(t)e^{-j\omega t}\,dt \tag{13-2-19}$$

$$Y(S) \xrightarrow{\sigma \to 0} Y(j\omega) = \int_0^{+\infty} y(t)e^{-j\omega t}\,dt \tag{13-2-20}$$

首先输入阶跃函数 $x(t)$ 的拉氏变换,如图 13-2-5(a)所示,将 $x(t)$ 划分为宽度等于 Δt 的一系列矩形,那么 $x(t)$ 的拉氏变换,根据(13-2-17)式可以近似地按求和的极限得到

$$X(S) = \lim_{T \to \infty} A_N \sum_{k=1}^{T} e^{-Sk\Delta t}\Delta t = \lim_{T \to \infty} A_N \Delta t \frac{e^{-S\Delta t} - e^{-S(T-1)\Delta t}}{1 - e^{-S\Delta t}}$$

$$= A_N \Delta t \frac{e^{-S\Delta t}}{1 - e^{-S\Delta t}} = A_N \Delta t \frac{e^{-S\Delta t} + 1}{e^{S\Delta t} - e^{-S\Delta t}} \tag{13-2-21}$$

若令 $\sigma \to 0$,则

$$X(j\omega) = A_N \Delta t \frac{e^{-j\omega\Delta t} + 1}{e^{j\omega\Delta t} - e^{-j\omega\Delta t}} \tag{13-2-22}$$

令 $\omega\Delta t = \theta$,则(13-2-22)式变为

$$X(j\omega) = \frac{-A_N \Delta t}{2}\left(1 + j\cot\frac{\theta}{2}\right) \tag{13-2-23}$$

或写成

$$X(j\omega) = \left| \frac{A_N \Delta t}{2\sin\dfrac{\theta}{2}} \right| \underline{\left/ -\frac{1}{2}(\pi+\theta)\right.} \tag{13-2-24}$$

然后求输出函数 $y(t)$ 的傅氏变换,先从求拉氏变换入手,如图 13-2-5(b)所示。传感器的阶跃响应曲线一般是一个衰减的振荡过程,但最后总要趋向一个稳定值 A_N。为了计算方便,将时间 t 分成两段:第一段$(0,\tau)$应包含全部有振荡现象的曲线;第二段(τ,∞)只包含 $y(t) = A_N$ 部分。那么(13-2-18)式所表示的拉氏变换为

$$Y(S) = \int_0^{\tau} y(t)e^{-St}\,dt + A_N \int_{\tau}^{+\infty} e^{-St}\,dt \tag{13-2-25}$$

将图 13-2-5(b)中的 $y(t)$ 曲线同样分为宽度为 Δt 的若干段,并令 $\tau = N\Delta t$。(13-2-25)式中第一项积分 $\sigma \to 0$ 时,则有

$$\int_0^{\tau} y(t)e^{-St}\,dt \xrightarrow{\sigma \to 0} \int_0^{\tau} y(t)e^{-j\omega t}\,dt = \int_0^{\tau} y(t)\cos\omega t\,dt - j\int_0^{\tau} y(t)\sin\omega t\,dt$$

$$\approx \Delta t \sum_{k=1}^{N} A_k \cos(k\omega\Delta t) - j\Delta t \sum_{k=1}^{N} A_k \sin(k\omega\Delta t) \tag{13-2-26}$$

同理可求出(13-2-25)式中第二项积分为

$$A_N \int_{\tau}^{+\infty} e^{-St}\,dt \xrightarrow{\sigma \to 0} A_N \int_{\tau}^{+\infty} e^{-j\omega t}\,dt = \frac{-A_N \Delta t}{2\sin\dfrac{\theta}{2}}\left[\sin\left(N+\frac{1}{2}\right)\theta + j\cos\left(N+\frac{1}{2}\right)\theta\right]$$

$$\tag{13-2-27}$$

令(13-2-25)式中 $\sigma \to 0$,并将(13-2-26)和(13-2-27)式代入得

$$Y(j\omega) = \left[\sum_{k=1}^{N} A_k \cos k\theta - \frac{A_N}{2\sin\frac{\theta}{2}}\sin\left(N+\frac{1}{2}\right)\theta\right]\Delta t - j\left[\sum_{k=1}^{N} A_k \sin k\theta + \frac{A_N}{2\sin\frac{\theta}{2}}\cos\left(N+\frac{1}{2}\right)\theta\right]\Delta t$$

$$= [U+jV]\Delta t = \Delta t \sqrt{U^2+V^2} \bigg/ \arctan\frac{V}{U} \tag{13-2-28}$$

传感器(或测量系统)的频率特性为

$$W(j\omega) = \frac{Y(j\omega)}{X(j\omega)} = \frac{2\sqrt{U^2+V^2}\sin\frac{\theta}{2}}{A_N} \bigg/ \frac{1}{2}(\pi+\theta)+\arctan\frac{V}{U} \tag{13-2-29}$$

传感器的幅频特性为

$$|W(j\omega)| = 2\frac{\sqrt{U^2+V^2}}{A_N}\sin\frac{\theta}{2} \tag{13-2-30}$$

相频特性为

$$\psi(\omega) = \frac{1}{2}(\pi+\theta)+\arctan\frac{V}{U} \tag{13-2-31}$$

式中

$$U = \sum_{k=1}^{N} A_k \cos k\theta - \frac{A_N}{2\sin\frac{\theta}{2}}\sin\left(N+\frac{1}{2}\right)\theta$$

$$V = -\left[\sum_{k=1}^{N} A_k \sin k\theta + \frac{A_N}{2\sin\frac{\theta}{2}}\cos\left(N+\frac{1}{2}\right)\theta\right]$$

$$\theta = \omega\Delta t$$

由(13-2-30)和(13-2-31)式便可计算出传感器(或测量系统)的频率响应特性。

计算时先选定取样间隔 Δt,对输出函数 $y(t)$ 每隔 Δt 取样一次,可得到一系列幅度值 $A_k(k=1,2,\cdots,N)$。然后选取一系列的角频率 $\omega_i(i=1,2,\cdots,m)$,对每个 ω_i 值先计算 U、V,进而由(13-2-30)和(13-2-31)式计算其幅频和相频特性。计算时应注意:

①取样间隔 Δt 越小,近似公式的计算结果越精确,特别是相频特性的计算精度与 Δt 的大小关系更大;

②选择 ω_i 值时应避免使 $\theta/2$ 近似为 π 的整数倍,否则在计算 U、V 时由于 $\sin(\theta/2)\rightarrow 0$ 而使计算机计算溢出;

③选择角频率的最高值 ω_m 时,应注意使 $\omega_m < \pi/\Delta t$,根据取样理论,取样率 $1/\Delta t$ 应比最高频率大 2 倍以上,否则计算误差很大,因此,如果考察较高频率下的频响特性,则应选较大的 ω_m 值,相应地减小 Δt 值;

④选择积分上限 $\tau = N\Delta t$ 时要慎重,应取在 $x(t)$ 的衰减振荡部分与最终的稳定值 A_N 充分靠近(一般相差<1%)的地方。

13.3　压力传感器的安装及引压管道的影响

一般来说,传感器测量动压信号时往往接有引压管道。引压管道的尺寸对传感器动压测量的精度有很大影响,因此本节给予简要的阐述。

13.3.1 传感器的安装

由于引压管道本身的响应频率比较低,所以在测量快速变化的压力时,应该尽可能使传感器直接与被测介质接触,即采取如图 13-3-1(a)所示的齐平安装方式。然而由于种种原因,齐平安装可能有困难,例如空间尺寸不允许,传感器可能需要辅助的冷却设备等,使传感器的安装位置不得不离开测压部位,而借助引压管道传递压力,如图 13-3-1(b)所示。在这种情况下,就必须知道引压管系统的动态响应特性,以便了解测压系统的动态误差。

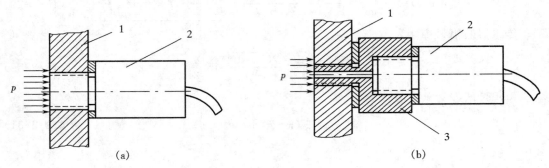

1—容器壁　2—传感器　3—引压管

图 13-3-1　传感器安装示意图

(a)齐平安装　(b)附加引压管道安装

除安装以外,有些标定中还要注意温度和振动对传感器的影响。

对温度产生的影响可采取涂隔热层(低压时用润滑脂或硅脂,高压时用炮油和蜂蜡混合物或石英粉与硅脂的混合物等)的方式,也可采用气冷、水冷等方式消除。

由振动产生的影响,除在标定设备上采取措施尽量消除外,在传感器安装时亦可采取一些隔振、吸振等措施。

13.3.2 引压管道的动态响应分析

为了估计动态压力测量中管道响应特性,常用两种模型:一种是不可压缩流体管道的二阶系统模型,另一种是可压缩流体管道模型。下面仅以不可压缩液体管道为例说明引压管道的动态响应。

图 13-3-2(a)是典型测压系统的示意图。它由引压管道(直径为 d,长度为 l)和空腔(容积 V)构成。被测压 p_i 作用于管口,而空腔内的压力 p_v 即为作用于传感器的压力。假设图中管内流体是不可压缩的,而空腔内流体可压缩,但其流速和惯性质量可忽略。因此,管道内流体可以简化为一个质量为 m 的刚性柱体,其空腔可以简化为一个没有质量的弹簧。再考虑到运动中不可避免的摩擦阻尼,便构成了一个典型的单自由度二阶系统的模型,如图 13-3-2(b)所示。

根据流体体积弹性模量 E_a 的定义

$$E_a = V \frac{\mathrm{d}p}{\mathrm{d}V} \tag{13-3-1}$$

可得到空腔流体体积变化率与空腔压力变化率的关系

$$\frac{\mathrm{d}V}{\mathrm{d}t} = \frac{V}{E_a} \frac{\mathrm{d}p_v}{\mathrm{d}t} \tag{13-3-2}$$

考虑到流体的连续性,空腔流体体积的变化应由管道流体及时地给予补充,即

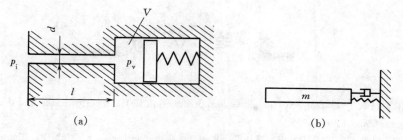

图 13-3-2　典型测压系统的示意与简化图

(a)示意图　(b)简化图

$$\frac{\mathrm{d}V}{\mathrm{d}t}=S\,\overline{v} \tag{13-3-3}$$

式中　S——引压管的横截面积;

　　　　$\overline{v}$——管内流体的平均流速。

由(13-3-1)、(13-3-2)及(13-3-3)式可得

$$\overline{v}=\frac{V}{E_a S}\frac{\mathrm{d}p_v}{\mathrm{d}t} \tag{13-3-4}$$

根据泊肃叶定律可知层流情况下管道摩擦阻力 R_μ 为

$$R_\mu=8\pi\mu l\,\overline{v} \tag{13-3-5}$$

式中　μ——流体的运动黏度。

利用牛顿第二定律对管道内流体(作为刚体)建立运动微分方程,即

$$\rho S l\frac{\mathrm{d}\overline{v}}{\mathrm{d}t}=p_i S-p_v S-R_\mu \tag{13-3-6}$$

将(13-3-4)和(13-3-5)式代入(13-3-6)式,得

$$\frac{4\rho l V}{\pi E_a d^2}\frac{\mathrm{d}^2 p_v}{\mathrm{d}t^2}+\frac{128\mu l V}{\pi E_a d^4}\frac{\mathrm{d}p_v}{\mathrm{d}t}+p_v=p_i \tag{13-3-7}$$

由此可得到管道系统的无阻尼固有角频率为

$$\omega_n=\frac{d}{2}\sqrt{\frac{\pi E_a}{\rho l V}}=\frac{c}{l}\sqrt{\frac{V_t}{V}} \tag{13-3-8}$$

式中　V_t——管道容积;

　　　　c——声速,$c=\sqrt{E_a/\rho}$;

　　　　ρ——流体密度。

管道系统的阻尼比为

$$\xi=\frac{32\mu}{d^3}\sqrt{\frac{Vl}{\pi E_a\rho}}=\frac{16\mu}{d^2\rho\omega_n}=\frac{16\gamma}{d^2\omega_n} \tag{13-3-9}$$

式中　γ——流体动力黏度,$\gamma=\mu/\rho$。

从以上公式可见:ω_n 与声速成正比,而一般液体中声速比气体中的高得多,所以能充液的应尽量充液;ω_n 与管道长度 l 成反比,因此应尽量减小 l;ω_n 与 $\sqrt{V_t/V}$ 成正比,因此在 l 一定的条件下应设法增大管道容积 V_t 而减小空腔容积 V。

为了适当增加阻尼比 ξ,应选用黏度大的流体,其次应减小管径 d,但与提高 ω_n 的要求有矛盾,所以要综合考虑。

综上所述,设计和选择标定设备时,要注意管道对测试系统的影响。有时还要对因管道效应引起的标定误差进行必要的修正。

参 考 文 献

[1] NEUBERT H K P. Instrument transducer:an introduction to their performance and design[M]. 2nd. Oxford:Clarendon Press,1975.

[2] SYDENHAM P H, THORN R. Handbook of measurement science. Vol. 3:Elements of change [M]. New York:John Wiley & Sons ,1992.

[3] HU FEI, CAO XIAOJUN. Wireless sensor networks:principles and practice[M]. New York:CRC Press,2010.

[4] 南京航空学院,北京航空学院. 传感器原理[M].北京:国防工业出版社,1980.

[5] 严钟豪,谭祖根.非电量电测技术[M].北京:机械工业出版社,1983.

[6] 郭振芹.非电量电测量[M].北京:计量出版社,1986.

[7] 朱明武,梁人杰,柳光辽,等.动压测量[M].北京:国防工业出版社,1983.

[8] 徐启华.电阻的测量与非电量测[M].西安:陕西科学技术出版社,1981.

[9] 吴宗岱,陶宝祺.应变电测原理及技术[M].北京:国防工业出版社,1982.

[10] 刘瑞复,史锦珊.光纤传感器及其应用[M].北京:机械工业出版社,1987.

[11] 潘天明.半导体光电器件及其应用[M].北京:冶金工业出版社,1985.

[12] 徐开先,叶济民.热敏电阻器[M].北京:机械工业出版社,1981.

[13] 莫以豪,李标荣,周国良.半导体陶瓷及其敏感元件[M].上海:上海科学技术出版社,1983.

[14] 谭祖根,陈守川.电涡流传感器的基本原理分析与参数选择[J].仪器仪表学报,1980,1(1).

[15] 闻恭良.电容式差压变送器球形电极的理论分析[J].仪器仪表学报,1982,3(3).

[16] 郝天佑.光导纤维应用与光纤传感技术[J].冶金自动化,1987,11(1).

[17] 钱浚霞,郑坚立.光电检测技术[M].北京:机械工业出版社,1993.

[18] 李标荣,张绪礼.电子传感器[M].北京:国防工业出版社,1993.

[19] 王其生.传感器例题与习题集[M].北京:机械工业出版社,1993.

[20] 王化祥.自动检测技术[M].3版.北京:化学工业出版社,2018.

[21] 徐湘元,王萍,田慧欣.传感器及其信号调理技术[M].北京:机械工业出版社,2012.